纳米技术发展的伦理参与研究

胡明艳◎著

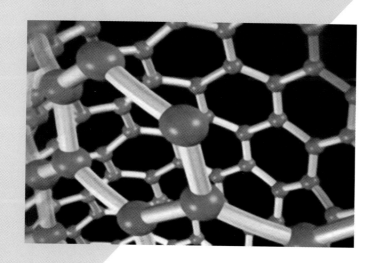

中国社会科学出版社

图书在版编目（CIP）数据

纳米技术发展的伦理参与研究／胡明艳著 . —北京：
中国社会科学出版社，2015.2
ISBN 978-7-5161-5563-9

Ⅰ.①纳…　Ⅱ.①胡…　Ⅲ.①纳米技术—伦理学—研
究Ⅳ.①B82-057

中国版本图书馆 CIP 数据核字（2015）第 032596 号

出 版 人	赵剑英
责任编辑	冯春凤
责任校对	张爱华
责任印制	张雪娇

出　　版	中国社会科学出版社
社　　址	北京鼓楼西大街甲 158 号
邮　　编	100720
网　　址	http：//www.csspw.cn
发 行 部	010-84083685
门 市 部	010-84029450
经　　销	新华书店及其他书店

印　　刷	北京君升印刷有限公司
装　　订	廊坊市广阳区广增装订厂
版　　次	2015 年 2 月第 1 版
印　　次	2015 年 2 月第 1 次印刷

开　　本	710×1000　1/16
印　　张	14.5
插　　页	2
字　　数	236 千字
定　　价	48.00 元

目　　录

第一章 导 论

20 世纪 90 年代以来，纳米技术在世界范围内形成了研究热潮，日益展现出广阔的应用空间，逐步深入到人类生活的方方面面。尽管发展势头迅猛，当前的纳米技术仍处在襁褓期，具有多重不确定性。

首先，纳米技术的概念不确定。目前的纳米技术定义实际上采取的是一个以纳米尺度为标准的非常宽泛的定义。以此观之，纳米技术的研究跨越了包括化学、物理学、生物学、神经科学、信息科学和技术等当前几乎所有自然科学学科领域。然而，各个自然学科研究角度不同，目前还没有实现真正的学科整合。而且，不同的利益群体对纳米技术的理解和认识有所不同。①

其次，纳米技术发展和应用的目标不确定。与传统技术不同，纳米技术并不是某一项特殊的应用，其革命性的优势在于，它使得各种技术在纳

① 关于"纳米技术"目前尚无统一的定义。据有关学者统计，目前国际上大概有 18 种关于 "Nanotechnology/ Nanotechnologies" 的定义（参见 Hodge G. , Bowman D. , and Ludlow K. , "Introduction: Big Questions for Small Technologies", In Hodge G. , Bowman D. , ed. , *New Global Frontiers in Regulation: The Age of Nanotechnology*, UK: Edward Elgar Publishing Ltd. , 2007, pp. 11 – 12）。首先，在具体名称上，美国笼统地定义"纳米技术"；英国皇家学会和欧盟则在"纳米科学"和"纳米技术"之间做出区分——使用"Nanosicences and Nanotechnologies"的表达方式（简称"N & N"），认为前者是对纳米尺度颗粒的研究和操纵；后者是对纳米尺度的结构、器件与系统的设计、表征与生产。其次，在定义方式上，各国也因为本国的研究重点不同各有侧重。例如，美国采用了宽泛而模糊的名词定义方式，根据未来的目标定义纳米技术；日本则更青睐通过罗列具体的研究领域来定义纳米技术（参见 Schummer J. , "Cultural Diversity in Nanotechnology Ethics", In Allhoff F. , Lin P. , ed. , *Nanotechnology and Society: Current and Emerging Ethical Issues*, Dordrecht: Springer, 2008, pp. 265 – 280）。又如，中国、日本和韩国等亚洲国家倾向于将"纳米技术"强调为材料科学和电子学，而非洲与拉丁美洲国家则关注纳米尺度上的环境科学和医学（参见 UNESCO, *The Ethics and Politics of Nanotechnology*, Paris, 2006）。

米尺度汇聚，从而改善、增殖和提升已经存在的技术。所以，纳米技术又被称为"使能技术"（enabling technology）①，它让不可能的变得可能，让不完善的变得更完善，但其本身并不限制在哪一个具体的应用领域，缺乏明确的目标导向。尤其是当纳米技术与信息技术、生物技术和认知技术的结合形成所谓"汇聚技术"（NBIC）② 后，其发展方向和结果更难预测。

最后，纳米技术社会与伦理后果不确定。理解并评估技术的未来本身就是一个巨大的挑战，纳米技术尤为如此。这不仅因为纳米技术仍在襁褓期，是一种潜在的、不确定的使能技术，而且因为与之相关的社会复杂性。虽然关于纳米技术的研究论文数量大幅增长，但是我们关于它对环境和健康的影响还知之甚少；③ 虽然今天市场上已经出现了一系列纳米产品，但是我们距离真正的纳米技术时代尚有时日。当前，关于纳米技术的社会与伦理后果的考量，更多的是基于想象和可能④，我们还不能确定纳米技术会带来怎样的社会和伦理问题，也不确定公众对于纳米技术风险会有怎样的认知，企业、公司和其他社会团体会有怎样的反馈。

对于纳米技术这种充满了未知和不确定因素的新兴技术所带来的挑战，我们该如何应对？除了加速推动人类对自然奥秘的认识和把握程度，我们还能做些什么？从事纳米技术研究的科学家、工程师应当并且能够做些什么？其他的"外行"又能够并且需要做些什么？这些都是我们迫切需要回答的问题。

第一节　问题的缘起

一　纳米技术风险初现

一般地讲，"纳米技术"（Nanotechnology，更准确地，Nanotechnologies）指的是研究 1—100 纳米的范围内原子、分子等物质的运动变化，

---

① William Sims Bainbridge, "Ethical Considerations in the Advance of Nanotechnology", In Lynn E. Foster, ed. , *Nanotechnology science*, *innovation and opportunities*, Upper Saddle River, NJ: Prentice Hall, 2006, pp. 233 - 243.

② 详见本书第二章第一节。

③ 详见本书第三章第一节。

④ 详见本书第二章第三节。

并在这一尺度范围内对原子、分子进行操纵和加工的技术。[①] 它并不是一个单独的学科领域，而是打破了传统学科间的界限，跨越了电子学、材料学、机械学、医学等诸多领域的跨学科综合研究领域。目前主要的研究内容包括纳米材料、纳米动力学、纳米生物学和纳米医药学以及纳米电子学四个方面。

由于在1—100纳米尺度范围内的微粒具有小尺寸效应、表面效应、量子尺寸效应和宏观量子隧道效应等，它们在磁、光、电、敏感等方面会呈现出常规材料不具备的特性，因此纳米粒子在磁性材料、电子材料、光学材料、高致密度材料的烧结、催化、传感、陶瓷增韧等方面具有广阔的应用前景。[②] 鉴于此，纳米技术被视为"又一次工业革命"，世界各国政府、产业界都纷纷表示出了对于纳米技术的极大的兴趣和热情。

各国政府都制订了纳米技术发展计划，并给予了持续高额的投入。

2000年1月，美国总统克林顿在加州理工发布演讲，宣布美国将启动一项横跨美联邦18个部门的"国家纳米技术计划"（National Nanotechnology Initiative，简称NNI）。2001年，白宫正式发提出了美国政府发展纳米科技的战略目标和具体战略部署。截至目前，包括2015年15多亿美元的预算请求在内，NNI累计投资将近210亿美元。[③]

欧盟从第六框架计划（2002—2006年）开始也空前地重视纳米技术发展，该计划将纳米技术作为最优先的领域，专门拨出13亿欧元用于纳米技术和纳米科学、以知识为基础的多功能材料、新生产工艺和设备等方面的研究。欧盟实施的第七框架计划（2007—2013年）在纳米技术、材料和纳米加工研发的投入高达48.32亿欧元。[④] 另外，包括德国、法国、爱尔兰和英国在内的多数欧盟国家都制订了各自的纳米急速研发计划。

日本政府早在20世纪80年代就开始支持纳米科学研究，近年来纳米

---

① 本书主要借鉴2001年美国NNI，国内学者刘吉平、郝向阳编著的《纳米科学与技术》（科学出版社2002年版）以及国家纳米科学中心主任白春礼院士所著的《纳米科技：现在与未来》（四川教育出版社2001年版）等专著中的有关定义，将纳米科学与技术统称为"纳米技术"。

② 白春礼：《纳米科技及其发展前景》，《科学通报》2001年第1期。

③ 参见NNI官网（http：//www.nano.gov/about－nni/what/funding）。

④ 科技部中国—欧盟科技合作促进办公室，《欧盟科技框架计划介绍》2006年3月，中欧数字物流高层论坛（www.e－logistics.com.cn/elogmarm/hope/pdf/LiNing＿Speech.pd）。

科技投入增长迅速。2007 年，政府研究机构、大学和产业界有关纳米的联合研究支持经费已达到 11 亿美元。日本政府第三期科技基本计划（2006—2010 年）也重点支持"纳米技术和材料"。

中国政府早在 2001 年 7 月就发布了《国家纳米科技发展纲要（2001—2010）》，先后建立了国家纳米科技指导协调委员会、国家纳米科学中心和纳米技术专门委员会。同年，在充分征求有关部门和专家意见的基础上，中国科技部制定并颁布了《国家纳米科技发展指南框架》，从而为中国纳米科学技术的发展指明了方向。2006 年国务院发布的《国家中长期科学和技术发展规划纲要》，将纳米科学看成是中国"有望实现跨越式发展的领域之一"，并设立了"纳米研究"重大科学研究计划，仅 2006 年就部署了 13 个重大项目。[①] 据统计，中国政府每年在纳米科技上的投资达到 1.8 亿美元，目前，全国有 50 多所大学，20 多个研究所，600 多家公司，5000 多名科研人员从事纳米技术的研究。[②]

全球产业界对纳米研发投资也呈迅速增长之势（见表 1—1）。有关资料显示，2006 年，全球企业的纳米研发投资达到 53 亿美元，较 2005 年增长了 19%。位居第一的美国企业和位居第二的日本企业分别投入 1913 亿美元和 17 亿美元。而且，2006 年，名字中含有"纳米"一词的新企业获得了更多资助，这表明风险投资者对纳米技术的投资热情有增无减。[③]

表 1—1　　　　　　2005—2006 年全球纳米技术研发投资情况

	政府投资	企业投资	风险资本	全球总投资
2005 年（亿美元）	59	44.5	6.4	109.9
2006 年（亿美元）	64	53	7	124
增长率（%）	8	19	9	13

资料来源：姜桂兴：《世界纳米发展态势分析》，《世界科技研究与发展》2008 年第 2 期，第 237 页。

---

① 姜桂兴：《世界纳米发展态势分析》，《世界科技研究与发展》2008 年第 2 期。

② Liu Li, *Nanotechnology and Society in China: Current Position and prospects for development*, http://research.mbs.ac.uk/innovation/LinkClick.aspx? fileticket = iDeZ7oMdMr8% 3D&tabid = 128&mid = 505.

③ 姜桂兴：《世界纳米发展态势分析》，《世界科技研究与发展》2008 年第 2 期。

简言之，基于纳米技术本身给人类社会带来的巨大潜在利益，"纳米——"这一前缀词几乎成了"好——"的科学技术的同义词。不论是各国政府管理部门还是产业界，都对纳米技术的研究与发展显示出了极大的热情。在巨额的财政支持下，纳米科学研究也获得了急速的进展。1998—2007 年这十年间，全世界纳米科学相关的研究论文数量增长了 500%，超过了任何其他科学领域。[①] 短时间内，纳米技术就从一种只有少数物理学家和化学家研究的专业技术，迅速发展为一项全球性的科学与产业活动。当前，日常用品、大型工业、航空航天等很多领域都能看到"纳米"的印记。这项微小的技术，正悄悄改变着我们的生活，成为新世纪人类最为重要的科学进步之一。

然而，正如当初人们沉浸在"生物技术时代"即将到来的美梦中，突然间被转基因技术可能毁灭人类的警告惊醒一般，"纳米福音时代"的欢乐号角刚刚吹响，科学界内部就传出了警告声。

2003 年 4 月，著名的《科学》杂志首先发表文章讨论纳米材料与生物环境相互作用可能产生的生物安全问题。同年 7 月，《自然》杂志也发表文章，提出如果不及时开展纳米尺度物质和纳米技术的生物效应研究，将危及政府和公众对纳米技术的信任和支持。美国化学会以及欧洲许多学术杂志也纷纷发表文章，与各个领域的科学家们探讨纳米生物安全，尤其是纳米颗粒对人体健康、生存环境和社会安全等方面是否存在潜在的负面影响。2004 年，美国、英国、法国、德国、日本、中国，以及中国台湾相继召开了纳米生物环境效应的学术会议。2005 年 1 月，《纳米毒理学》（*Nanotoxicology*）专业杂志在英国出版。仅两年时间，"纳米毒理学"这样一个新的前沿研究领域就形成了。

根据科学家们目前的研究成果，由于小尺寸效应、量子效应和巨大比表面积等，纳米材料具有特殊的物理化学性质。在进入生命体和环境以后，它们与生命体相互作用所产生的化学特性和生物活性与化学成分相同的常规物质有很大不同。也许大部分纳米材料对人体和自然环境无害，但是，某些纳米粒子及纳米产品可能包含人类尚未充分了解的全新污染物或

---

① 赵宇亮：《纳米技术的发展需要哲学和伦理》，《中国社会科学报》2010 年 9 月 21 日第 2 版。

生物与环境作用机理。特别是那些与人体和生命直接相关的材料，错误地使用可能对人类健康以及生态环境等造成不利影响。更何况，纳米技术制造出来的粒子体积极其微小，极易流失到环境中，很难回收，这就加剧了纳米技术对环境造成的潜在风险。与此同时，现有的研究也表明，纳米颗粒能够进入人体，并对人体造成危害。例如，纳米颗粒可直接穿透人体皮肤引发多种炎症；可穿透细胞膜，将异物带入细胞内部，对人体脑组织、免疫与生殖系统等方面造成损害等。动物实验结果也表明，纳米物质的确可以对动物造成潜在危害。①

目前，全球实现商用的纳米技术产品已经超过 600 种，而且其中不少是对环境和人体存在风险的日用品，例如防晒油、网球拍、iPod 随身听等。根据《研究与市场》的一份名为"纳米技术机遇研究报告（第 3 版）"的报告，仅 2008 年，与纳米相关的商业和消费品销售额已达 1666 亿美元，到 2012 年，这一数字达到 2630 亿美元。伴随着纳米市场以每年 12% 的速度增长，纳米技术潜在的环境、健康和安全风险将日益突出。②

对于从科学界传出来的纳米潜在环境、健康与安全风险的警告，诸多非政府组织（加拿大的 ETC 组织、英国绿色和平组织、地球之友组织等）表示了深度的关切和忧虑，发布了一系列的呼吁性报告，在欧美造成了巨大的影响。

---

① 2003 年 3 月，有几组科学家在美国化学会举行的年会上报告了纳米颗粒可能对生物有害。其中，纽约罗切斯特大学（Rochester University）的科学家冈特（Gunter Oberdorster）发现，在含有直径为 20nm 的"特氟龙"塑料（聚四氟乙烯）颗粒的空气中生活了 15 分钟的实验鼠，大多会在随后的 4 小时内死亡；而暴露在含有 120nm 的特氟龙颗粒的空气中的实验鼠，则安然无恙。2004 年，冈特又发现，直径为 35nm 的碳纳米颗粒可经嗅觉神经直接进入脑部。另有一项研究表明，巴基球结构的碳纳米微粒会损害鱼的脑部组织（参见张英鸽《纳米毒理学》，中国协和医科大学出版社 2010 年版，第 3—25 页）。此外，2009 年 3 月，英国发布了一份题为"关于纳米材料与纳米技术的环境、健康与安全研究的回顾"的调查报告。这是全球首份关于纳米材料和纳米技术对人类环境、健康与安全影响的综合报告。该报告指出，尽管目前各国在关于纳米的环境、健康与安全风险研究方面所取得的进展总体并不理想，但有三种纳米材料的研究结果值得关注：二氧化钛（TiO_2）纳米颗粒、银（Ag）纳米颗粒、碳纳米管（CNTs）可能对人体健康有不利影响。参见温武瑞、郭敬、温源远《纳米技术环境风险不容忽视》（http://www.counsellor.gov.cn/Item/6191.aspx）。

② 参见温武瑞、郭敬、温源远《纳米技术环境风险不容忽视》（http://www.counsellor.gov.cn/Item/6191.aspx）。

　　尽管纳米技术尚未大规模市场化，公众对纳米技术本身也并不够熟悉，但是，由政府管理层、纳米技术的研究共同体和相关产业界构成的纳米技术推动者们仍迫切需要对上述环境和生态风险及其社会风险做出及时回应，否则，纳米技术的发展很可能会重蹈转基因技术发展的覆辙。这一点在我国纳米技术产业的发展中已经初现端倪。

　　早在 20 世纪 80 年代，我国就有了纳米技术的萌芽。在 2000 年，50 家上市公司宣称进军纳米领域，"纳米技术"一词便迅速为广大公众所熟知。从此，纳米标志着一种时髦和时尚，俨然被媒体哄抬成解决一切社会问题的灵丹妙药。由于缺乏专业知识，公众对于纳米科技只是一知半解；国内外也没有权威的认证标准，由是，公众更是无法判断纳米技术产品的真伪。在这种情况下，公众只能听从媒体的宣传，对纳米技术形成了一种盲目崇拜。然而，随着一些国外科研和环保机构相继宣告纳米产品可能存在一些隐患，国内的一些纳米产品开始受到质疑。部分纳米产品被曝光为假冒伪劣产品；更有一些"纳米"企业由于资金被套牢，举步维艰，甚至企业界的纳米产品刚开始宣传，科研界的权威人士就出言否决。科学界陷入沉默，纳米企业陷入困境，公众疑虑重重，纳米的形象一落千丈，纳米产业的发展陷入困境。①

　　除了我国公众对纳米技术的发展缺乏充分的了解，纳米技术的潜在健康风险也向我们提出了更加急迫的挑战。2009 年，一份来自中国北京朝阳医院的宋玉果及其同事在著名的《欧洲呼吸病杂志》上发表题为"暴露于纳米颗粒环境中可能造成胸腔积液、肺纤维化和肉芽肿"的论文，首次报告了纳米颗粒可能致人死亡的案例②，引发了世界纳米毒理学界的高度关注。虽然宋玉果等对于纳米颗粒可能是导致女工们患病甚至死亡的元凶的推论在逻辑上缺乏根据，遭到很多国内外专家的质疑，但无疑向我们发出了警示：在工作场所暴露于纳米颗粒下的工人存在不容忽视的潜在健康风险问题。我们必须充分重视以纳米材料为代表的纳米技术潜在的环境和社会风险研究。

---

　　① 李镇江、万里冰、郭锋等：《纳米科技发展之哲学反思》，《青岛科技大学学报（社会科学版）》2007 年第 3 期。

　　② Song Y., Li X., Du X., "Exposure to Nanoparticles is Related to Pleural Effusion, Pulmonary Fibrosis and Granuloma", *European Journal of Respiration*, September 2009, pp. 559 – 567.

二　技术的伦理研究兴起

斯坦福哲学大百科全书在对"技术哲学"（Philosophy of Technology）一词的解释中提到，20 世纪下半叶，技术哲学的发展出现了两大转向：一个是从技术决定论和技术自主发展转向强调技术发展中的各种选择；另一个是对技术进行伦理反思转向对具体技术和技术具体发展阶段进行伦理反思。两大趋势一齐带来了关于技术的伦理问题的数量与范围的剧增。这些发展也表明，技术伦理学将获得足够的经验知识——不仅是在特殊技术的精确后果上，也在工程师的行动和技术发展的过程上。这也为其他学科，比如 STS 和技术评估，融入对技术的伦理反思开辟了通道。①

第一，技术建构论兴起。

20 世纪 80 年代开始，许多学者致力于把已经成熟的科学知识社会学（Sociology of Scientific Knowledge，简称 SSK）的研究路线和方法用于研究技术，技术决定论受到挑战。越来越多的学者认为，技术不是一种抽象的、与价值无涉的工具，而根植于特定的社会情境，技术的演替由群体利益、文化选择、价值取向和权力格局等社会价值因素决定。其代表性的研究进路有：以平奇（Trevor Pinch）和白耶克（Wieber Bijker）为代表的"技术社会建构论"（Social Construction of Technology，简称 SCOT）；以休斯（Tom Huges）为代表的"技术系统方法"；以卡隆（Michall Callon）、拉图尔（Bruno Latour）为代表的"行动者网络理论"（Actor - Network Theory，简称 ANT）。第一种进路被视作强社会建构论，只承认社会对技术的决定意义，而完全否定了技术对社会的影响；后两种进路被视作弱社会建构论，承认技术与社会之间的相互影响。尽管技术建构论的研究结论在学界仍有争议，但它打开了技术的黑箱，作为对技术决定论的修正，为我们从科学技术研发的源头就进行伦理介入提供了理论支持。

第二，风险社会中技术哲学发生了伦理转向和经验转向。

20 世纪，技术与社会、技术与人的关系发生了根本的变化，技术产物一步步地取代原有的自然环境，人类已经日益生存在一个人工的世界之中。对

---

① SEP（Standford Encyclopedia of Philosophy），"Philosophy of Technology"，http：//plato. stanford. edu/entries/technology/#EthSocAspT.

此，伽达默尔提出，20世纪是第一个以技术起决定作用的方式重新确定的时代。埃吕尔则把我们今天所处的环境称为"技术社会"，其根本特征是，它遇到的根本问题是由技术引起的。① 的确，技术作为人类生活的决定力量已经渗透到我们生活的每一个角落，技术问题已经成为时代问题的聚焦。

与此同时，由于技术塑造出来的人工世界是一个复杂的系统，自身具有脆弱性和易受攻击性。所以，在糅合了其他各种政治、经济因素之后，当今时代，蓬勃发展的高技术已经和资本一起，将我们的社会推入了一个"风险社会"。日新月异的科学技术赋予了人类以前所未有的力量，但是，在为人类带来巨大福祉的同时，也使我们遭遇了巨大的风险与挑战。环境的恶化、工程中的风险、短期效应与长远后果的差异等，引起了人们对未来的恐慌和担忧。人们开始怀疑，技术发展带来的是否一定是祝福与进步？显然，对这些问题的回答已经超出了技术哲学的传统领域，而进入道德实践的领域。然而，传统的、建立在个体伦理学基础上的规范伦理学，并不能涵盖和应对现代科学与技术活动中出现的伦理问题。一方面，个人在现代技术中所能起到的作用非常有限，责任的主体已经转移；另一方面，由于技术活动后果的不可完全预测性，许多技术伦理问题在现阶段仍然表现为"可能"形式。换言之，现代技术的伦理问题客观上已经突破了技术自身以及传统个体伦理所能解决的范围，开始呼唤着一种新的能够让人类摆脱现行价值冲突困境的技术伦理理论。鉴于此，20世纪70年代中叶以来，欧美哲学界出现了明显的技术哲学的伦理转向。国内技术哲学界所熟悉的北美技术哲学家米切姆（Carl Mitcham）、芬伯格（Andrew Feenberg）、邦格（Mario Bunge）以及德国技术哲学家拉普（Friedrich Rapp）等纷纷开始探讨高新技术发展的后果、技术的社会影响，追问什么是进步、技术发展的前景以及工程师的责任等问题。② 美国犹太哲学家汉斯·约那斯（Hans Jonas）的"责任伦理学"更是明确将现代技术当作伦理学的对象，将"责任"问题摆在了当代伦理学的核心议事日程上。

技术哲学除了发生"伦理转向"，还出现了"经验转向"，即超越以往单纯的技术批判，而力图理解技术本身，将技术的哲学反思建立在对现

---

① 朱葆伟：《关于技术伦理学的几个问题》，《东北大学学报》2008年第4期，第283—288页。

② 王国豫：《德国技术哲学的伦理转向》，《哲学研究》2005年第5期。

代技术的复杂性与丰富性的适当的经验描述上。①

今天，科技发展之迅速、力量之强大、不确定性之多，已经构成了比科技的不当应用所带来的负面影响更为根本的风险源。我们的道德实践和制度安排被抛在了科技发展步伐的后面，似乎越来越不能够合理运用和导引科学技术的巨大力量。在此情形下，我们仍然只是纠缠于科学技术的负面影响，已经不足以帮助人类应对新的挑战。人文社会学者需要深入技术形成的具体过程之中，以一种更积极、更主动和更具前瞻性的态度，通过促进科学界、工程界与公众之间的沟通和理解，促进政府、企业、公众与科学家、工程师的携手合作，去共同解决当前人类面临的诸多重大问题。

从实际的学术进展来说，20 世纪 80 年代以来，我国已经逐步开始了对技术伦理的研究，涉及的领域既包括技术伦理的基本问题，也包括生命医学伦理、工程伦理、网络伦理等，形成了一大批研究成果。② 但是，在深化有关技术伦理的原则和规范的探讨；在技术时代所面临的实际问题提供咨询和方法论上的指导；在如何建立和健全技术评估机制，启发和教育大众关注技术伦理问题，吸引科学家和工程技术人员参与技术伦理问题的讨论等方面，还亟须做出更多的努力与尝试。

第三，应用伦理学（applied ethics）对技术主题的关注及应用伦理学的实践转向。

除了上文中提及的技术哲学研究的伦理转向，现代西方哲学世界另一股力量也促成了技术伦理学研究的兴起。这就是应用伦理学对技术主题的关注。20 世纪 60 年代末至 70 年代，针对美国社会所凸显的一系列严峻社会问题的伦理思考涌现，一批应用伦理问题研究中心相继在美国成立。在早期的应用伦理学讨论中，技术仅仅处于边缘位置。但随着技术在社会中的地位越来越重要，技术逐渐从应用伦理学

---

① 参见 Peter Kroes P, Anthonie W. M. Meijers, *The Empirical Turn in the Philosophy of Technology*, New York：JAI Press, 2000。

② 进入 21 世纪以来，我国科学技术哲学界掀起了一股"科技伦理学"的研究热潮。尤其是 2000—2002 年间，不仅召开了多次"全国科技伦理学学术研讨会"，《哲学动态》、《自然辩证法通讯》、《自然辩证法研究》、《科学技术与辩证法》等专业期刊也集中刊载了有关"科学价值中性论"、"科学家、工程师的道德责任"等问题的文章。如《哲学动态》2000 年第 10 期的笔谈《科学技术的伦理思考》（李德顺、甘绍平、金吾伦和朱葆伟等学者参与）；《中国人民大学复印报刊资料》2001 年第 1 期（李伯聪、金吾伦、雷毅、甘绍平等学者的文章）。

反思的边缘向中心转移。一些应用伦理学家开始具体地分析某项技术（如信息与计算机技术、生物与医疗技术以及能源技术等）对社会和公众生活的伦理影响。

然而，"应用伦理学"往往被简单理解成对道德哲学中已有的理论、规范标准、概念和方法的应用。这种把"应用"理解为首先获得一种纯理论的知识，或者从这种知识中制定出一个普遍有效的行为原则然后再把它照搬到某个特殊的情境中，其实是割裂了理论与实践互动关系的误解。因为，一般的道德标准、概念和方法并不总是足够特殊，而适用于任何具体的道德问题。所以，"应用"总是会重组，至少会改进现有的规范标准、概念与方法。为此，朱葆伟等学者建议宁愿把技术伦理学称作"实践伦理学"（practical ethics）。因为它是导向行动的，是"行动中的"。它始于问题，始于那些生活实践中提出的、以往的伦理原则又不能立即回答的问题，其首要目的是要解决问题。在实践推理中，由于人们面对的是新现象，所以，并不只是简单把有待决定的事件纳入一般的规则，而是往来于对情境的理解和对原则的理解之间，根据当下的情境来理解原则，又依据原则来解释和处理这些事情。①

第二节　当前研究现状

一　国外研究状况

2003 年以前，很少有人重视由纳米技术引发的伦理、法律及社会问题。2003 年，随着科学界发出纳米技术可能存在风险的声音之后，国内外的人文社会学者开始关注相应的问题。

国外关于纳米技术社会问题的研究主要集中在美国、英国、德国、荷兰和澳大利亚等国。来自这些国家的学者或从伦理学角度，或从科技政策角度，或从公众理解科学（public understanding of science）的角度，对纳米技术在欧美各国已经和将要产生的社会影响进行了研究。

---

① 参见朱葆伟《关于技术伦理学的几个问题》，《东北大学学报》2008 年第 4 期，第 283—288 页；王前、安延明：《应用伦理的新视野——2007 "科技伦理与职业伦理"国际学术研讨会综述》，《哲学动态》2007 年第 10 期。

　　首先，引起国外学者关注的是纳米技术的伦理问题。

　　2003 年 3 月和 10 月，在美国的哥伦比亚、南卡罗来纳州和德国的达姆施塔特，先后召开了有哲学家和伦理学家与自然科学家、工程师共同参与的国际跨学科学术研讨会——"发现纳米尺度"，纳米技术的伦理问题成为这两次会议的主要议题。也就是在这两次会议上，来自美国达特茅斯学院的詹姆斯·莫尔（James Moor）和澳大利亚查尔斯特大学的约翰·维克特（John Weckert）在题为"纳米伦理——从伦理的视角评价纳米尺度"的报告中，最早使用了"纳米伦理学"（Nanoethics）这一概念。同年秋天，国际化学哲学的专业期刊《物质》（Hyle）和技术哲学的专业期刊《技术》（Techné）分别发表了关于"纳米挑战"的专题讨论①。这一年，美国加利福尼亚州立大学还建立了一个以纳米技术的伦理和社会问题为研究对象的独立组织——"纳米伦理研究小组"（The Nanoethics Group）。

　　2007 年初，另一项标志性的事件发生了。德国施普林格（Springer）出版社发行了学术期刊《纳米伦理学：在纳米尺度上汇聚的技术伦理学》（Nano Ethics—Ethics for Technologies that converge at the nanoscale）。这在一定程度上标志着，人们对纳米技术进行伦理学研究已经初步建制化。就这样，"纳米伦理学"已悄然成为一个新兴的研究领域。

　　目前，有关"纳米伦理学"的一般性研究方面，大多集中在以下几个问题上：（1）是否有必要成立"纳米伦理学"这一单独的学科？它与其他伦理学分支有何异同？（2）纳米伦理学研究的一般方法是什么？

　　在"纳米伦理学"的具体研究内容上，国外学者大致研究了以下几个方面：（1）纳米材料对健康与环境的影响（即纳米材料的安全问题）；（2）纳米技术对隐私和信息安全的侵犯；（3）纳米技术用于医药领域的影响；（4）纳米技术利益与风险的公正分配问题；（5）纳米技术对知识产权问题的影响；（6）纳米技术在军事上的应用等。②

　　总体看来，由于距离纳米技术的大规模应用尚有时日，所以，这些对

---

① Davis Baird, Alfred Nordmann, and Joahim Schummer, "Introduction", In: Davis Baird, Alfred Nordmanand Joahim Schummer, ed., *Discovering the Nanoscale*, Amsterdam. Oxrfrd Washington, DC: IOS Press. pp. 1–5.

② 参见王国豫、龚超、张灿《纳米伦理：研究现状、问题与挑战》，《科学通报》2011 年第 2 期。

纳米技术社会、伦理影响的研究不少都流于初步的设想，甚至有的反思具有比较强烈的科幻小说的味道，对具体问题的深入研究相对较少，多处于向社会各界发出警告的层次。

但这样的研究现状并不能抹杀纳米技术伦理研究的意义。2006 年 7 月，联合国教科文组织发布了报告《纳米技术的伦理与政治》。这份报告对于当前纳米技术的发展现状以及相关的伦理、社会和法律研究做了总结评述，认为虽然当前的纳米技术大多还是开拓性与试验性的，但是，鉴于纳米技术未来的广阔商业化应用前景，仍非常有必要对纳米技术的安全性、健康与环境效应以及相关的伦理和政治议题加大研究力度。纳米颗粒可能造成两方面的危险：纳米粒子对人体和生态系统的生物化学效应；纳米粒子的泄漏、溢出、循环和浓缩可能引起的危险。面临危险，我们不应当问"纳米技术是不是安全的"，而应该问"我们怎样才能让它变得更安全"？对此，报告认为，我们需要通过让各方参与者进入纳米技术研发的"上游"，以解决纳米技术所带来的各种伦理与政治问题。[1]

其次，纳米技术的监管与治理也成为众多欧美相关学者的关注对象。

美国方面，美国 NSF 成员、NNI 的主要推动者之一米哈伊尔·罗科（Mihail C. Roco）等率先撰文分析了"治理"一词现在通常使用的含义，认为纳米技术为在一开始就将社会研究和对话融入科技的研发过程，将为社会研究做为投资战略的一个核心组成部分提供了难得的机遇。[2] 然而，也有美国学者认为，由于缺乏关于纳米技术风险的数据，当前美国联邦的监管结构不大可能满足积极地应对纳米技术风险的需求。在没有先期毒性测试、没有联邦标准、没有排放控制的情况下，纳米材料被排入环境中时，很可能需要美国各州以及地方机构去应对这些问题。[3]

欧盟方面，比利时鲁汶大学的学者基尔特·范·卡尔斯特（Geert van Calster）介绍了欧盟在监管纳米技术方面的情况，指出美国不是唯一面临

① UNESCO (United Nations Educational, Scientific and Cultural Organization), *The Ethics and Politics of Nanotechnology*, Paris, 2006.

② Ortwin Renn and Mihail C. Roco, "Nanotechnology and the Need for Risk Governance", *Journal of Nanoparticle Research*, No. 8, 2006, pp. 153 – 191.

③ Maria C Powell, "Bottom – up Risk Regulation? How Nanotechnology Risk Knowledge Gaps Challenge Federal and State Environmental Agencies?", *Enviromental Management*, No. 3, 2006, pp. 426 – 443.

纳米技术监管挑战的国家，欧盟也在为这一新技术考虑监管机制，纳米技术中将呈现日益增强的面向合作及自我监管的趋势。[①]

澳大利亚莫纳什大学监管研究中心则编辑出版了论文集《治理的全球新边界：纳米技术时代》，概述了美、英、欧盟以及 WTO、OECD 等国际组织在纳米技术监管方面的现状。该论文集得出结论说，当前纳米技术尚处在襁褓期，尽管已经出现了很多纳米技术的产品，但是，我们对纳米颗粒的潜在风险的理解仍存在重大的知识缺口。政府与产业界需要支持关键的研究，以实施科学上完备的风险评估，以及随之而来的合适标准与管理。考虑到现在的知识尚不充分，重点应放在风险研究日程的国际合作和实施这些研究的工作上。研究纳米颗粒潜在负效应的工作不仅要及时，也要公开透明。纳米技术该如何监管，这是无可预测的。鉴于很多"软性法律"监管机制比传统的命令和管理方案更有效，纳米技术的监管在很大程度上将继续在政府之外演进。[②]

再次，由于纳米技术本身具有非常强的跨学科特色，要求开展纳米技术伦理和社会意蕴的研究必须具备多个学科的专识。具有鲜明跨学科研究特色的 STS（Science and Technology Studies）[③] 研究契合了这样的思考方式，因此成为纳米技术相关的伦理和社会问题研究的先锋乃至主力。这一视角的研究从典型的科学知识社会学视角探讨"纳米技术"概念的形成

[①] Geert van Calster, "Governance Structures for Nanotechnology Regulation in the European U-nion", *The Environmental Law Reporter*, No. 12, 2006, pp. 10953 – 10957.

[②] Graeme Hodge, Diana Bowman Dand Karinne Ludlow, "Introduction: Big Questions for Small Technologies", In Graeme Hodge, Diana Bowman Dand Karinne Ludlow, ed. , *New Global Frontiers in Regulation: the Age of Nanotechnology*, UK: Edward Elgar Publishing Ltd, 2007, pp. 3 – 26.

[③] "STS"作为一个英文缩写词，有两种不同的说法。其一是指"Science, Technology and Society"；其二是指"Science and Technology Studies"。前者主要兴起于美国，国内基本上都将其直译为"科学，技术与社会"，并将之理解成一种"以科学、技术与社会之间关系为对象的交叉学科研究运动"（参见殷登祥《科学、技术与社会概论》，广东教育出版社 2007 年版，第 350 页）。后者则主要源自英国的"科学知识社会学"（Sociology of Science Knowledge，简称 SSK）传统，指的是以科学技术作为研究对象、从多个角度（尤其是社会学角度）进行的（带有批判性的）研究。国内对此有多种译法，如"科学技术研究"、"科学技术论"、"科学技术学"和"科学技术元勘"等。上述两种"STS"概念虽有所不同，但没有根本性分歧，都是将科学、技术与社会的互动关系作为一个独立对象进行系统考察的跨学科研究领域。这里，遵照欧美学者有关论著的原文，采纳的是后一意义上的 STS。

与演变过程，进而拓展到如何应对新兴的纳米技术给人类社会带来的挑战上，"技术评估"、"科学的公众参与"以及"社会技术整合"构成了当前这个视角的主要研究进路。

2005年，在美国科学基金会（NSF）620万美元的资助下，美国亚利桑那州立大学成立了"社会中的纳米技术研究中心"（CNS - ASU），成为当前全球最大的纳米技术社会方面的研究、教育中心。该中心宣称，其目标是：在纳米技术的发展中增强反思性，并且增强社会参与纳米技术和其他新兴技术的预期治理的能力。所谓"反思性"（Relfexivity），指的是一种社会学习的能力，能够了解有关纳米技术的决策制定中可及的各种选择。这种反思性可以标示出正在涌现的问题，促成所谓的"预期治理"（Anticpatory Governance）——在管理新兴技术还是可能的时候，社会和机构寻求并领会这些管理投入的能力。该中心的网页宣称，随着语境意识的增强，我们将有助于引导纳米技术的知识和创新迈向更加让社会满意（socially desirable）的结果，避开不可欲的结果。①

2008年，CNS - ASU的学者编辑出版了第一期《社会中的纳米技术年鉴：呈现未来》（*Yearbook of Nanotechnology in Society：Presenting Futures*）。该年鉴整理收录了有关纳米技术的新闻报道、政府报告、有关纳米技术的一线政治对话中的宣传说辞，以及其他定位纳米技术未来的原创文章，彰显了纳米技术的行动者思考和塑造未来的各种方式，将社会科学家、人文学者、政府官员、基金组织、设计师和公关专家等带入了一个多面的、有时还会发生冲突的对话之中。它介绍了通向未来的各种不同的进路，表明了当前关于科学技术与社会的文化概念是如何被创建的，最终又是如何影响我们的认知框架、社会竞争以及物质实践的。②

此外，在2008年出版的反映STS研究最新进展的权威论文集《科学技术论手册》第3版中，CNS - ASU的学者们总结了当前在纳米技术社会问题研究上的进展。他们指出，较之以往推动生物技术研究的政策，纳米技术发展政策最大的不同在于，人们不仅要研究ELSI问题，更要将这些

---

① 参见该中心的网站主页介绍（http：//cns. asu. edu/about/）。

② Erik Fisher, Cynthia Selinand James M. Wetmore, *Yearbook of Nanotechnology in Society：Presenting Futures*, New York：Springer - Verlag New York Inc. , 2008.

社会科学研究与公众干预整合进技术研发过程之中。这为 STS 研究者创造了新的、更加积极的角色，也向社会科学家们提出了更高的期待。一方面，人们期待社会学家向纳米科学家提供一种科技与社会相互依赖的语境意识，同时研究相关的 ELSI 问题，更要将这些社会科学研究与公众参与整合到纳米技术的研发过程之中。这就使得社会视角有可能对纳米技术研发的设计、行为及其结果产生更大的影响力。另一方面，人们期待社会科学家了解纳米技术的细节及其兴起的条件，以便更好地评估纳米技术的社会影响，并与公众展开互动。①

事实上，由于研究对象的复杂性，上述三个视角的研究并没有清晰的界限，通常是交织在一起的，这里只是做一个大致的划分。总体来说，伦理学角度的研究尚处于初步发展阶段，除却早期那些有耸人听闻之嫌的、建基于科幻式纳米技术前景之上的伦理忧虑，大多是在呼吁要关注纳米技术可能引发的各种社会、法律和伦理问题，鲜见针对纳米技术具体应用的深入伦理反思和探讨。科技治理或监管的角度研究的文献更为丰富，但大体也处在理论与实践的开拓阶段。STS 角度则涌现出一批颇为值得期待的研究成果。

二　国内研究状况

相较于生命伦理学、环境伦理学等伦理学领域的研究，国内学者对纳米技术的社会和伦理效应总体关注度尚不高。虽然已有部分学者从纳米技术的哲学蕴意、纳米技术的社会影响、纳米技术的社会控制以及纳米技术产业发展等角度做了一定程度的研究，但是，总体而言，国内学者早期对纳米技术可能引发的伦理问题的关注，大多是基于对纳米技术未来的可能应用猜测或展望所做的宏观性反思，基本上限于引介国外的学术动向，呼吁我国学者更多地关注这些问题，罕见深入到纳米技术具体的社会或伦理效应上的专门探讨，更缺乏就某一具体问题所做的深度研究。

与此同时，在技术伦理学这一新兴的伦理学研究领域的基础理论上，

---

① Daniel Barben, Erik Fisher, Cynthia Selin and David Guston, "Anticipatory Governance of Nanotechnology: Foresight, Engagment and Integration", In Edward J. Hackett, Olga Amsterdamska, Michael Lynch, Judy Wajcman, ed., *The Handbook of Science and Technology Studies* (3rd ed), Cambridge, Mass: MIT Press, 2008, pp. 979 – 1000.

国内已经做了一些颇有见地的开创性工作，对用伦理来规约现代技术的可能性与可行性做了有建树的理论铺垫工作。但是，这些工作大多属于比较传统的对国外理论进行爬梳的研究范式，或者拘泥于"纸上谈兵"，缺乏与现实问题相结合的、将这些理论付诸实际问题的解决的工作，尚未出现相对具体的针对纳米技术的伦理规约模式。

从 2004 年开始，国内科技伦理学和科技社会学界日益关注现代科技的风险及其治理问题，普遍认为"风险社会"已经成为当今社会的重要特征，而高速发展的现代科技又是重要的风险源。我们必须重视科技风险的应对，尤其是其中科技专家的伦理责任，以便积极应对科技发展所带来的社会风险问题。①

2006 年之后，尤其是 2011 年以来，一批国内学者开始从应对纳米技术引发的伦理问题的具体方略上做了一系列的探讨，不仅较为系统地论述了纳米伦理学在研究范式上所带来的挑战，探讨了纳米伦理研究的学科范式及其必要性和可能性，还明晰了对纳米技术进行伦理考量的具体方式和特征。②

除此之外，中国人文社会科学界还召开了几次探讨纳米技术伦理和社会问题的学术会议。其中，2008 年 12 月 5—7 日，由中国自然辩证法研究会生命伦理学专业委员会和广州医学院人文社会科学学院联合主办的"第二届全国生命伦理学学术会议"第一次将"纳米伦理"正式提上了议事日程。会上，联合国教科文组织国际生命伦理委员会委员、生命伦理学专业委员会名誉理事长、上海交通大学医学院胡庆澧教授指出，纳米技术广阔的应用前景和潜在风险将生命伦理学研究推向了应用伦理学研究的前沿。中国社会科学院哲学研究所研究员邱仁宗则进一步分析了纳米技术的研究和应用中可能引发的健康、安全和环境问题，主张在加强科学家和公

① 参见费多益《科技风险的社会接纳》，《自然辩证法研究》2004 年第 10 期；费多益：《风险技术的社会控制》，《清华大学学报》2005 年第 3 期；潘斌：《风险社会与责任伦理》，《伦理学研究》2006 年第 3 期；刘松涛、李建会：《断裂、不确定性与风险——试析科技风险及其伦理规避》，《自然辩证法研究》2008 年第 2 期。

② 例如，曹南燕、王国豫、李三虎等学者对开展纳米技术伦理研究的必要性和重要性等方面的研究。樊春良等学者则关注国内主流媒体对纳米技术的报道，对中国纳米技术发展的伦理环境做了全面和深刻的评析。

司自律的同时，政府应对纳米技术的研究和应用加以管理，鼓励人文社会科学工作者开展对纳米技术伦理、法律、社会问题的研究，为纳米技术的管理提供建议。①

2009 年 1 月 14—15 日，由英国研究理事会举办的中英研讨会"纳米：治理与创新——社会科学和人文学科的角色"（Nano：Regulation & Innovation—The Role of the Social Sciences and Humanities）在北京举行，来自英国的 9 名专家和中国的 10 多名专家对纳米科技所面临的多重挑战和人文社会学家的作用进行了深入研讨。

2009 年 11 月 29—30 日，中国自然辩证法研究会科学技术与工程伦理专业委员会与国家纳米研究中心在大连理工大学联合举办了"纳米科学技术与伦理——科学与哲学的对话"的跨学科学术研讨会，共同探讨了纳米技术的广泛应用前景和伦理影响，形成了中国纳米科学家与人文社会科学家之间的首次互动。

至此，可以说，我国学界对以纳米技术为代表的新兴技术发展中的伦理和社会议题的研究正式拉开了帷幕。

第三节　本书的研究意义和贡献

近代科学技术自诞生以来就被尊奉为"价值无涉"的、"客观性"的典型。经历过"科学大战"的洗礼，国内有关学者对诸如"科学技术是否蕴含价值"②、"科学技术是否存在伦理问题"③ 等问题已经做出了较为充分的论述，科技伦理研究的合法性已经成为共识。但是，具体的科技领域到底蕴含着怎样的伦理和社会问题？到底应该由哪些人承担何种伦理责任？这些更加迫切的问题尚未得到很好的研究。

面对纳米技术极大的不确定性和对社会极大的潜在影响，我们能否结合技术建构论和技术伦理学的研究成果，从纳米技术发展的一开始，就进

①　韩丹：《第二届全国生命伦理学学术会议综述》（http：//www.chinasdn.org.cn/n1249550/n1249731/11099550.html）。

②　参见曹南燕《科学技术是蕴含价值的社会事业》，载陈筠泉、殷登祥《科技革命与当代社会》，人民出版社 2001 年版，第 305—316 页。

③　参见甘绍平《科技伦理——一个有争议的课题》，《哲学动态》2000 年第 10 期。

行伦理的考量，并通过与纳米技术利益相关者的互动，来寻找对纳米技术等新兴技术的恰当伦理规约形式？亦即，我们是否可以尝试以纳米技术的发展为契机，对尚在生成中的技术探索出一种新的伦理规约样态，缩小伦理反思速度与科技发展速度之间的差距，进而明确纳米技术发展中各利益相关者的伦理责任？

具体而言，本书的研究意义和价值在于：

第一，以纳米技术为例，探讨新兴技术的伦理规约方式。既有的技术伦理规约模式，往往扮演的是事后诸葛亮的角色，今天，面对充满不确定性的新兴技术，我们如何在技术的后果尚未完全确定之时进行伦理规约，同时保持技术的可持续发展？进一步，如何汲取包括"技术建构论"等在内的STS研究对科技与社会之间关系细致入微的观察，结合经典技术哲学、技术伦理学对科技发展的反思，建构出新兴技术的伦理研究范式？本书拟通过梳理当前欧美纳米技术伦理研究的现状，对上述疑惑进行尝试性的解答。

第二，借助纳米技术提供的机遇，促进科学家工程师与人文社会学者合作应对新技术挑战。半个多世纪以前，C.P.斯诺在剑桥发表了《两种文化》的演说，感叹科技学者与人文学者的隔阂之大。然而，在目前纳米技术极具不确定性、又具备高度"双刃剑"性质的情形下，我们有可能以纳米科研工作者与人文社会学者的双向互动与携手努力来弥合曾经的鸿沟。

第三，为纳米技术风险治理提供可资借鉴的建议，促进中国纳米技术的可持续发展。中国是世界上少数几个从20世纪90年代就开始重视纳米材料研究的国家之一。自2001年成立全国纳米科技指导协调委员会并发布《国家纳米科技发展纲要》以来，由中国研究人员撰写的与纳米科技有关的论文数以年均30%左右的速度增长。据世界知名的纳米技术研究咨询公司Lux Research的研究报告称，1995—2006年，在纳米科学与工程领域，中国发表的论文数位居世界第二，共2.5万多篇，名列美国之后。[①] 到2007年，中国纳米材料的基础研究SCI论文数量已超过美国、日本、德国等发达国家，跃居世界第一位。[②] 中国纳米技术专

---

① 姜桂兴：《世界纳米发展态势分析》，《世界科技研究与发展》2008年第2期。

② 赵宇亮：《纳米技术的发展需要哲学和伦理》，《中国社会科学报》（http://sspress. cass. cn/paper/13580. htm）。

利申请排名世界第三，占申请总量的 12%，仅次于美国和日本，并且呈逐年上升趋势。中国在纳米材料、纳米结构的检测与表征、纳米器件与加工技术、纳米生物效应等方面取得了重大进展，达到了世界先进水平。①

然而，面对迅猛发展的科技势头，我国公众甚至一些科研人员对纳米的潜在风险和预防等问题的认识却远远不够，相关政府管理部门也没有给予足够的关注。人文学者方面，国内目前从事这方面研究的很少，更谈不上系统和深入。② 这与中国纳米技术研究的迅猛发展态势极不相称。我国亟须加强有关纳米技术人文社会科学研究，通过纳米科学家和人文社会科学家的共同努力，寻找应对纳米技术的潜在风险的有效方法，从而保障纳米技术健康、可持续发展。

为此，笔者从学术期刊、专业书籍、政府公开报告、相关研究团体的网站以及一般的媒体报道等渠道获取了大量的文本信息，还通过访谈纳米技术领域的一线科学家和研究者、同参加有关的项目研究和学术会议的学者讨论，获取了完成本书的重要的第一手资料。

在此基础上，本书力图回答两个问题：（1）在充满不确定性的纳米技术发展过程中，伦理考量可以扮演怎样的角色？（2）这种角色如何得以实现？

对于第一个问题，本书整合 STS 与技术伦理学、工程伦理学的相关研

① 易蓉蓉、张巧玲：《跑步前行的中国纳米研究》（http：//www. chinanano. cn/expert/ExpertNewsShow. aspx？id = 7）。

② 2006 年，中国在纳米科学和纳米工程方面的发表文章占据了当年世界总发表文章数量的 20%，但是关于纳米技术的社会科学研究只贡献了不到 2% 的发表文章量。参见 Shapira P. , Youtie J. , and Alan L. P. , "The Emergence of Social Science Research on Nanotechnology", Scientometrics, No. 2, 2010, pp. 595 – 611。对中国学术期刊网络出版总库（CNKI）的检索统计则表明，在 2001—2009 年间，在"伦理与社会议题方面"（按篇名和关键词检索：伦理＋道德＋规范＋风险＋社会影响＋治理），中国研究人员发表的论文不足 20 篇，大多集中在讨论纳米技术的风险方面。根据 Web of Science 数据库检索，在 1990—2009 年，中国在纳米技术伦理与社会方面在 SCI、SSCI 仅发表了 7 篇相关论文，居第 11 位，位于美国（148）、英国（28）、德国（19）、法国（14）、瑞士（12）、加拿大（10）、日本（9）、澳大利亚（9）、韩国（8）和印度（8）之后，与这段时间中国国际科学论文位居世界第二的地位很不相配。参见樊春良《关于加强中国纳米技术社会和伦理问题研究的思考》，载中科院《高技术发展报告》，科学出版社 2010 年版，第 230—237 页。

究成果，拓展了"伦理"的概念内涵，有别于单纯的以哲学思辨为主导的早期纳米伦理学研究进路，主张超越单一的伦理学学科界限，将源自人类基因组的 ELSI 跨学科研究概括为包括纳米技术在内的各种新兴技术的伦理研究范式，由此重新确立了"纳米技术发展的伦理参与"的必要性与合法性，并勾画了"伦理参与"的理念框架，从而突破传统的将伦理排除在技术发展过程之外的角色定位，超越伦理考量作为"事前预言家"和"事后诸葛亮"的局限，在技术发展中赋予伦理考量以新的角色，使之作为技术发展的形塑者之一，实时地参与塑造技术的未来。

对于第二个问题，本书通过引介欧美当前在纳米技术发展中呈现的最新理论和实践动态，按照宏观和微观两个层面，初步展现了欧美纳米技术发展中伦理考量如何成为一种实践性的力量，参与到新兴技术的社会形塑过程中。在此基础上，本书结合中国的国情，尝试探讨了中国语境中纳米技术伦理参与的可行性，并提出了初步建议。

由于本书所涉及的主题尚在深化和拓展过程之中，受学识所限，书中欠缺之处在所难免，恳请读者不吝赐教，参与到问题的探讨中来，以共同推进相关学术的发展。

第二章　纳米伦理学的早期研究及其问题

　　纳米技术发展伊始，为了获取资助，产业界、科学界利用了埃里克·德莱克斯勒（Erik Drexler）等描绘的具有无限潜力的纳米技术装置形象，将纳米技术炒作成堪与蒸汽机、电气化和计算机技术等相媲美的引发下一场工业革命的新兴技术。但是，鉴于转基因技术的阴影尚未退去，尤其是在过度炒作之后，面对如此强大的新技术，人们不禁质疑，这项潜能巨大的新技术，是否也可能给人类带来史无前例的巨大灾难呢？顷刻间，纳米技术在公众中的形象堕入了阴影之中。原来乐于给自己的产品贴上"纳米"标签的一些欧洲公司，现在都不愿随便贴上这样的标签了。

　　在此情形下，各国政府开始高度重视纳米技术的风险问题。在欧美发达国家，不仅仅兴起了纳米毒理学，纳米技术有关的社会和伦理问题研究也几乎同时被提上了议事日程，并出现了要将人文社会科学的研究整合进纳米技术发展的实际过程中的趋势。这种大的政策环境无疑是有利于人文社会科学学者从事纳米技术相关的研究的。但是，在人文社会科学内部，对于纳米伦理学的学术研究合法性，在一开始是有过激烈争论的。

第一节　纳米技术的未来：乌托邦，还是末日噩梦

一　乌托邦：NBIC 汇聚技术与纳米分子组装机

　　纳米技术在美国国家层面的推动，从一开始就被寄予了造福人类社会的厚望。1998 年 4 月，美国前总统科学技术顾问和美国国家科学基金会（NSF）前会长雷恩（Neal Lane）就在国会听证会上发言说：

　　　　如果有人问我明天哪一个科学工程领域最有可能产生突破，我会

说，这就是纳米尺度的科学和工程。①

2000 年，由美国国家科学技术委员会（NSTC）的纳米尺度科学、工程和技术分会发布了一份 NNI 计划的实施报告。报告对纳米技术的未来做了这样美好的畅想：

> 我们将在一块方糖大小的设备中容纳整个国会图书馆的藏书内容；自下而上地制造产品，减少对材料的需求并减少污染；制造出比钢还坚硬 10 倍的材料，让各种海陆空交通工具变得更轻巧、更省油；提高计算机速度，改善晶体管和记忆芯片的效能；检测到那些只有几个细胞大小的致癌肿瘤；从空气和水中去除掉最微小的污染物，用可承受的花费获得更清洁的环境和适于饮用的水；让太阳能电池的效能提升一倍。②

NNI 的倡议者认为，在纳米层面统一自然的属性，并以此为基础统一科学，将为知识、创新和技术的整合提供全新的基础。这表明了纳米技术的一个与众不同的重要特征：纳米技术并不是某一项特殊的应用，而是各种已有技术在纳米尺度汇聚。在这个意义上，与其说纳米科学是一门全新的学科领域，不如说纳米科学是（超）分子尺度上各种学科汇聚的结果。③ 人们甚至可以说，在很大程度上，纳米技术的潜在优势取决于它到底怎样混合其他技术。

为了进一步挖掘纳米技术的潜在影响力，认识到纳米技术这一特征的美国纳米技术推动者们，迅速将目光投入到了各种先进技术在纳米尺度的汇聚上。

---

① NSTC (National Science and Technology Council, USA), *National Nanotechnology Initiative: The initiatives and its implementation plan*, July 2000, http://www.nsf.gov/crssprgm/nano/reports/nni2.pdf, p.26.

② Ibid., pp.12 - 14.

③ Louis Laurent and Jean - Claude Petit, "Nanosciences and Their Convergence with Other Technologies: New Golen Age or Apocalypse?" In Joachim Schummer and Davis Baird, ed., *Nanotechnology Challenges: Implications for Philosophy, Ethics and Society*, Singapore: World Scientific Publishing, 2006, p.250.

2001 年 12 月，美国商务部技术管理局（DOC）、国家科学基金会、国家科学技术委员会纳米科学工程与技术分会（NSTC – NSEC）在华盛顿联合发起了有科学家、政府官员、产业界技术领袖等参加的圆桌会议，首次提出了"汇聚技术"（NBIC Convergence）的概念：Nanotechnology——纳米科学与技术、Biotechnology——生物技术与生物医学（包括基因工程）、Information technology——信息技术（包括高级计算机与通信）、Cognitive science——认知科学（包括认知神经科学），这四大发展迅速、潜力巨大的前沿技术的融合简称为 NBIC。这四大技术之间的关系呈现为："如果认知科学家能够想到，纳米科学界就能建造，生物科学界就能运用，信息科学界就能监控。"① 四大技术中，纳米技术是所有学科的"地基"。

与会者就以下六大领域探讨了 NBIC 技术的潜力：汇聚技术的全部潜能；拓展人类的认知与交流；增强人类的健康与生理能力；提升群体和社会效能；国防安全；统一科学与教育等。具体地说，NBIC 技术对个人的改善主要体现在外部技术与内部技术两个方面。外部技术包括新产品（如物质、器件和系统，农业与食品），新的存在方式（如机器人、聊天机器人，动物），新的社会交往方式（如改进了的群体互动和创新力，统一科学教育与学习），新的中介（固定工具和人造物），新的场景（包括真实的、虚拟的和混合的场景），内部技术指可替换的新器官、人的感知和反馈上的新技能以及新基因。②

在科学家看来，基于科学统一性的 NBIC 技术无所不能。纳米技术与生物技术、生物医药及遗传工程的汇聚，将实现重大疾病在早期就能被快速灵敏地检测出来，从而获得更佳的治疗效果。进一步，人类将能够以原子或分子为起点来诊断、修复自身和世界。纳米技术与信息技术的汇聚，将大大加快计算速度，实现更为快捷的通信。基于快速、可靠的信息交流，人类各种机构和组织将大大提高效率。纳米技术与认知科学的汇聚，将把人类大脑的潜力激发出来，使人类的悟性、效率、创造性及准确性大大提高，人体及感官对外界的突然变化将变得敏感；老龄人群普遍改善体

---

① Mihail C. Roco, William Sims Bainbridge, *Converging Technologies for Improving Human Performance*, Dordrecht：Kluwer Academic publishers, 2003, p. 13.

② Ibid. , p. 17.

能与认知上的衰退；人类的精神健康也将上升到一个新的高度；人与人之间产生包括脑—脑、脑—机—脑等交流在内的高效通信手段；人类还可以通过变换心情、提升情绪表达力而更加自由地予以自我表达；社会群体有效改善合作效能。此外，NBIC 技术的发展还会大幅度减少社会资源与能源的消耗，从而减少生态环境的破坏和污染。总之，有了以"纳米技术"为基础的 NBIC 技术，人类的社会结构将焕然一新，人类文明将由此进入全新时期。

当然，四大技术的汇聚将给人类社会带来新的挑战，尤其是引发诸多伦理、法律和道德问题。不过，与会者认为，当我们对伦理问题和社会需求给予恰当关注时，汇聚技术就会极大地改善人类能力、提高社会效能、推动国家生产力和提升生命质量，由此，此次会议达成了"NBIC 技术将增强人类能力"的共识。2002 年 6 月，DOC 和 NSF 共同主持，将此次会议中的发言、共识、建议等集结成一份《增强人类能力的汇聚技术》的报告。由此，NBIC 技术的发展被提上了人类的重要议事日程。

这种通过技术实现人类超越发展的主题并不是突然产生的。不论 NBIC 的倡议者们是否曾经主动参照过，我们在德莱克斯勒、库尔兹威尔（Ray Kurzweil）以及莫拉维克（Hans Moravec）等人早先的著述中都发现了诸多类似的"玫瑰色畅想"。

20 世纪 80 年代到 90 年代这 10 余年间，来自美国麻省理工大学的分子纳米技术博士德莱克斯勒主宰了人们对于纳米技术范式的理解。在其成名作《创造的发动机：纳米技术时代的到来》（*Engines of Creation：The Coming Era of Nanotechnology*）一书中，德莱克斯勒开篇定义了两种技术类型：一种是"体积技术"（bulk technology）。这是从石器时代到硅芯片时代的旧技术，把原子和分子当作一大堆来使用。另一种是"分子技术"（molecular technology）。这种新技术将精确地控制单个的原子和分子。由于分子是用纳米尺度来度量的，所以，这种新的"分子技术"也可称作"纳米技术"。在该书中，德莱克斯勒设想了一个由纳米分子组装机（nano assembler）改造的世界。分子组装机能够在分子层面操纵几乎任何反应分子，具有可编程机器的精确性，而且能够复制自己。它们能把原子结合成任何稳定的形态，可以一次一点地把零件加到工件表面，直到形成一个复杂结构体，就好像一个"装配工"。由此，我们可以把原子按任何合理的顺序排列，建造任何自然法则允许存在的东西，特别是，我们能按照设计建造任何东西——包括更多这样的"装配工"。为此，德莱克斯勒称这种纳米分子组装机为"建造的发动机"。当今的医学技术、太空技术、计算机技术和生产技术，乃至武器技术统统取决于我们排列原子的能力。所以，有了这样的分子组装机，我们将精确而毫无污染地制造出任何产品，实现廉价的星际旅行，在医药方面取得根本性突破，创造出细胞修复器，让长寿和健康变得唾手可得，甚至可以使某些东西接近永恒，从而在根本上改变技术和经济，为我们开创一个新的充满可能性的世界。由是，分子组装机将成为人类社会富足的发动机。①

对于秉持"后人类主义"（posthumanism）、"超人类主义"（transhumanism）等力图通过技术完全改造人性的信仰者来说，日益增强的计算性能将让我们制造出比人脑表现更优秀的系统。这样的系统将呈现出"意识"，实现人脑与机器的互动，拓展人脑的功能，将我们的意识输入虚拟现实，进而摆脱死亡对人的限制。② 这种增强人类乃至弃绝人类、进入后人类的激进想法并不专属于纳米技术，但是，能够在原子层面操纵物质的纳米技术，会使得对人类基因进行更大幅度的修饰在不远的将来成为可能，这就能更为有效地增强人类。

---

① Erik Drexler, *Engines of creation*: *The coming era of nanotechnology*, Oxford: Oxford University Press, 1990, p. 4; p. 14.

② 20 世纪后半叶，随着高科技的迅速发展，人类来到了知识、自由、智力和寿命上获得爆炸性扩展的阶段。承接历史上的技术乌托邦主义源流，会同自由主义的思想，在对这种爆炸性扩展进行理性反思过程中，诞生了构成技术自由主义派核心思想的"后（超）人类主义"。这一思想流派的代表人物有莫尔（Max More）、库尔兹威尔、凯利（Kevin Kelly）、斯诺德谛克（Peter Sloterdijk）和皮尔森（Keith Ansell Pearson）等。其中，最为激进的"后人类主义"是一种以神经科学、神经药理学、人工智能、纳米技术、太空技术和因特网之类的各种科学技术为基础的理性哲学与价值体系的结合，主张利用这些技术逐步改造人类的遗传物质与精神世界，最终变人类自身的自然进化为完全的人工进化。所谓"后人类"指的是人类的后代，但它已经（在技术上）增强到了这样一个程度，以致它不再是目前的人。后人类的智能和体能，包括智力、记忆、力量、健康和寿命，都将大大超过目前的人。人工智能系统也被某些人看作是一种后人类存在。"后人类主义"的温和版本"超人类主义"，是试图引导我们走向后人类状况的哲学。它尊重理性和科学、寻求进步、重视现实生活而不是某一超自然的"来世"的人类价值，是不受传统人道主义方法限制的人道主义的延伸。所谓"超人类"是人类在超越道路上的过渡人类，介于人类与后人类之间。其标志包括植入所引起的身体的增强、双性性格、无性生殖和分布式身份等。参见曹荣湘《后人类文化》，上海三联书店 2004 年版。

不难看到，美国 NSF 关于 NBIC 技术增强人类的报告，在使用技术改善人类生活的强烈乐观主义信念上，与德莱克斯勒"分子纳米技术"和库尔兹威尔等人的"纳米生物技术"想法如出一辙。透过这些论述，在强大的纳米技术的引领下，疾病、衰老甚至死亡给人们身体和心理带来的各种痛苦将不复存在，人类将超越物质时空的限制，享有无限的快乐和永恒的进步生活。倘若如此，几百年前托马斯·莫尔设想的"乌托邦"不久就要降临人间。一个美妙无比的"纳米天堂"似乎正在向人们招手。

二 大恐慌：人类的末日噩梦

事物总是相生相随。巨大的能量往往暗含着巨大的风险。纳米科学和纳米技术被赋予了如此巨大的威力，自然也承载了不可忽视的潜在风险。德莱克斯勒对此早有认识。他在《创造的发动机》一书中，一面畅想美好的纳米技术未来，一面指出纳米技术隐藏的巨大威胁。在"毁灭的发动机"一章，他警告人们说：

> 可复制的组装机和思维机器会对地球上的人类和生物产生根本性威胁。今天，生物的能力距离可能的极限还很遥远，但是，我们的机器进化得要比我们自身还快。在几十年内，它们很可能就会超过我们。除非我们学会如何安全地和它们共生，否则，我们的未来将既是令人激动的、又是短暂的。我们无法预见所有未来的问题，但是，我们可以通过关注那些最基本的问题来预见最宏大的挑战，以便做好准备。[①]

德莱克斯勒还设想了一种可怕的情景：有一天，我们制造的纳米机器不受控制了，这种坚实的并且通吃一切的"细菌"将像花粉那样随风传播，迅速地复制，在几天内把整个生物圈变得尘土覆盖。[②] 这就是后来备

---

① Erik Drexler, *Engines of creation*: *The coming era of nanotechnology*, Oxford: Oxford University Press, 1990, p. 171.

② Ibid. , p. 172.

受争议的"灰色粘质"（grey goo）景象。[①]

　　一位纳米医学界的专家罗伯特·弗雷塔斯（Robert Freitas）专门对"灰色粘质"做过严肃的技术分析，预测了分子组装机的复制速度以及在野外的散布速度，认为自我复制机可以在三个小时以内摧毁地球的整个生态圈。[②] 虽然德莱克斯勒声称，没有哪个头脑正常的工程师会去设计能在自然界中生存下来的自我复制的分子组装机。但是，恐怖主义者或者敌国会这样做。摧毁生物空间的自我复制者可能被蓄意破坏者设计出来。所以，弗雷塔斯的论证更加剧了人们对纳米技术毁灭地球的恐慌。

　　2000 年，针对纳米技术等新兴技术引发人类灭绝的可能，作为 NBIC 技术的主要科学家之一，太阳微系统公司的前首席科学家、联合创始人之一比尔·乔伊（Bill Joy）在《连线》（Wired）杂志上发表了题为"为什么未来不需要我们"的文章，对生物技术、纳米技术和机器人技术（Genetic engineering, nanotechnology and robotics，简称 GNR）这三大新兴技术的运用表示了深刻担忧。在他看来，尽管 GNR 可以延长人类的平均寿命，改善人类的生活质量。但是，每一项技术都会集聚巨大的能量，因而也蕴藏了巨大的危险。例如，纳米技术明显地可用于军事，并可能被恐怖分子利用。纳米技术可能导致"灰色粘质"现象，吞噬地球上所有的生物，破坏所有生物所赖以生存的生物圈，最终危及人类自身的生存。为此，乔伊大声疾呼暂停纳米研究。[③]

　　著名的技术狂热主义者库尔兹威尔反驳了这种放弃纳米技术研究的做法。他争辩说，如果禁绝纳米技术的研究，那么这样的研究会走入地下，而不会受到伦理学和管制的影响，这会导致技术得益于恐怖主义者攫取。[④] 所以，库尔兹威尔敦促科学家们伦理地进行研究，以

---

　　① 德莱克斯勒最初认为这种"灰色粘质"景象是可以被控制的，并不认为自己提出这种设想有什么严重后果。但是，2004 年，在与诺贝尔化学奖得主理查德·斯莫莱（Richard Smalley）的论战失败后，濒于被逐出纳米技术科学界的德莱克斯勒声称，他宁愿没有说过"灰色粘质"的事情。参见 Erik Drexler, "Nanotechnology: From Feynman to Funding", *Bulletin of Science, Technology & Society*, Vol. 24, No. 1, February 2004, pp. 21 – 27.

　　② Robert Freitas, *Some Limits to Global Ecophagy by Biovorous Nanoreplicators*, *with Public Policy Recommendations*, 2000, http://www. rfreitas. com/Nano/Ecophagy. htm.

　　③ Bill Joy, "Why the Future Doesn't Need Us?" *Wired*, No. 8, 2004.

　　④ Ray Kurzweil, *Promise and the Peril*, 2000, http://www. kurzweilai. net/articles/art0156. html? printable = 1.

便人类可以通过技术改善其价值观。

诺贝尔奖获得者、美国莱斯大学的化学教授理查德·斯莫莱将上述的争论归结为关于"灰色粘质"问题的争论。他明确地表示："自我复制的机械纳米机器人在我们这个世界根本就不可能。"[①]

美国著名的《科学》杂志也引用斯莫莱的说法，嘲讽德莱克斯勒所倡议的纳米分子制造机是不可能的，并认为这种设想有可能损害公众对纳米技术的支持。此后，斯莫莱与德莱克斯勒展开了两轮争论，德莱克斯勒最终完全败下阵来，无可奈何地被剔除出了纳米技术的科学共同体。[②]

尽管德莱克斯勒不再是引领纳米技术学界的航标，甚至面临着从纳米技术发展史上被抹去的尴尬境遇。但是，在某种意义上，他对纳米技术的发展仍然具有不可否认的贡献——正是他提出的"灰色粘质"景象，随着一部科幻小说，从科学界散布到了大众的视线中，真正引发了公众对纳米技术的兴趣——更确切地说——是恐惧和担忧。

2002 年 11 月，美国著名科幻小说家、《侏罗纪公园》的作者克莱顿（Michael Crichton）出版了一部悬疑小说《猎杀》（Prey），描述了一家专营纳米技术的公司，本来打算制造一批通过成群飞行来构成虚拟照相机的纳米机器人。可是，这家公司用来生产这批纳米机器人的系统是细菌和纳米机器的混合体。结果，发明者们失去了对这个系统的控制，这批装配了记忆、太阳能发电机和强大软件系统的纳米机器人从实验室中逃逸，给人类带来了恐怖的后果。这部小说获得了巨大成功，连续 15 周荣登美国纽约时报畅销书榜单。

可以说，克莱顿的这部小说生动地展现了此前纳米技术界内部一些先锋人物对 GNR 技术可怕后果的忧虑。它与乔伊那篇深怀忧惧的文章一起，成为纳米技术发展史上的一个转折点。如果说，乔伊在纳米技术界内部引发了关于纳米技术可能危险的激烈争论，导致德莱克斯勒及其极端的纳米技术发展范式遭到主流科技界的抛弃；那么，克莱顿的这部小说就将专家

---

① Richoud Smalley, " of chemistry, Love, and Nanobots", *Scientific American*, No. 285, 2001, p. 77.

② 例如，根据英国著名的纳米技术研究所的网站，纳米技术的先驱人物中根本就没有埃里克·德莱克斯勒。2001 年，《科学美国人》杂志出版了一期关于纳米技术的专刊，将德莱克斯勒说成是"边缘化的未来主义者"，而不是技术专家。

圈内部的忧虑拓展到了公众之中，激发了公众对纳米技术风险的深切担忧。从这里开始，纳米技术发起者最初渲染的玫瑰色梦想逐渐变成令人恐惧的灰白色，乌托邦式的纳米天堂被笼罩上了一层阴影。

不久之后，在 2003 年 1 月，加拿大著名环保组织 ETC（Erosion, Technology and Concentration）就发布声明，警告纳米技术的风险，呼吁人们暂停生产纳米技术产品，应当首先理解这些产品对环境和生命体的效应。在《剧降：从基因到原子》（*The Big Down：from Genes to Atoms*）这份报告中，ETC 按照四个阶段讨论了纳米技术有关的风险：纳米材料；操控纳米物体以执行精确定位的组装；在分子层面工作的纳米机器人；与生命体的汇聚。ETC 认为，这一产业所生产的纳米颗粒可能会在有机体中沉积，产生类似石棉的毒性效应，并散布到包括食物链在内的一切地方。然而，在当前阶段，我们对于人造纳米级颗粒对人体健康和环境的潜在累积性影响实际上一无所知。考虑到纳米颗粒对活体组织污染的担忧，ETC 建议政府立即宣布暂停新的纳米材料的商业生产，并启动透明的全球进程来评估该技术对社会—经济、健康和环境影响。[1] 在另一份《绿色粘质：纳米生物技术复苏》（*Green Goo：Nanobiotechnology Comes Alive*）报告中，ETC 讨论了生物技术同纳米技术汇集之后可能带来的灾难性情景，比如"灰色粘质"，认为这将造成不可估量的风险，再次呼吁政府应当全面暂停纳米技术的研究。[2]

2003 年 4 月，英国王储查尔斯王子（Prince Charles）在媒体上发表了一系列针对纳米技术潜在风险的言论，引起了广泛关注。他要求英国的科学家考虑纳米技术所引发的巨大的环境和社会问题，尤其是"灰色粘质"问题。这份言论在政治界和科学界都引起了强烈反响。为了做出回应，英国政府专门委托英国皇家协会和皇家工程学院开展了一项关于纳米技术的研究。[3]

---

[1] ETC Group, *The Big Down：from Green to Atoms*, 2003, http：//www. etcgroup. org/documents/The BigDown. pdf, p. 72.

[2] ETC Group, *Green Goo：Nanobiotechnology Comes Alive*！2003, http：//referer. us/http：//www. etcgroup. org/upload/publication/174/01/comm＿ greengoo77. pdf.

[3] 参见 http：//nanotechweb. org/cws/article/tech/19874 和 http：//news. bbc. co. uk/2/hi/uk＿news/3883749. stm.

此后，社会各界对纳米技术（与基因工程、人工智能技术）的潜在应用风险呈现出了连锁式的反应。2003 年 6 月 11 日，欧洲议会的绿色欧洲自由联盟组织（the Greens European Free Alliance group）提出要专门组织一天讨论纳米技术的潜在风险问题。欧洲议会的一些绿党成员，比如卡洛琳·卢卡斯（Caroline Lucas），就公开表示反对在没有监管的情况下发展纳米科学可能导致的风险。仅仅一个月之后，英国的绿色和平组织（Green Peace Environmental Trust）也发表了一篇题为"未来的技术，今天的选择"的报告，归纳了近期一些科学家、环保主义者、伦理学家和社会学家对纳米技术可能危害的分析，指出纳米粒子及纳米产品可能包含科学家尚未充分了解的全新污染物，由于不可生物降解或错误使用而可能造成灾难。报告呼吁，政府和纳米产业界对纳米技术带来的环境、医学和伦理挑战给予足够的重视。报告警告说，即便现在全面禁止纳米技术的研究并不现实，但是，如果纳米产业界不严肃对待公众所关注的负面问题，最终将导致纳米技术全面被禁的命运。①

有关的讨论也迅速扩散到了美国国会的听证会上，波及美国联邦政府的权威层。2004 年，一份题为"纳米科学和纳米技术：加利福尼亚的机遇与挑战"的报告根据纳米机器人的图景讨论了纳米技术。② 这一年，在欧美国家，各种应对纳米科学总体效应、毒性效应和汇聚后果的报告纷纷发布。③

就这样，纳米技术的风险（尤其是纳米颗粒的环境、健康风险）问题正式登上了欧美纳米技术发展的议事日程。

上文简单回顾了欧美公众对纳米技术潜在影响的争论历程，从中我们不

---

① Green Peace, *Future Technologies, Today's Choices: Nanotechnology, Artificial Intelligence and Robotics—A technical, political and institutional map of emerging technologies*, 2003, http://www.greenpeace.org.uk/MultimediaFiles/Live/FullReport/5886.pdf.

② 参见 CCST (California Council on Science and Technology, USA), *Nanoscience and Nanotechnology: Opportunities and Challenges in California*, 2004, http://www.ccst.us/publications/2004/2004Nano.php.

③ 参见 Swiss Re, "Nanotechnology: Small Matter, Many Unknowns", 2004, http://www.asse.org/nanotechnology/pdfs/govupdate_02-3-05_nanosafety.pdf; HSE (Health and Safety Executive, UK), *Nanoparticles: An Occupational Hygiene Review*, *Research Report* 274, Edinburgh, Scotland: Institute of Occupational Medicine, 2004; Alfred Nordmann, *Converging Technologies—Shaping the Future of European Societies: A Report from the High Level Expert Group on "Foresighting the New Technology Wave"*, Luxemborg: European Commission, 2004.

难看到，在新千年到来之际，关于纳米技术的公众争论展现出了不同以往的新特征。过去，似乎都是社会公众被迫去追赶那匹已经奔腾出去的技术"骏马"，等到技术的负面效应暴露出来之后，才去讨论可能的影响。而对于纳米技术来说，这幅景象发生了变化。此时，绝大多数人都还无法清晰定义何谓纳米技术，纳米技术到底会如何影响社会——可以说，纳米技术当前尚处在襁褓之中，但是，在纳米技术的先驱人物、环保 NGO 的激发下，相关的社会争论相当早就展开了。而且，关于纳米技术的社会影响的早期争论，似乎主要聚焦在那些纳米机器人将世界化为齑粉的可怕景象上。纳米技术的推动者们起初勾画的那幅"纳米天堂"骤然间成了人类终结的"世界末日"。

第二节 一门独特的纳米伦理学

随着各种 NGO 组织、科技界专家和公众人物关于纳米技术未来风险的担忧日益加重，一项新的研究任务也逐渐摆在了伦理学家、哲学家和社会学家面前。2003 年，加拿大多伦多大学生命伦理学联合中心的学者明苏思瓦拉（Anisa Mnysusiwalla）、达尔（Abdallah S Daar）和辛格（Peter A Singer）最早发出了这样的倡议。

他们通过一项对几个期刊数据库的调查发现，尽管有关纳米技术的科学文章的引用量在 1985—2001 年间获得了几乎指数性的增长，但是关于纳米技术的社会与伦理意蕴方面的文章引用量则没有变化，趋近于零。由此，这几位学者得出结论认为，当前我们非常缺乏对纳米技术的伦理、法律和社会意蕴的严肃研究。他们警告说：科学正大步前进，而伦理学被抛在了后面。如果纳米技术有关的伦理、法律和社会意蕴的研究赶不上科学发展的步伐的话，那么纳米技术就会遭遇困境。ETC 暂停使用纳米材料的要求已经为纳米技术敲响了警钟。要避免纳米技术发展的暂停，唯一的办法就是立即弥合纳米技术与其伦理学之间的鸿沟。转基因技术和生物技术已经为我们树立了前车之鉴。为此，他们吁请人文社会科学的学者们去研究纳米技术的伦理和社会意蕴。①

---

① Anisa Mnyusiwalla, Abdallah S Daar and Peter A Singer, "'Mind the gap': science and ethics in nanotechnology", *Nanotechnology*, No. 14, 2003, pp. 9 – 13.

迅速地，有学者回应道，在研究机构、资助部门和公众之间如果缺乏关于纳米技术意蕴和发展导向的对话，如果没有对纳米技术的伦理和社会意蕴进行充分的研究，那么，将带来包括公众对纳米技术的恐惧和拒斥在内的灾难性后果。[①]

值得注意的是，明苏思瓦拉、达尔和辛格在吹响纳米伦理研究的号角时，使用的是"NE³LS"（Nanotechnology's ethical, environmental, economic, legal and social implications），即"纳米技术的伦理、环境、经济、法律和社会意蕴"这个缩略语，意指一种跨学科的研究。然而，令他们始料未及的是，他们虽然振臂一呼、应者云集，但是，响应这一号召的人们，似乎并不满足这样的目标，而怀有更加"宏大"的志向：纳米技术给我们应对伦理议题的方式带来了重大变化[②]，我们需要一个应对未来的全新进路。[③]为此，我们也许需要一门新的叫作"纳米伦理学"（Nano - ethics）的应用伦理学分支领域，去专门应对纳米技术带来的伦理和相关社会议题。

一 纳米技术提出了性质上全新的伦理议题

传统地，建立一门新的，尤其是与科技发展有关的应用伦理学分支领域，往往是因为某个科技领域本身引发了一些独特的伦理问题。例如，生物技术的发展使得人类可以通过各种技术手段预先检测人类后代的性别，通过基因拼接技术创造新的动植物生命形式，通过体细胞核转移来克隆人……这些都是以往其他技术所不曾提出的新可能，也带来了人们此前不曾遇到过的新伦理议题。

伴随着纳米技术的实际发展，相应的伦理考量也兴起了。我们现在很难明确地说是什么使得这项技术领域如此特殊，以至于需要专门为它建立一个单独的伦理学分支。不过，一个起码的要求是：纳米技术要么引发了其他技

---

① Armin Armin Grunwald, "Nanotechnology—A New Field of Ethical Inquiry?", *Science and Engineering Ethics*, Vol. 11, No. 2, 2005, p. 190.

② George Khushf, "The Ethics of Nanotechnology: Vision and Values for a new generation of science and engineering", In National Academy of Engineering (USA), *Emerging Technologies and Ethical Issues in Engineering: Papers from a Workshop Oct* 14 – 15, 2003, Washington, DC: National Academies Press, 2003, pp. 29 – 55.

③ Wade L. Robison, "Nano - Ethics", In Davis Baird, Alfred Nordmanand Joachim Schummer, ed., *Discovering the Nanoscale*, Amsterdam: IOS press, pp. 285 – 300.

术所没有引发的伦理问题[①]，要么在与其他技术不同的（例如，更大的）规模上引发了伦理议题。[②] 那么，纳米技术是这样吗？

目前被一些学者视作纳米技术提出来的伦理问题[③]，主要包括：对人体健康和自然环境的危害，工作场所的安全性维护；对个人隐私的侵犯；受公共资助的研发活动成果的公平获取、风险和收益的公正分配；纳米技术在军事上运用所带来的社会安全问题等。[④]

在风险与收益之间做出恰当的权衡，在面临不确定时如何采取合理的应对举措，在纳米技术中毫无疑问是非常重要的。阿浩夫与林就将纳米颗

---

① 有学者认为"是否存在只有纳米技术才提得出来的全新伦理问题"这种提法不甚严密。因为，如果纳米技术提出了某种之前其他技术没有提出过的伦理问题，那么，该问题在那个时间点就是（性质上）新的。但是，同样的伦理问题可能会在之后被另一种有待发展的问题提出的。倘若如此，那么，我们日后再去评说的时候，这个伦理问题虽然是纳米技术率先提出来的，但并非为纳米技术所独有。所以，我们只能知道一个与技术有关的新伦理问题在何时最先涌现出来，它是否在性质上是新的，但是在一个给定的时间点，我们永远都不能确定这个问题是否为某项技术所独有。所以，这个问题更恰当的表述方式应该为：纳米技术是否提出了性质上全新的伦理议题？（参见 Robert McGinn，"What's Different, Ethically, About Nanotechnology: Foundational Questions and Answers"，*Nanoethics*，No. 2，2010，pp. 115 – 128.）在笔者看来，麦金（McGinn）的分析不无道理，但是，新的表述方式与"是否存在纳米技术所独有的伦理议题"在实质上没有什么差别，都是以纳米技术引发的伦理议题是否新颖为标准来衡量建立纳米伦理学的必要性。所以，本书对此不做细致区分。

② Soren Holm，"Does nanotechnology require a new nanoethics?" 2005，http: //www. ccels. cardiff. ac. uk/archives/issues/2005/holm2. pdf.

③ 引发公众对纳米技术负面影响担忧的"灰色粘质"问题（参见 Bill Joy，"Why the Future Doesn't Need Us?" *Wired*，No. 8，2000）、"逃逸的纳米机器人"（参见 James Moor and John Weckert，"Nanoethics: Assessing the Nanoscale from an Ethical Point of View"，In Davis Baird, Alfred Nordman and Joachim Schummer, ed. ，*Discovering the Nanoscale*，Amsterdam: IOS press，2004，pp. 301 – 310.）等问题，被很多严肃的人文社会学者视作是耸人听闻的、不切实际的担忧。由于这些问题涉及了从应用伦理学角度研究纳米技术伦理的根本困难，本章第三节将有详细论述，这里列举的纳米伦理议题是绝大多数学者公认为合乎情理的议题。

④ 参见 Mihail C. Roco，"Broader Societal Issues of Nanotechnology"，*Journal of Nanoparticle Research*，No. 5，2003. pp. 181 – 189；Anisa Mnyusiwalla, Abdallah Daar and Peter Singer，"'Mind the gap': science and ethics in nanotechnology"，*Nanotechnology*，No. 14，2003，pp. 9 – 13；另见 Wade L. Robison，"Nano – Ethics"，In Davis Baird, Alfred Nordman, and Joachim Schummer，*Discovering the Nanoscale*，Amsterdam: IOS press，pp. 285 – 300；又见 Bruce V. Lewenstein，"What Counts as a Social and Ethical Issues in Nanotechnology?"，*HYLE – International for Philosphy and Chemistry*，No. 11，2005，pp. 5 – 18；Paul Litton，"Nanoethics? What's new?"，*Hastings Center Report*，No. 1，2007，pp. 22 – 25.

粒带来的新的环境、健康和安全风险视作纳米技术所独有的。① 然而，这种断言是没有说服力的。因为，纳米颗粒带来的新风险虽然说是纳米技术发展独有的，但环境、健康和安全风险问题在其他技术的发展（如放射性物质、化学物）中早已存在，这算不上什么新的伦理议题类型，纳米颗粒只不过为既有的风险类别增添了一些新的案例。

对个人隐私造成的潜在侵犯问题，随着纳米技术的到来，也可能会十分突出。例如，"芯片上的实验室"（Lab‐on‐a‐chip）将监视病人的一举一动，收集所有的诊断信息并据此来诊断病情。倘若没有对个人数据给予充分保护，人们的隐私将很容易被泄露，从而对其生活产生各种影响。然而，诸如监控和数据保护等问题都不是单独由纳米技术提出来的。即便没有纳米技术，监视技术也发展到了相当高的阶段，对个人隐私构成了威胁。纳米技术或许加剧了这些问题的紧迫性，但是也没有引发什么在性质上全新的伦理议题。

风险与收益的公正分配涉及代际正义和代内正义两个方面。可是，不论是未来人与当代人之间，还是当代发达国家与发展中国家之间的分配正义问题，都不是纳米技术带来的全新的伦理问题，而是热议已久的当代伦理问题。

如果说上述问题都是纳米技术的常规发展带来的，不太会提出新伦理议题，那么，在"NBIC 技术"这样更加尖端的纳米技术发展可能中，是否引发了新的伦理问题呢？

例如，我们可以设想，NBIC 技术将来会让人们拥有一系列具有控制和交流能力的纳米器件，其中包括可以在婴儿时期就植入人体中的具有认知功能的永久性器件。假设使用这些器件成为全社会的习惯，那么，纳米技术将同生物技术和医学一起引发我们对人性的根本性思考：人类应该怎样重组身体？又为了何种目的去这样做？衰老和死亡应该被视作人类存在的既定初始条件，还是应当被视作在任何可能的时候都要被废弃的条件？② 这里，涉及两个重要的伦理问题：跨越人—机界限和用技术增强人

① Fritz Allhoff and Patrick Lin, "What's So Special about Nanotechnology and Nanoethics?" *International Journal of Applied Philosophy*, No. 2, 2006, pp. 179 – 190.

② Armin Grunwald, "Nanotechnology—A New Field of Ethical Inquiry?" *Science and Engineering Ethics*, Vol. 11, No. 2, 2005, p. 197.

类。前者自 20 世纪 80 年代以来，就在人工智能和人工生命领域得到了反复的探讨，并非由纳米技术单独提出来的；后者也绝不是全新的。尽管纳米技术的到来会大大增加用技术增强人类的可能性，然而，这些问题并不是纳米技术首次提出来的全新问题。其他技术，诸如冷冻保存、器官移植、基因工程等早就提出过同种类型的问题了。实际上，关于人是否需要增强自己乃至超越生死的限制获得永生等问题，根本不取决于纳米技术的发展，而是古已有之的哲学问题。

　　除了那些明确打出"寻找纳米技术全新伦理议题"旗号的学者，还有部分态度暧昧的学者，也倾向于将纳米技术独有的问题当作核心关注点。查林·斯维斯特拉（Tsjalling Swierstra）和阿里·里普（Arie Rip）就是其中的代表。一方面，他们宣称，也许不存在一种特殊的纳米伦理学。他们怀疑纳米技术提出了什么性质上全新的伦理问题，或者我们需要新的伦理概念与原则去应对纳米技术提出的伦理议题。另一方面，他们又认为也许存在着专门针对纳米技术的伦理议题。具体到这些伦理议题时，他们却语焉不详，只是认为一定存在这样的议题，因为纳米技术引入了新的模糊性（ambivalence）并增强了既有的模糊性。第一种模糊性是在纳米尺度，颗粒的微小尺寸带来了意料之外的新属性，这些新属性会带来意料之外的收益以及潜在的问题。第二种模糊性是纳米使能（nano – enabled）技术的主体性代理（delegation of agency）。[①]

　　稍作分析，我们可以看到，斯维斯特拉和里普所说的第一种模糊性对纳米技术而言也许的确是独特的。不过，正如我们对阿浩夫与林的分析所表明的那样，这本身不能说明纳米技术提出了任何性质上全新的伦理议题，很可能纳米技术只是为已有的问题提供了一些新鲜的例子。第二种模糊性也站不住脚。因为，从人类到纳米器件，并没有发生什么真正的主体性代理的转移。例如，某人如果自愿移植了某种智能纳米器件，主体性并不在于反馈式的纳米产品，而在于器件设计者或开这个处方的医生。因为，这样的器件只是去"履行"器件设计者与医学研究者一起设计好了的程序。人们所设想的各种智能纳米器件有时候的确会令人瞠目结舌，但是，其中所蕴含的伦理议题，诸

　　① Tsjalling Swierstra and Arie Rip，"Nanoethics as NEST – ethics：Patterns of Moral Argumentation about New and Emerging Science and Technology"，*Nanoethics*，Vol. 1，No. 1，2007，pp. 3 – 20.

如知情同意、隐私侵犯和平等获得等，都是我们已经熟知的了。

上述的分析表明，目前能够称得上是纳米技术带来的伦理问题，似乎在以往的技术语境中都出现过，其中没有一个是纳米技术提出来的性质上全新的问题。那么，是不是这个问题的提出方式本身有待商榷呢？

玛瑞安·戈德曼（Marion Godman）将这种致力于寻找纳米技术独有的、全新的伦理议题的思路称作"独特性进路"（uniqueness approach）。她虽然对于纳米技术是否会引发全新的伦理议题态度也比较暧昧，但是，她明智地看到，从这个进路出发，我们将遇到三个重大的困难：第一，认识论上的不确定性。当我们讨论纳米技术发展中所涌现出来的伦理议题时，在很大程度上是在讨论尝试性的未来应用。至于纳米技术的哪些未来承诺会真正实现，我们当前的了解是相当有限的。当对纳米技术的各种准应用给予规范性评价时，我们不能置这种不确定性于不顾，而武断地界定有关的伦理议题范围。第二，独特性进路在某些情况下会让我们误入歧途。例如，德莱克斯勒式的"灰色粘质"问题之所以受到广泛关注，就是因为它可怕的新颖性。尽管考虑到纳米技术将来可能被恶意滥用，类似的恐怖情形有可能发生，我们现在很难完全弃绝类似的讨论，但是，如果以"独特性"或"新颖性"来衡量，这种讨论会遮蔽掉其他也许更重要的但并不专属于纳米技术的伦理问题。第三，独特性进路没有反映出公众对纳米技术的实质担忧。根据几份新近的调查，对于纳米技术，公众最关心的是那些推动纳米技术发展的科学机构和产业界的说明责任（accountability）。这些纳米技术的推动者是否会生产出真正满足社会需要的应用，还是为短期的利益所驱动？显然，这些问题也适用于诸如基因工程、生物技术、监控技术等其他技术。如果我们想认真对待公众的担忧，那么，就不能因为这些问题不是纳米技术所独有的而忽视它们。其实，纳米伦理学的一个可能优势就在于，我们有机会更深入地思考那些在其他技术的伦理反思中没有获得充分关注的问题。目前，我们正努力将社会上的各种不同行动者含纳到关于纳米技术的对话中，为此，我们不应该以"新颖性"或"独特性"为借口，过早地关闭讨论的议题范围。①

---

① Marion Godman, "But is it Unique to Nanotechnology? Reframing Nanoethics", *Science Engineering Ethics*, No. 14, 2008, pp. 391 – 403.

《自然》杂志的记者鲍尔（Philip Ball）亦明确指出，关于安全、平等、军事参与和公开等问题是很多科学技术领域都存在的问题，如果我们把这些议题作为纳米技术提出来的史无前例的新问题，那么，这会是一个重大的、可能也非常危险的误解。因为目前纳米技术更多地体现为推进既有技术（例如，信息技术、生物技术）发展的工具。对相关技术的伦理、政治和经济效应进行讨论，需要考察所有相关技术。如果这些问题仅仅被看作是纳米技术所独有的，最终有可能阻碍而不是鼓励公众对它们的讨论。①

英国皇家学会和皇家工程学院在 2004 年致英国政府的报告中也建议，在研究纳米技术引发的社会和伦理议题时，不要考虑它们对于纳米技术而言是不是全新的。②

荷兰学者范·德·坡（Ibo van de Poel）分析说，纳米技术伦理议题是否新颖这一问题，并不是一个特别相关的问题。过于关注伦理议题的新颖性存在着危险，会让我们将注意力从那些并非全新、从社会的观点看却相当紧迫的问题上转移开来。在关于纳米技术伦理议题是否新颖的整个争论过程中，一个共同的预设似乎是，我们已经知道伦理议题是什么、或者将是什么了。其实，那些并不新颖的问题不仅尚未解决，而且这样的伦理议题首先就没有被辨识出来。③

在笔者看来，早期的人文社会学者在考察纳米技术的伦理意蕴时，之所以选择"独特性"进路，主要是基于：（1）如果纳米技术真的兑现了所有新颖而激动人心的技术可能，我们的社会及其价值观将可能受到新的挑战。倘若如此，我们为何不将注意力放到这些新颖的社会意蕴上呢？（2）如果不关注真正全新的问题，我们将无法宣称"纳米伦理学"是关于纳米技术的，而不是关于其他已有的技术。然而，在进行一番梳理之后，我们发现，沿着这一进路，我们得到的是一个否定的答案，即纳米技

---

① Philip Ball, "Nanotechnology in the Firing Line", 2003, http：//nanotechweb. org/cws/article/indepth/18804.

② Royal Society and RAE (Royal Academy of Engineering) (UK), *Nanoscience and Nanotechnologies：Opportunities and Uncertainties*, London：Royal Society and Royal Academy of Engineering, 2004.

③ Ibo van de Poel, "How should we do Nanoethics? A network approach for discerning ethical issues in nanotechnology", *Nanoethics*, Vol. 2, No. 1, 2008, pp. 25 – 38.

术的实际发展并没有提出任何性质上全新的伦理议题。

二　纳米技术是一个新的应用伦理学分支领域

在不少学者眼中，纳米伦理学要成为一门特殊的应用伦理学分支领域，或者凭借本身成为一个单独的领域，唯有符合以下两个条件：（1）至少存在由纳米技术活动及其产品所引发的一些性质上全新的伦理议题；（2）这些性质上全新的伦理议题仅仅是或者主要的是源自纳米技术领域的特性。显然，迄今为止，我们尚未找到能够符合上述条件的伦理议题，所以，纳米伦理学并不能成为一个独特的应用伦理学分支领域。[①]

加拿大生命伦理学者里顿（Pual Litton）为此直截了当地宣称：

> 新的技术力量并不等同于新的伦理挑战。不假思索地假设纳米技术需要一门全新的伦理学，我们将不仅浪费资源，也忘却了教训。[②]

对此，为了捍卫纳米伦理研究的自主性，阿浩夫与林等学者给出了辩护性论证。他们认为，纳米技术未来的不确定并不能解除我们的伦理责任，我们仍应去探究那些可以预期是合理的相关议题。历史经验告诉我们，新技术总会产生这样或那样的社会意蕴。所以，我们有责任去事先考虑未来的场景，以趋利避害。关于纳米技术的伦理与社会维度的对话——所谓的"纳米伦理学"——是引导纳米技术发展的关键。即便纳米技术没有提出新的伦理议题，我们也有理由让纳米技术的伦理议题研究成为一个新的独立学科领域。具体而言：第一，纳米技伦理研究已经获得了重大的关注与资助。例如，美国的NNI拨款4300万美元去识别和坚定纳米技术的广泛意蕴。第二，能否提出新问题并不构成一门新学科成立的标准。即便一门新的伦理学分支只是结合了一系列熟悉的、看上去又根本不同的问题，我们把这些问题整合在"纳米科学"的旗号下，这仍是有用的。无论如何，纳米技术至少为既有问题提供了新的维度。第三，纳米伦理是诸多伦理领域的汇聚，所以之前用来确认某一

①　Robert McGinn, "What's Different, Ethically, About Nanotechnology: Foundational Questions and Answers", *Nanoethics*, Vol. 4, No. 2, 2010, pp. 115 – 128.

②　Paul Litton, "Nanoethics? What's new?" *Hastings Center Report*, No. 1, 2007, p. 22.

门新的伦理分支领域的标准并不适用于纳米技术。而且，纳米伦理学与生命伦理学的学科模式不同：纳米技术是新的、不明确的并且相当宽泛的科学技术领域，所以，我们在方法上不熟悉它的伦理学是不奇怪的。如果纳米技术是各种不同的学科混乱的融合，那么，说纳米伦理学也有点不正统，这是合理的。但这并不必然推导出纳米伦理学不是一个融贯的学科的结论。①

细究起来，我们不难看到，第一个理由不能令人信服。对纳米伦理方面的智识努力所投入的资金决不能表明这就是一门独特的研究领域了。因为，这种投资也许是出于审慎的政治—经济的考量，而不是出于对纳米伦理学成为独特的探究学科的智识信念。一个应用伦理学研究领域是否已经成型是取决于这个领域本身以及它所提出的伦理议题，而不是各种组织对相关方面的研究投入了多少资金。第二个理由也有问题。一个新的伦理探究领域并没有必要被当作一个自主的独特领域，除非存在非常迫切的原因需要这样做。但是，目前，纳米技术还没有发展成型，并没有提出什么全新的伦理议题。我们可以去研究纳米技术相关的伦理问题，但没有必要非要冠之以新的应用伦理学分支的名义。阿浩夫与林对第三个理由的阐释也不甚清晰。纳米技术领域本身的混合状态并没有表明，纳米伦理学本身就构成了一个特殊的研究领域，或者独特的应用伦理学分支领域。

很多学者从学科建设的角度出发，认为即便纳米技术的确具有巨大的破坏力或者能够带来巨大的收益，我们也未必非常需要建立一门特殊的"纳米伦理学"。因为，就纳米技术的负面效应而言，纳米技术并不是第一个耸人听闻的。现在有很多技术足以摧毁地球（例如，原子能技术等），也有很多技术用来加强对公民的监控，还有很多具有强烈军事导向的技术。与此同时，纳米技术的正面效应也并非绝无仅有。此前很多技术，比如基因工程、干细胞治疗等也都引发过类似的畅想。所以，尽管人们很有必要对纳米技术各种发展所引发的诸多伦理问题进行分析，我们并没有必要去建立一门特别的纳米伦理学。简言之，纳米技术本身所引发的潜在伦理和社会议题没有一个是新的，应用伦理学过去 35 年的发展所积

---

① 参见 Fritz Allhoff and Patrick Lin, "What's So Special about Nanotechnology and Nanoethics?" *International Journal of Applied Philosophy*, No. 2, 2006, pp. 179 – 190; Patrick Lin, "In Defense of Nanoethics: A Reply to Adam Keiper", *The New Atlantis*, Summer 2007, pp. 3 – 14.

累的各种理论工具，尤其是生命伦理学恐怕就足以应付这些问题了。我们根本不需要白手起家再建一个新的应用伦理学学科。①

　　还有学者指出了固守"纳米伦理学"是一门独立的学科的看法，可能无益于纳米伦理研究的开展。纳米技术所提出来的很多伦理问题在其他的伦理反思语境中都已经出现过了，比如，技术伦理学、生命伦理学、医学伦理学以及技术的理论哲学都讨论过可持续性、风险评估、人—机界限等问题。这些问题本身并不是新的。如果说有新意，那么，就"新"在这些问题都汇聚到了纳米技术中，得到了强化，各种传统的伦理反思路线也汇聚到了纳米技术的伦理问题中。但是，"纳米伦理学"这样的字眼掩盖了很多伦理挑战的跨学科性质，对我们无所裨益。②

　　更有学者指出，即便不打出"纳米伦理学"是一个单独的学科领域的招牌，我们也能去开展相应的研究。我们要考虑的是，纳米技术将提出各种伦理问题，有些是新的，有些不是新的，只是侧重点不同罢了。纳米伦理学就是对纳米技术影响的伦理考察，不论它是否能够被视作一个独立的学科。③

　　面对种种质疑声，阿浩夫最终做出了让步。他首先区分了两种（伦理的）辩护：一个是形而上学的，通过诉诸某些道德特征来做出恰当的辩护；另一个是实用性的，取决于经验环境。阿浩夫坦诚，在纳米伦理学中没有新问题，这些问题也没有明显地呈现出不同。因此纳米伦理学没有（至少合理地）在其他应用伦理学中所具体呈现出来的那些特征。所以，纳米伦理学并不存在形而上的辩护。但是，阿浩夫争辩说，缺乏形而上的辩护并不是致命的。相反，我们可以为纳米伦理学做实用的辩护，它关注的是纳米技术将给社会造成的影响。这些影响很可能是多元的，也肯定有

---

①　参见 Soren Holm, "Does nanotechnology require a new nanoethics?", 2005, http://www. ccels. cardiff. ac. uk/archives/issues/2005/holm2. pdf; Mette Ebbesen, Svend Andersen and Flemming Besenbache, "Ethics in Nanotechnology: Starting From Scratch?" *Bulletin of Science, Technology & Society*, Vol. 26, No. 6, 2006, pp. 451 – 462.

②　Armin Grunwald, "Nanotechnology—A New Field of Ethical Inquiry?", *Science and Engineering Ethics*, Vol. 11, No. 2, 2005, p. 198.

③　James Moor, John Weckert, "Nanoethics: Assessing the Nanoscale from an Ethical Point of View", In Davis Baird, Alfred Nordman and Joachim Schummer, ed., *Discovering the Nanoscale*, Amsterdam: IOS press, 2004, pp. 301 – 310.

伦理学的议题需要应对。这些伦理学议题并不是全新的，但是我们将在新的语境中处理它们。它们不是新的，并不意味着我们就不需要应对它们。相反，技术必须要受到评估，无论它们呈现出了何种伦理维度。阿浩夫认为这才是看待纳米伦理学的正确方式。纳米技术需要伦理关注。我们需要认识到纳米技术将具有的影响，我们需要发展我们的经验知识，以便理解这些影响。最后，阿浩夫终于承认，尽管他不认为我们需要一门自主的应用伦理学去研究这些问题，但是，这最终使得这些问题一样重要。①

总之，在经历了一番唇枪舌剑之后，让纳米伦理学成为一门独立自主的应用伦理学分支的提议流产了。诚然，这无法抹煞关于纳米技术伦理和社会议题研究的重要性与必要性，但是，纳米伦理（学）到底在何种意义上是一个合法的研究领域？我们恐怕需要做出新的回答。

第三节　伦理学议题：臆想的，还是真实的

一　对推测性伦理学的批判

"纳米伦理学"研究的开展，除了要经受合法性质疑，本身在研究中也存在一个巨大的挑战：不用说"纳米伦理学"所要研究的议题是不是独特的、合法的，就连它的研究对象——纳米技术本身的独特性、合法性也颇受质疑。现在，纳米技术还处于发展的早期，各种宣传中充斥了很多允诺，诸如纳米技术将掀起下一次工业革命等，对此，不要说外行，就连正从事着纳米技术研究的科学家也意见不一，没有人可以给出一个确凿的回答，到底什么是可行的纳米技术。那么，在技术本身都模糊不清的时候，很多所谓的伦理学家就开始反思纳米技术的伦理与社会意蕴。这会给纳米伦理问题的研究带来怎样的影响呢？

荷兰学者高津（Bert Gordijn）率先勾勒了在德莱克斯勒式纳米技术的影响下，当前伦理争论中两种充斥强烈科幻色彩的极端论调。高津分析认为，关于纳米技术未来远景的乌托邦畅想和末日噩梦之间的巨大分歧，

---

① Fritz Allhoff, "On the Autonomy and Justification of Nanoethics", In Fritz Allhoff and Patrick Lin, ed., *Nanotechnology & Society: Current and Emerging Ethical Issues*, Springer Science + Business Media. B. V. , 2008, pp. 3 – 38.

是建立在过时的德莱克斯勒式纳米技术概念之上的。而且，不论是乌托邦式的观点，还是末日噩梦的观点，都陷入了一边倒的误区。为此，他呼吁，我们有必要提出更为平衡的、更有实际科学发展根据的伦理评估。①

对于这种科幻式的论调，英国学者凯佩尔（Adam Keiper）毫不留情地批判道："在日益涌现的纳米伦理学文献中，从今天的尖端科学到最遥远的未来主义者的想象之间出现了一个草率而懒惰的趋势，似乎前者已经是明日黄花，而后者则无可逃脱。"对此，他尖锐地指出，当前很多纳米伦理学文献的建议脱离了实践真实性（practical reality），这样的伦理学是无用的。②

荷兰学者范·德·坡也指出，很多关于纳米技术的早期考量都具有强烈的未来主义和科幻基调。进一步地，范·德·坡批驳了从约纳斯（Hans Jonas）的"恐惧启迪法（heuristics of fear）"③角度为这种未来主义进路做辩护的合理性。范·德·坡争辩说，虽然，对未来的想象有助于让人们知晓处于危险中的是什么，从而在技术发展的早期阶段就去关注这些问题，但是，这种进路具有诸多严重缺陷。首先，想象、分析和争论那些基于恐惧启迪法的潜在伦理考量，耗费了原本可以得到更好利用的大量资源与时间；其次，这可能中断那些实际上会造福人类的技术的发展；再次，一旦人们明白了最初的那些担忧是一种误会，那么，人们可能认为，纳米技术根本没有带来什么伦理问题，从而导致纳米技术的伦理问题被忽视；最后，恐惧启迪法所关注的很可能是错误的伦理议题，因此并不能帮助我们防止未来的恶果。如果关注那些想象的却遥不可及的伦理议题，牺牲的就是那些不那么具有想象力的

---

①　Bert Gordijn, "Nanoethics: From Utopian Dreams and Apocalyptic Nightmares towards a more Balanced View", *Science and Engineering Ethics*, Vol. 11, No. 4, 2005, pp. 521 – 533.

②　Adam Keiper, "Nanoethics as a Discipline?" *The New Atlantis*, Spring 2007, pp. 55 – 67.

③　德裔美国伦理学家约纳斯认为，在技术时代，人类行为后果在时空上的影响范围要比传统伦理学所假设的宽广得多。我们需要一种新的面向未来的伦理学。这种新伦理学的首要任务就是设想技术发展的长远效应。可是，未来充满了巨大的不确定性，我们如何去预测呢？为了预防灾难的出现，约纳斯提倡"预凶"，即提前设想灾难的严重程度及可怕性。在约纳斯看来，恐惧是一种带有宗教性的情感作用：从情感中会产生启迪，迫使我们善待生命，谨慎从事。因为，"人们认知灾难（malum）要比认知奖赏（bonum）容易得多。恶仅仅通过它的呈现就能让我们感知到，而善则不引人注意地出现，除非我们反思它。因此，道德哲学必须首先诉诸我们的恐惧，而不是我们的愿望，以便了解我们所真正珍惜的是什么"。引自 Hans Jonas, *The Imperative of Responsibility: in search of an ethics for the technological age*, Chicago: University of Chicago Press, 1984, p. 27.

却更为真实的，也更为普遍的伦理议题。[①]

对于早期纳米技术伦理学议题中充斥的科幻色调及其在时间上、逻辑上所做的跳跃，德国学者诺德曼（Alfred Nordmann）做了更为犀利的剖析和批判。

2009 年，诺德曼与荷兰学者里普在《自然：纳米技术》杂志上联合发表了一篇在纳米技术伦理研究的历程中具有转折意味的文章。这篇题为"重访鸿沟"的短文，回顾了迄今纳米伦理学研究的蓬勃发展——出现了一本专门致力于探讨纳米技术的伦理和社会维度的期刊，出版了至少十本关于纳米伦理学的专著和论文集，发表了一百多篇论文和报告，还开展了非常广泛的有关项目研究。显然，六年前，加拿大三位学者所提出的鸿沟，即纳米技术的伦理学研究大大落后于纳米技术发展，已经在很大程度上消弭了。然而此时，一条新的鸿沟又出现了。

在这两位作者看来，人们开展对纳米技术的伦理和社会方面的研究，是为了将公众容纳进来，建立公众信任，并为纳米技术的负责任发展提供指导。这个目标导致哲学家和其他研究者讨论纳米技术的伦理方面的时候，更倾向于去探讨纳米技术的力量和允诺。结果，最富于未来色彩的纳米技术推动者德莱克斯勒成了最早呼吁人们对他所预期的纳米技术应用展开伦理考量的人。[②] 在这种情况下，当前所谓的纳米伦理学研究都打上了过于强烈的未来主义色彩，例如，关注那些可以阅读我们的思想的纳米器件，而忽视了实际上正在进行着的、伦理学上也更加重要的累积性的（incremental）技术发展。类似的对高级材料、诊断治疗术、人工智能所需的智能灰尘以及人类增强的未来世界的伦理担忧，汇成了一种推测性伦理学（speculative ethics）。在这种伦理学的讨论中，盛行的是"如果……那么……"的逻辑：那些在前半句看起来仅仅是一种可能性的、具有鲜明推测性特征的景象，在后半句就变成了不

[①]　Ibo van de Poel, "How should we do Nanoethics? A network approach for discerning ethical issues in nanotechnology", *Nanoethics*, Vol. 2, No. 1, 2008, pp. 25 – 38.

[②]　1986 年，德莱克斯勒创立了名为"远景研究所"（Foresight Institute）的非政府组织，专门研究预期的先进技术的可能影响，以便让社会做好准备去迎接这些技术，尤其是纳米技术的到来。1999 年，该研究所制定了一项《分子纳米技术的远景指南》（*Foresight Guidelines for Molecular Nanotechnology*），禁止制造能够在自然界、不受控制的环境中复制的机器人。但是，迄今为止，由于德莱克斯勒的纳米技术构想遭到了主流科学界的否定，世界上绝大多数从事纳米技术的公司也都遵循着主流的纳米技术范式，所以，这个指南并没有得到人们的采纳。

可避免的事情了。这个时候，我们的纳米伦理学研究不再是落后于纳米技术本身的发展，而是超前于实际的纳米技术发展了。这就是当前从事纳米技术伦理研究的人文社会学者所面临的新鸿沟。①

实际上，在与里普联合发表上面这篇短文之前，诺德曼已经猛烈批判过这种将未来可能涌现出来的问题解释成当下已经展现出来的问题的论证方式。不夸张地说，诺德曼是当前世界上对纳米技术（尤其是纳米医学）中的"如果……那么……"伦理论证方式最坚定的反对者。

诺德曼认识到，由于纳米技术是一项使能技术，我们在讨论纳米技术有关的伦理问题时，在方法论上就面临着一个巨大的挑战：我们要关注的是那些可能涌现出来的议题，还是已有的议题？

对此，伦理学者们采取了不同的策略。

第一个策略是将自己局限在那些在涌现过程中已经展现出来的伦理议题上，比如，关注知识的诚实、资助的选择、炒作、知识可能性限度或社会可欲性限度、资金的分配公正等问题。

第二个策略则耐心等待具体的问题展现出来之后才去讨论。当前，围绕着纳米颗粒毒性的科学技术问题，人们已经就风险治理、知识的不确定性等问题展开了新讨论。

第三个策略就是"如果……那么……"的论证方式，将可能涌现的问题解释成已经展现出来的问题。这典型地体现在当前人们对人类增强技术的讨论上。这些力图超越人类限制、拓展人类体能和智能，甚至让人类获得永生的技术并不新鲜，只是诉诸"纳米"为它带来了更多真实的权威性，"如果……那么……"的逻辑也诞生了：如果人类增强技术成为现实，我们现在就要知晓诸如"这些技术是否会人人都可以获得"等问题。如果我们不事先做好准备，将为那些可怕的未来世界付出巨大代价，所以，我们必须尽早地、提前去反思那些巨大的变迁。②

采用这种论证逻辑的大有人在，例如，英国 DEMOS 组织③的领袖威

---

① Alfred Nordmann and Arie Rip, "Mind the Gap Revisited", *Nature Nanotechnology*, Vol. 4, No. 5, 2009, pp. 273–274.

② Alfred Nordmann, "If and Then: A critique of Speculative NanoEthics", *Nanoethics*, Vol. 1, No. 1, 2007, pp. 31–46.

③ DEMOS 组织是英国一家著名的独立智库和研究机构。

尔斯顿（James Wilsdon）也以不可思议的速度横越了科幻与商业事实之间的距离，从现在一下子穿越到了遥远的、也许是假设的未来："人类增强技术开始从科幻小说的书页上转移到实验室中，最终将进入市场。"①

在诺德曼看来，我们必须打破"如果……那么……"的魔咒，不应该被似乎马上就要到来的、"没有停止键"的未来愿景吓倒。因为，我们目前只拥有有限的伦理学等智识资源，如果我们只关注那些未来的推测性议题，那么，当下的甚至更为重要的伦理议题将被忽视。例如，纳米技术在深层大脑刺激上所带来的进步，将是患有帕金森病的人们的洪福，但是，这些患者也可能因此改变自己的情绪甚至性格——这些议题都被当前的纳米伦理学共同体忽视掉了。换句话说，我们思考遥远的技术未来没有什么不对，运用科幻式的场景去质问我们是谁、我们想要变成什么样，也没有什么不对——哲学家向来以运用未来场景引发思考而著称（例如，笛卡尔设想的恶魔，托马斯·内格尔的缸中之脑）。人类增强技术或者分子制造的争论为我们反思自身、社会和自然提供了一个很好的背景。但是，如果旨在证实对未来的预见，那么，有关人类增强的陈述就是误导性的，只能分散我们对于那些相对世俗的、但绝非不重要的、实际上紧迫得多的议题的注意力。总之，伦理学研究的资源是有限的，我们要慎重选择伦理研究的题目，将宝贵的学术反思资源放到最迫切需要的地方，而不是那些遥不可及的问题上。

更深层次地，这种"如果……那么……"逻辑会导致人们对技术决定论的屈从，而忽视历史的偶然性。有关人类增强的种种断言对于未来采取的是信仰态度，未来似乎是已经设定好了，我们只有去适应它。此时，我们忘了追问：为什么我们现在应该接受技术未来的这个承诺或那个承诺？技术上的断言在多大程度上是可信的？这些技术解决了公认的问题吗？更一般地，这些技术是如何、又为何要求我们做出改变？

所以，我们必须解除心灵上的迷惑，摆脱"如果……那么……"的逻辑。为此，诺德曼给出了两点建议。

---

① Alfred Nordmann, "If and Then: A critique of Speculative NanoEthics", *Nanoethics*, Vol. 1, No. 1, 2007, p. 33.

第一，我们需要进行真实性核查（reality check）。伦理学家和社会科学家需要正视他们与政策制定者、媒体记者甚至纳米科学家所共同面临的困境。这就是知道哪一种关于纳米技术未来的预测——不论是技术的、经济的还是其他预测——是足够合理的，值得我们反思和行动。现在，几乎没有什么体制性机制让我们去开展这种真实性核查，或者让那些对纳米技术做出断言的人承担责任。但是，正如一切物理上可能的事物并不总是技术上可行的，能够让个人受益的事情也并不会自动地让整个社会受益。我们不能不经检验地欢迎任何对纳米技术做出的允诺，我们要鼓励对这些允诺进行讨论。我们需要考虑技术可行性（technical feasibility）的限度，缩小纳米技术无限潜能的范围，检验人们所作的纳米技术允诺的真实性，在面临有关人类需要的假设以及那些类似"如果这是可以获得的，难道大家不想要吗"等假设时三思而行。简言之，我们不能够攻错目标、偏离面前的问题。①

虽然诺德曼没有给出真实性核查的详细步骤，但是，他通过对比美国NSF的报告《为了增强人类的汇聚技术》（*NBIC*：*Converging Technologies for improving human performance*）同欧盟关于 NBIC 的报告《为了欧洲知识社会的汇聚技术》（*Converging Technologies for the European Knowledge Society*，简称 CTEKS）清晰地表明，我们在"如果……那么……"逻辑之外还有其他的选择。

作为欧盟 CTEKS 报告的作者，诺德曼认为，美国的报告里呈现的是一幅技术决定论、对技术无比向往的乐观主义图景；而在欧盟的报告里，对于技术的飞速进步，采取的则是更加谨慎的态度。欧盟的 CTEKS 报告，尽管也同意设定对社会有益的汇聚技术研究议程，但是，它不认同通过技术完全实现人类潜能的需要。代替之，欧盟 CTEKS 报告提出：我们需要的是通过社会创新来实现技术的潜能。我们不是要通过汇聚技术去实现"身体或心灵的工程"（engineering of the body or of the mind），而要致力

---

① 参见 Alfred Nordmann, "Ignorance at the Heart of Science? Incredible Narratives on Brain – Machine Interfaces", 2006, http：//www. uni – bielefeld. de/ZIF/FG/2006Application/PDF/Nordmann_essay. pdf; Alfred Nordmann, "Beyond Regulation：Three questions and one proposal for public deliberation", In Simone Arnaldi, Andrea Lorenzet and Federica Russo, *Technoscience in Progress*：*Managing the Uncertainty of Nanotechnology*, Amsterdam：IOS Press, 2009, pp. 7 – 16.

于"为了身体或心灵的工程"（engineering for the body and for the mind）。①
前一种工程以人类增强技术为代表，延长人的寿命，制造新的感觉，建构
更快的信息处理和反应，引入新的物理和感知技巧，最后让我们完全独立
于我们的物理身体；后一种工程是让世界适应脆弱的、有限的人类身体。
这是我们所了解的技术，利用人类的独创性去设计工具，让我们完成更多
的事情。显然，美国式的NBIC选择了"身体或心灵的工程"，其理念局
限于个人消费主义，没有看到我们在社会的层面上可以通过改变基础设施
或环境、提升人类决策制定水平、改善人类互动所能获得的成就。出于伦
理上的保守主义以及对技术可行性的考虑，欧盟的CTEKS报告则没有效
仿美国，而将注意力从人类增强技术的个体关注转换到了对智能环境、环
绕智能（ambient intelligence）和普适计算（ubiquitous computing）上，选
择了"为了身体或心灵的工程"。

　　第二，伦理学家要在与纳米有关的单数形式（nanotechnology）的
极端笼统的想法和以复数形式出现的纳米技术（nanotechnologies）发
展所带来的各种挑战之间做出区分，去关注具体的纳米技术领域里的
伦理问题。这样做会带来两大益处：一方面，由于纳米技术涉及很多
学科、诸多领域，科学家们发现很难将自己的研究工作与推测性伦理
学的宏大断言联系起来，所以，如果伦理学家和相关研究者采取更加
聚焦的进路，那么，这将会导致科学家与人文社会学者之间更有意义
的互动。另一方面，纳米科学和纳米技术发展也会从中受益。因为，
推测性伦理学既忽略了现实中真正亟待解决的问题，又可能因为过于
担忧纳米技术未来主义愿景，让所有正在进行的纳米科学和纳米技术
研究抹上阴影，影响纳米技术的发展。如果伦理学家和相关研究者根
据具体的纳米技术领域具体分析问题，那么，就会更加精准地捕捉到
真正的"病症"，而不会滥杀无辜。

　　总之，与"推测性的伦理学"（speculative ethics）相反，诺德曼提倡
一种对新兴技术的"非推测性"伦理反思。因为，对"纳米技术"现象

---

① Alfred Nordmann, *Converging Technologies—Shaping the Future of EuropeanSocieties: A Report from the High Level Expert Group on 'Foresighting the New Technology Wave'*, Luxemborg: European Commission, 2004.

的社会—伦理和哲学的理解，是对社会和伦理方面进行负责任的对话的前提条件。伦理学家有责任对自己的反思的真实性进行检查，评估纳米技术预测的合理性。而且，伦理学研究的资源也是有限的，伦理学家要慎重选择伦理研究的题目，将宝贵的学术反思资源放到最迫切需要的地方，而不是那些遥不可及的问题上。[1]

二 对批判的批判

诺德曼对推测性伦理学进行的猛烈抨击，受到了不少学者的支持[2]，也遭到一些学者质疑。这些学者强调，在哲学、伦理学的反思中，所谓的推测性（speculative）的维度是不可缺少的，并从不同的角度对纳米伦理研究的未来进展提出了建议。

英国剑桥大学的学者诺赫（Rebecca Roache）反对诺德曼通过限制伦理争论以避免考虑推测性愿景的做法。她认为，我们不能完全不去考虑推测性的未来可能，这样做将使得我们无法应对当下迫切的问题。凡是做出行动决策时，都要涉及可能的未来情景。关注可能的未来情景是应对当下问题的重要组成部分。将有关技术的伦理考量限制在当前的和正在兴起的技术上，这既不可能也不明智。首先，力图把伦理考量局限在已被接受的范围中的努力，将使得伦理学家被局限在评估科学家研究所产生的后果上，让科学在没有伦理引导的情况下去发展；其次，高度推测性的、又是不可能的未来情景，有时候会激发重要的伦理思考。声称为这些高度推测性的未来情景做准备不合适，可能会把一些最重要的伦理方案排除在外。[3]

德国学者格雷瓦尔德（Armin Grunwald）也逐一批驳了诺德曼的观点。首先，他认为诺德曼等关于"绝大多数纳米伦理学都过于未来主义"

---

① Alfred Nordmann, "If and Then: A critique of Speculative NanoEthics", *Nanoethics*, Vol. 1, No. 1, 2007, pp. 31 - 46.

② 例如，鲍尔·里顿（Paul Litton）认为，关注"灰色粘质"等问题，是完全没有根据的，我们不应该将资源浪费在为德莱克斯勒式的纳米世界发展伦理学上。即便这些最激进的纳米技术未来愿景得以实现，历史也告诉我们，此时此刻，这种极端的预言不应该形成争论、获得伦理关注。参见 Paul Litton, "Nanoethics? What's new?", *Hastings Center Report*, No. 1, 2007, pp. 22 - 25.

③ Rebecca Roache, "Ethics, Speculation and Values", *Nanoethics*, Vol. 2, No. 3, 2008, pp. 317 - 327.

的断言是缺乏事实根据的，"绝大多数"一词忽视了当前很多纳米伦理学研究正关注纳米技术当下发展的具体问题这一事实。其次，即便纳米伦理学是推测性的，也并非只具有消极意义。在部分纳米伦理学研究中存在高度的推测成分，正是为了让我们能够更好地去评判推测的程度。诺德曼等做出纳米伦理学本性上高度推测的诊断，并不能对纳米伦理学的发展方向产生直接影响。再次，我们无法预知到底何种伦理考量在未来是真实的，故而，我们无法事先判断应该做什么伦理问题的研究，不应该做什么伦理问题的研究。复次，当前很多具有推测性色彩的伦理学研究并不是单单从应用伦理学角度进行的，而是从技术哲学、人类学、心灵哲学和人工智能理论等多个角度进行的。这些推测性的话题激发了应用伦理学家之外的哲学家和 STS 研究者去思考纳米技术的相关问题，这就吸引了额外的资源，所以，诺德曼等所说浪费有限伦理反思资源这一观点站不住脚。最后，与其扣上"推测性伦理学"（speculative Ethics）的大帽子将一切带有推测色彩的伦理研究赶尽杀绝，不如用"探索性哲学"（explorative philosophy）来指称那些偏好反思未来问题的伦理研究，使之保有一方生存空间。当然，这种"探索性哲学研究"也必须建立在经验根据之上，而不能仅仅是去推测。①

　　虽然诺德曼的断喝遭受了同行的质疑，但是，从实际的影响来看，他对"推测性伦理学"的批判思路已经深刻影响了纳米伦理学的研究导向。他对伦理反思资源的珍惜，对科幻式伦理议题的排斥，似乎已经为有关的伦理政策制定者所接受。2006 年 7 月，联合国教科文组织颁布的报告《纳米技术的伦理与政治》（*The Ethics and Politics of Nanotechnology*）将此前各界热议的"灰色粘质"、超人类主义等问题归入研究歧途，提出应当把重心放到其他更为紧迫的问题上来，其中就包括毒性、环境危险与暴露风险。② 同年，美国国家研究委员会发布的《国家纳米计划第三年度评审》报告中也指出，对于纳米技术更具未来性质的方面，诸如纳米技术被使用到人工智能中和类似的科幻小说中流行的话题，现在进行评估是过

---

　　① Armin Grunwald, "From Speculative Nanoethics to Explorative Philosophy of Nanotechnoloy", *Nanoethics*, Vol. 4, No. 2, 2010, pp. 91 – 101.

　　② UNESCO (United Nations Educational, Scientific and Cultural Organization), *The Ethics and Politics of Nanotechnology*, Paris, 2006.

早的、科幻性的。委员会选择应对的是潜在的真实风险，而不是这些假设的风险。①

　　不过，在笔者看来，不论是支持批判"推测性伦理学"，还是反对批判"推测性伦理学"，都各有道理，并没有哪一方真正驳倒了另一方。因为，论证双方都没有固执于"技术决定论"，相反，不论是诺德曼，还是诺赫、格雷瓦尔德，他们都认同未来的不确定性与历史的偶然性。批判者所抓住的是：未来不可知，在当前伦理学反思资源有限的前提下，怎么能够过于关注某一些诸如"人类增强"这样严重挑衅人类自身存在尊严的技术，而不去关注那些现实中迫切需要解决的问题？反批判秉持的是：在纳米技术本身还如此模糊不清的时候，作为有限者的人类，我们的确无法预知到底哪一种技术的发展图景会真正名垂青史，怎么可以完全否定某一些议题，即便是那些看似遥远不可信的议题？何况，这些议题即便不能给出正面的启示，也会从反面激发人们的思考。

　　由于当前的纳米科学和纳米技术本身还处在褓褓期，就连从事这些研究的科学家工程师都很难预测未来技术会呈现怎样的形态，所以，我们没有确凿的经验证据去评估批判者正确还是反批判方正确。换句话说，当前的纳米技术本身几乎无法提供任何可信的标准来帮我们区分到底何种未来愿景是合理的。在这个意义上，与其说关于"推测性伦理"的争论为我们指明了到底哪些与纳米技术相关的伦理议题是我们需要研究的，哪些是可以不用管的，不如说这样的争论直接挑明了纳米伦理学研究的根本性难题——技术本身尚在褓褓之中，如何做出既有可信性又有超越性的伦理反思？以往对技术的哲学伦理反思都是在技术本身成形之后才进行的，因为研究对象清晰了，所以，做反思的时候也就有了明确的指向。但是，现在，我们连反思对象本身都还没有搞清楚，就要做反思，这的确是个非常棘手的问题。借用 STS 里的一个经典术语来形容，这就是"控制的困境"（the Dilemma of Control）：

　　　　我们的技术能力大大超出了我们对技术的社会效应的理解。因

---

① National Research Council (USA), *A Matter of Size*: *Triennial Review of the National Nanotechnology Initiative*, Washington, DC: The National Academies Press, 2006.

此，一项技术的社会后果无法在技术发展的早期阶段去预测，然而，当技术已经成为整个经济和社会构造的一部分的时候，对其进行控制就极其困难了。质言之，当改变很容易的时候，我们无法预测改变的需求；而当改变的需求非常明显的时候，改变又变得昂贵、困难和费时。①

事实上，诸如"灰色粘质"、"人类增强"等对纳米技术未来所做的过于遥远的推测是无法用"合理性"来决定的。沿着这种追问纳米伦理学议题是不是"真实"、"可信"的思路，伦理学的反思将面临一个无可逃脱的两难境地：如果伦理反思对每一种担忧都认真对待，而不考虑其可能性，那么这样的纳米伦理学，至少在外人看来，就是卢德主义或者伪装的危言耸听者。如果伦理学忽视了所谓无理性担忧，那么，人们可能会指责这样的伦理学没有实现它所公开标榜的批判性态度。②

这个问题解决不好，不仅对如何开展纳米伦理研究提出了重大挑战，也会直接危及纳米伦理研究的合法性。凯佩尔就曾指责早期纳米伦理学研究中存在大量一哄而上的炒作与跟风行为，评价正在成型的纳米伦理学研究缺乏"谦卑感"，尤其是缺乏定义精准的考量对象，和生命伦理学相比，所谓的纳米伦理学完全是过于早熟的。③

对此，诺赫建议道：如果说推测性过强的伦理考虑在浪费资源，那么，我们首先要看到，衡量伦理考虑得当与否的标准，并不是所考察的新技术未来情景真正发生的可能性，而是这种未来情景的价值有多大。其次伦理学不应该被局限于事后诸葛亮的角色，而应该在技术诞生的一开始就加入进来，通过评判技术的目标来积极地形塑技术的未来。总之，当前我们应该做的，是反思对我们来说什么是最重要的价值？我们又该如何将其最大化？这才是

---

① David Collingridge, *The Social Control of Technology*, New York: St. Martin's Press, 1980, preface.

② Mario Kaiser, "Drawing the Boundaries of Nanoscience—Rationalizing the Concerns?" *Journal of Law, Medicine & Ethics*, Vol. 34, No. 4, 2006, pp. 667 – 674.

③ Adam Keiper, "Nanoethics as a Discipline?" *The New Atlantis*, Spring 2007, pp. 55 – 67.

我们保证伦理考量和其他有价值的资源不被浪费的重要一步。①

为了对具体纳米技术研究领域的发展做出理性和系统的伦理评估，伯特·高津也提出了纳米技术的伦理问题争论三步走的方法。第一步，具体纳米技术研究领域的进一步发展目标必须值得追求。技术的发展必须导向善的目标，不能忽视人类的福祉（human good）。第二步，一个研究领域必须对实现这些目标有实际的贡献。第三步，技术进一步发展所伴随的任何伦理问题必须是可辩护的或可克服的。如果在仔细分析后，在某一研究领域里，这些条件中有一条或者更多不能被满足，那么，该领域的进一步发展将呈现为伦理上有问题甚至是不合适的。唯一的逻辑结果就是据此调整该研究领域，甚至完全停止。②

我们看到，虽然在具体建议上有所侧重，但是诺赫和高津都强调审思技术未来发展的愿景目标是否可取（desirable）是我们对纳米技术进行伦理研究时的标杆。稍作分析，我们会发现，这个标杆本身是有问题的。因为，技术的实现是在社会关系之中发生的，通常包含了权力的运用。于是，技术的发展总是有利于某些群体，但是不太利于其他群体。这些目标对于某些群体而言是可取的，对于另一些群体则不然。最终的结果取决于那些掌握了实现技术手段的人。③ 所以，以目标或未来愿景的可取与否来衡量纳米技术的伦理审思，也存在一个难以回答的问题，即这种可取性是针对哪些人而言的？谁的欲望算数？又有谁的欲望被边缘化了？

由此可见，要想真正解决纳米伦理研究的困境，我们需要新的思路。

第四节　回应挑战：行动中的伦理研究

要从事纳米技术伦理学研究，需要解决一个核心难点：它的研究对象纳米技术并不是一个统一的领域，目前并没有提出任何独特的和统一的问题群，它所可能引发的社会和伦理问题也都没有完全呈现。在这种情况

---

① Rebecca Roache, "Ethics, Speculation and Values", *Nanoethics*, Vol. 2, No. 3, 2008, pp. 317 – 327.

② Bert Gordijn, "Nanoethics: From Utopian Dreams and Apocalyptic Nightmares towards a more Balanced View", Science and Engineering Ethics, Vol. 11, No. 4, 2005, pp. 521 – 533.

③ Bruce Lewenstein, "What Counts as a Social and Ethical Issues in Nanotechnology?", *HYLE – International for Philosophy and Chemistry*, No. 11, 2005, pp. 5 – 18.

下，虽然纳米技术的发展在公众间引发了对其潜在风险的各种忧虑，形成了纳米伦理研究的市场需求。但是，如前文所述，纳米技术的伦理问题研究至今存在两大尚未解决的问题。

第一，纳米伦理学研究的合法性尚不能得到很好的辩护。由于缺乏明确的研究对象，相应的理论构架也尚未形成，所以，从经典的应用伦理学的角度来说，纳米技术相关的伦理问题研究还不具备被称为"学"的资格。在很大程度上，现在所谓的"纳米伦理学"实际不过是对已经存在的伦理学探究领域（诸如研究伦理、科学技术伦理）提供新的案例研究，尽管这些例子很有意义。在这种情况下，我们是否还能仿照其他已经确立的应用伦理学分支（比如生命伦理学或环境伦理学），以这些领域为模板，建立一门新的叫作"纳米伦理学"的应用伦理学科，对其开展传统意义上的伦理学考量，确定伦理问题、研究方法和解决办法？

第二，纳米技术的伦理研究与技术发展本身步调不一致。由于纳米技术定义的不明确，所以，这样的技术到底引发了什么样的伦理议题也很难确认，以至于在早期的纳米伦理问题研究中，很多伦理学者抓住了一些近乎科幻的技术想法（典型地，如埃里克·德莱克斯勒的分子制造纳米技术，NSF 鼓吹的 NBIC 技术亦有此嫌）开展反思，而且做出了逻辑上的跳跃，几乎将未来的可能性当成了现实的挑战。一时间，未来主义色彩、科幻的味道充斥纳米伦理学文献中。遵循哲学伦理学进路的研究者们要么陷入科幻式的遐思中，将某种未来的可能视作当下实际存在的问题，乃至呼吁暂停技术发展，成了"事前预言家"；要么坐等纳米技术发展后果显现时做"事后诸葛亮"。

要化解上述哲学式伦理学研究进路的困境，我们需要对纳米技术的伦理研究做出新的理解。

一　回应之一：从"纳米伦理学"到"纳米伦理研究"

在是不是一门严肃的学科领域方面，如果拿生命伦理学与纳米伦理学做比较，我们可以看到，在生命伦理学亮相之际，它所研究的生命技术存在已久。现代人类生命技术已经发展了几十年，医学实践更是自上古时代就存在了。生命伦理学涉及的是，将持续多年的伦理学方法运用到持续多年的医学和科学中。而纳米伦理学的研究对象本身还处在襁褓中，很多有关的伦理和社会问题都只不过是对理论的假设性运用的推测，这些理论假设也许在技术上无法实现。可以说，没有任何其他的科学领域或技术创新遭遇过纳米技术这样的情形，即如此早熟地面临这样严苛的检验。①

那么，我们该如何回应这样的挑战呢？

纳米伦理学研究的合法性，与其说是源自纳米技术独特的物质属性，不如说是因为纳米技术当前所处的独特社会语境。用麦金的话来说：

> 声称纳米技术有关的伦理议题是新的或是独特的，等同于将旧的伦理之酒装到了新的技术瓶子里。迄今所识别出的与纳米技术有关的伦理问题，都并不是单纯地或者主要地由纳米技术领域的本质特征所引发的，而是由于纳米技术在微观、中观和宏观社会语境上的偶然的外部特征所引发的。②

质言之，纳米技术伦理研究的合法性并不在于它提出了为纳米技术所独有的全新伦理问题，也不是对既有的哲学伦理学原则提出了什么根本性的挑战，而在于纳米技术伦理议题的社会相关性，在于纳米技术的应用对社会、社会关系乃至人与自然的关系产生了重大影响。③

纳米技术的多重不确定性引发了社会对纳米技术可能风险的担忧与恐惧。与此同时，纳米技术的发起者们担心纳米技术遭受类似转基因技术那样的厄运。为了不让已经投入的巨大物力人力付诸东流，于是，在纳米技术发展的早期，纳米技术发起者们就对有关的社会和伦理影响给予了高度重视。这是纳米技术与其他现有技术探究领域的不同之处。

具体说来，首先，纳米技术的发起者们，比如美国科学基金会，在纳米技术发展的一开始，就将相应的伦理和社会研究作为技术发展计划中的一个组成部分，并且，并不是额外地承包给这项事业之外的其他学

---

① Adam Keiper, "Nanoethics as a Discipline?" *The New Atlantis*, Spring 2007, pp. 55 – 67.

② Robert McGinn, "What's Different, Ethically, About Nanotechnology: Foundational Questions and Answers", *Nanoethics*, Vol. 4, No. 2, 2010, pp. 120.

③ Christoph Rehmann – Sutter and Jackie Leach Scully, "Which Ethics for (of) the Nanotechnologies?" In Mario Kaiser, Monika Kurath, Sabine Maasen, *Governing Future Technologies: Nanotechnology and the Rise of an Assessment Regime*, *Springer*, Dordrecht New York, 2010, pp. 233 – 252.

者去做——这是与以往的人类基因组计划的 ELSI 研究不同的地方；其次，对于科学研究共同体中长期占主导地位的有关研究者伦理责任的范式信念，纳米技术共同体的看法发生了明显的改变。麦金对美国国家纳米技术基础设施网络（NNIN）[①] 的一项伦理学调查清楚地表明：绝大多数做出反馈的 NNIN 研究者们，都反对上述这种传统的立场。在纳米技术共同体当中，一项技科学（techno－science）[②] 研究的新伦理责任范式兴起了，挑战了传统的观点。纳米技术似乎是当代技科学研究中最早发起这种挑战的领域之一。很多纳米技术的实践者们似乎都远离了固有的研究者伦理责任的范式，而承认即便是研究者，也对一般的社会负有伦理责任。[③]

借用 STS 研究中的"社会技术系统"（social－technical system）概念，我们也许会对这个问题有更清楚的认识。在 STS 那里，技术并非只是一件物质客体或人工物，而是由人工物、社会实践、社会配置、社会关系以及知识体系所构成的"社会技术系统"。一件人工物正是通过社会意义以及社会实践才成为"一件东西"。由此，在 STS 的视域下，对技术的伦理考量就超出了对技术后果的考量，而拓展成了对构成技术的社会和文化语境的考量。作为一门新兴技术，纳米技术的"新"恰恰体现在：构成纳米技术的人—物的系统或网络正在形成；有关纳米技术的权力与权威的分配、意义正在被论争和固定下来；包括权利与责任的社会实践正在被建

---

① 2004 年，美国国家科学基金会国家科学局建立了国家纳米科技基础网络（NNIN），这是一个由美国 13 所大学组成的整体性的全国用户设施体系，其目的是支持纳米科学、工程和制造工艺方面的研究与教育。

② 本书认同"技科学"概念对于纳米（科学）技术的适用性。20 世纪 80 年代以来，科学不再是"无止境的前沿"，传统的以追求真理为目标的科学知识生产开始向以含纳社会价值的"科学相关性"（relevance of science）这一新科学知识生产方式转变。此时，传统的基础科学研究和以问题为导向的应用研究之间的劳动分工几乎已经消失了，大学、公共实验室和产业界即其他私人研究之间的功能区别也随之消失。取而代之的是一个流动的过渡阶段［参见 EC（European Commission），*Challenging Futures of Science in Society：Emerging trends and cutting－edge issues*，Brussels：European Commission，Directorate－General for Research，2009.］。为此，拉图尔提出了"技科学"这一概念。除了当前"纳米（科学）技术"本身缺乏统一定义这一事实，在"技科学"的意义上，本书在论述中也不对"纳米科学"和"纳米技术"做严格区分。

③ Robert McGinn，"What's Different, Ethically, About Nanotechnology：Foundational Questions and Answers"，*Nanoethics*，Vol. 4，No. 2，2010，pp. 115－128.

立；社会组织也正在形成和重新形成着。这些都是纳米伦理研究的素材。①

　　而一旦涉及复杂的社会和文化语境，新兴技术所可能引发的伦理问题往往就与社会问题、法律问题等紧密交织在一起。我们也就很难从应用伦理学的单一视角去理解，而只能宽泛地理解成 ELSI 问题。在此情形下，"纳米伦理学" 就不再局限于某一个学科，而成了一个大伞状的词语，涵盖了大量非常不同的议题、挑战、反思领域和学科。② 换句话说，在纳米技术以及其他新兴技术的发展过程中，"伦理" 这个词只能宽泛地理解成：在科技发展中，只要涉及利益相关者的利益/权利和/或美好生活的理念（安全、健康、福祉），都是 "伦理" 问题。"纳米伦理学" 实际上成了 "有关纳米技术的人文社会科学" 的代名词。

　　细究起来，"纳米伦理学" 这个词是很容易令人引起误解的，我们需要重新斟酌这个词语的适用性。因为，一般说到 "伦理学"（ethics），总是让听众或读者留下这是一个独特的伦理学领域的印象，与生命伦理学、环境伦理学等并驾齐驱。假如我们没有发现与纳米技术有关的品质上新的伦理问题，或者说没有发现有哪些伦理问题是单独或主要地起因于纳米技术领域的内在属性，那么，由于使用 "纳米伦理学" 所引发的期待就会落空，纳米技术实践和产品就可能被认为是在伦理上不重要的、不相关的而被忽视掉。为此，很多学者提出了新的名词来替代 "Nanoethics" 这一表达方式。

　　例如，麦金提议，"EIRNT"（Ethical Issues related to nanotechnology），即 "与纳米技术有关的伦理问题" 的说法更为合适。③

　　类似地，有学者提出了 "NELSI"（Nano's ethical, legal, and social implications）的缩略语，即 "纳米的伦理、法律与社会意蕴" 的说法，来

---

① Deborah G. Johnson, "Ethics and Technology 'in the making'; an essay on the challenge of nanoethics", *Nanoethics*, Vol. 1, No. 1, 2007, pp. 21 – 30.

② Armin Grunwald, "Book Reviews: Nanotechnology & Society: a global debate on 'Nanoethics'", *Hyle – International Journal for Philosophy of Chemistry*, Vol. 14, No. 1, 2008, pp. 53 – 57.

③ Robert McGinn, "Ethics and Nanotechnology: Views of Nanotechnology Researchers", *Nanoethics*, Vol. 2, No. 2, 2008, pp. 101 – 131.

涵盖所有与纳米技术有关的非技术议题。①

也有学者使用"SEIN"（Societal and Eehical Interactions wieh Nano Techndogy）的说法，即"纳米的社会与伦理互动"，强调纳米技术与社会的互动。②

上述的缩略语都算不上多么精简和优雅，但是，它们不太可能像"Nanoethics"那样遭受狭隘的解读。因为，它们凸显了纳米技术与其所处的偶然社会境遇以及相关的社会形塑实践（例如，资助、公众理解、监管）之间的动态互动，而不是纠缠于将潜在的伦理与社会议题归因于纳米技术本身。可以说，这是对纳米伦理研究最初的倡导者本意的回归。

总之，鉴于纳米技术社会和伦理意蕴本身的复杂性，我们在应对这些问题时，无法拘泥于某一个学科视角，为此，我们不妨去掉"纳米技术伦理学"中的"学"字，让人们摆脱这是一门独特的伦理学理论的成见，凸显这是一个实践导向的跨学科研究领域，强调这一新兴领域内"多兵种混合作战"的必要性和重要性。

在这种理解中，"纳米伦理研究"就是一个以多学科研究为背景的领域，以对纳米技术的目的、技术过程与后果的伦理评估和反思为基础，在纳米技术发展的早期，针对实际问题，提出治理与解决相关社会伦理问题的基本原则和战略规范，以期把参与其社会意义塑造的各种主客体要素引导到人道主义立场上来，使纳米世界的建构真正体现人的全面发展。③

二 回应之二：从"纳米伦理研究"到"纳米伦理在行动"

纳米伦理研究尽管获得了来自技术发起者的重视，但是，一个尚未成型的事物会有哪些相关的伦理问题呢？在这些问题获得确认和分析之前，在使用、用户、生产与分配体系、稳固的社会意义等出现之前，我们可以

---

① Nigel M. de S. Cameron and M. Ellen Mitchell, "Toward Nanoethics?", In Nigel M. de S. Cameron and M. Ellen Mitchell, *Nanoscale: Issues and Perspectives for the Nano Century*, New Jersey: John Wiley & Sons Inc., 2007, pp. 281 – 294.

② Davis Baird, Tom Vogt, "*Societal and Ethical Interactions with Nanotechnology [SEIN]*: an introduction", *Nanotechnology, Law & Bussiness*, No. 1, 2006, pp. 391 – 396.

③ 李三虎：《纳米技术的伦理意义考量》，《科学文化评论》2006 年第 2 期；王国豫：《纳米技术的伦理挑战》，《中国社会科学报》，2010 年 9 月 21 日第 1 版。

研究哪些伦理议题，又该如何研究呢？这是较之纳米伦理研究合法性，在从事纳米技术伦理研究时所遇到的更为根本的难题。

对此，从应用伦理学角度出发的早期纳米伦理学并没有交出令人满意的答卷。（专业的或者业余的）哲学伦理学家们要么陷入科幻式的遐思中，将某种未来的可能视作当下实际存在的问题，乃至呼吁暂停技术发展，成了"事前预言家"——这种伦理在先（ethics - first）的模式不仅会削弱技术发展所能带给社会的收益，也对推进伦理无益；要么固执于"独特性"的标准，坐等纳米技术发展的后果显现，产生所谓纳米技术特有的问题时再做"事后诸葛亮"——倘若采取这种伦理在后（ethics - last）的模式，那么很多不必要的危害已经发生。纳米技术的伦理研究并不是那种人们可以在先或者在后圆满完成的东西，而是需要随着技术发展及其潜在后果逐渐被理解的持续动态研究。质言之，纳米伦理研究是动态的，它所依赖的事实成分必须不断地被更新。但是，也并非只有事实的大潮才推动我们对伦理学采取动态的进路。新技术通常产生于没有伦理政策存在的新环境。面对政策真空，我们需要考虑如何形成新的与合适的伦理政策。①

这种让伦理研究动起来的建议无疑为我们在根本上化解纳米技术的"科林里奇困境"提供了重要的启示。但是，这种"动态的伦理学"到底应该如何去"动"呢？这里，STS 的观点再次为我们指点了迷津。

正如著名的 STS 学者贾萨诺夫（Sheila Jasanoff）所提出的"共生产"（co - prodcution）概念阐释的那样，知识及其物质体现是社会制造的产物，同时，知识及其物质体现也构成了社会生活的形式。没有合适的社会支持，知识就无法存在；同样，没有知识，社会就无法运行。科学知识尤其如此。它既嵌入也内嵌于社会实践、身份、规范、习俗、话语、工具和机构之中——所有我们称作"社会"的构成要素中。② 传统地，科学技术是"黑箱"，社会问题总是被狭隘地局限在对科技的"后果"或"风险"议题上，

① James Moor and John Weckert, "Nanoethics: Assessing the Nanoscale from an Ethical Point of View", In Davis Baird, Alfred Nordman and Joachim Schummer, ed. , *Discovering the Nanoscale* . Amsterdam: IOS press, 2004, pp. 301 - 310.

② Shelia Jasanoff, *States of Knowledge: The Co - prodcution of Science and Social Order*, London: Routledge, 2004, pp. 2 - 3.

把社会科学的探究完全摆在创新过程的"下游"。然而，在"共生产"概念下，科学技术不能被"黑箱"化，不能被隔离于社会关系之外。

对于技术发展，STS 的研究强调，这是一个由多种行动者在各种方向上推拉所产生的偶然性结果。一方面，STS 研究批判技术决定论，凸显技术发展的偶然性，力求探明：为何一些技术的努力成功，而另一些失败了？是什么因素在其中起了作用？价值是如何被蕴含在这一过程中的？总体上，技术与社会是如何互相构成的？在这一过程中，科学家与工程师并不是孤立地去做研究，相反，他们的研究是由社会的、文化的、经济的和政治的因素以及他们对自然的了解所共同塑造的。另一方面，STS 研究强调，技术发展是不断地由许多个人或群体参与进来建构着的过程。在平奇与白耶克的技术社会建构论中，当各种利益群体的观点围绕一个特殊的设计联合起来的时候，一种新技术就稳定下来了。而在稳定之前，每个利益群体都以这种或那种方式在技术中看到了自己的利益，并据此来推进技术的发展。布鲁诺·拉图尔的"行动者网络理论"也认为，各种行动者与群体被囊括在了成功的技术努力中，只不过他更突出人类与非人类行动者（人工物、自然、文件等）的互动。总之，技术的发展是不同利益群体最后博弈的结果，并不具有唯一性，而具有偶然性。

承认这一点对于理解纳米伦理的潜力非常关键。如果科学技术沿着某种既定的发展路径，如果社会秩序必然地遵循着技术秩序，那么，伦理分析就只能扮演狭隘、反馈的角色，即去鉴定研究最后会产生哪些潜在的负面后果和潜在的误用。相反，如果认识到技术发展的偶然性，承认技术是由许多行动者共同塑造的，那么，我们就会看到，面对新兴的纳米技术，并不是只有考虑是否接受、或者是否可取的份儿。过于惶恐地拉响伦理学警报，或者评判谁提出了最好的未来预测，都忘记了社会和科技发展是共同演化的，都低估了我们主动塑造未来的能力。

有些人可能争论说纳米伦理学家在技术发展的早期无法开始工作，因为构建纳米技术的社会技术系统还不存在，也不能被预言，必须是科学家先行，在科学上确保无误之后，伦理工作才能开始。其实，伦理学最有利的影响点就在纳米技术的社会技术系统还在被设想和建构的时候。因为，现在，包括投资者、公众、媒体、科幻作家、未来学家和法律制定者在内的大范围利益相关者正在形成关于纳米技术的看法，与其他人磋商着

"纳米技术"的意义，考虑着它们与特殊发展相关的特殊的利益或恐惧。纳米技术的"黑箱"还没有被合上，我们正处于让伦理考量融入纳米技术发展的绝佳时机。

应当看到，当前纳米技术的发起者（欧美政府、产业界和研究共同体）对纳米科技的发展表现出了较之以往更为谨慎的态度；有关纳米技术的社会和伦理担忧是在技术本身尚未真正发展起就登上议事日程的，所以，科学家和工程师们就可以选择是否将合理的社会和伦理考量整合进他们的研发工作过程之中。这可以说是以往任何技术的发展都没有出现过的情形。就此而言，对于技术的伦理研究来说，纳米技术的发展语境提供了一个绝佳的机遇，可以让我们观察新兴技术的伦理样态形成的过程，进而进行纳米技术的社会形塑实验，去实践那些酝酿已久的技术的社会形塑设想。①

总之，在 STS 的视野中，纳米技术的发展是一个复杂的过程。在这个过程中，诸多行动者和利益群体对抗、协商并在某些时刻、以某种方式或某种程度上围绕具体纳米技术的意义与物质性（materiality）聚拢到一起。如果我们将技术视为社会技术系统，并以此作为我们对纳米技术做伦理分析的概念基础，那么，伦理考量在纳米技术发展中的角色就是：作为技术的塑造者之一，同其他行动者一起积极地参与技术未来的建构。② 在这个意义上，"纳米伦理研究"从单纯的静态理论反思进一步深化为一种可以称作"纳米伦理参与"（Ethical Engagement）③ 的实践行动。这就意味着，我们必须突破"两种文化"的隔离，让人文社会科学家和自然科学家携手并进，同时吸收社会公众参与到纳米技术社会伦理问题的防范和治理中来，才能较好地应对纳米技术的伦理挑战。

本章小结

早期纳米技术的伦理问题的研究者倾向于考虑建立一个专门的学科。

---

① Deborah G. Johnson, "Ethics and Technology 'in the making': an essay on the challenge of nanoethics", *Nanoethics*, Vol. 1, No. 1, 2007, pp. 21 – 30.

② Ibid. .

③ 本书第三章第三节将对此进行详细论述。

但是，"纳米技术"本身还处在襁褓之中，到底何谓纳米技术尚无定见。在这种情况下，如何去开展纳米伦理学的研究？伦理学在纳米技术的发展中扮演了怎样的角色？对此，学者们进行了激烈的争论。

简单归纳起来，主要有以下两大问题。

第一，虽然纳米技术的发展在公众间引发了对其潜在风险的各种忧虑，但是，纳米技术并不是一个单一的技术领域，而是若干既有技术在纳米尺度上的新拓展。目前并没有提出任何独特的和统一的问题群，它所可能引发的社会和伦理问题也都没有完全呈现，所以，纳米技术相关伦理问题的研究并没有明确的研究对象；另外，纳米技术相关伦理问题的研究从方法论到问题的解决办法，都还没有形成相应的独有理论构架。所以，从经典的应用伦理学的角度来说，它还不具备被称为"学"的资格。

第二，纳米技术的很多伦理与社会议题是真实存在的，还是臆想出来的过度恐慌？我们的伦理与社会研究到底应该针对哪些问题？

在这个问题上，诺德曼猛烈批判了早期纳米伦理研究中的推测性倾向，人们探讨的问题开始从科幻式猜测向现实紧迫问题转变。之前纠结于"灰色粘质"、"人类增强"等问题的探讨，逐渐地淡出了人们的视线。尤其是在纳米技术共同体将德莱克斯勒的"分子制造机"式的纳米技术斥之为"纯粹的科幻"之后，相应的讨论也就失去了可信的根基。

不过，纳米技术不同以往技术发展的一个最大的特点就在于，技术本身尚未获得充分发展的时候，相应的伦理和社会问题就已经引起关注和讨论了。在这种情况下，纳米技术的伦理和社会问题研究不可避免地带有预期性或前瞻性。如何根据纳米技术的实际发展状况，做出既不拘泥于当前又合理可信的伦理和社会影响预期，是纳米技术的伦理与社会研究面临的重要问题。

通过回溯早期纳米伦理研究的上述问题，本章认为，纳米技术的伦理研究需要超出纯粹的伦理学反思框架，在理论上呈现出一个多学科视角合作的景象；同时，借助STS的视角，尚在襁褓之中的纳米技术为我们提供了一个前所未有的绝佳历史机遇——让伦理的维度在技术发展的一开始就被整合进来，从而具备了超出纯粹的理论反思框架，成为一股行动力量的契机。

第三章　伦理参与

通过回溯纳米技术伦理学早期研究的过程，第二章表明，对纳米技术开展伦理研究面临着"科林里奇困境"。借鉴 STS 对科学技术的社会形塑这一理论观点，本书认为，我们对纳米技术有关伦理问题的研究应该从单一的哲学分析转向跨学科的研究，更重要的是，从一种静态的伦理研究转向动态的伦理参与。然而，这种转向何以可能呢？第三章里，我们将通过分析现代科技社会"风险"和"责任"这两大关键词，依据既有的技术伦理研究成果，吸收当今政治学中新兴的"治理"理论，具体论述动态伦理参与的理论框架——"伦理参与"。

第一节　"风险"：现代科技社会的关键词

一　风险社会的来临

"风险"（risk）一词来源模糊，充满争议。据考证，该词是 16—17 世纪西方探险家们在开辟新航路时所创造的，指代航行到未知的水域，遇到礁石、风暴等事件。那时，风险主要有空间方面的意思，随着近代保险业的诞生，它转向了时间方面。在现代统计学、精算学和保险学等领域，"风险"概念是与"危害"（hazard）的概念联系在一起的。所谓"危害"，指的是一种技术或其使用会带来破坏性的或其他不良后果。"风险"则是危害的具体化。最为常用的风险定义是：一个不良事件发生的概率与该事件的效应的乘积。其中，概率通常被认为是诸如"每十年一次"这样的相对频率，而效应则通常被表述成死亡人数。①

---

① Ibo van de Poel and Lambèr Royakkers, *Ethics, Technology and engineering: An Introduction*, Chichester: Wiley - Blackwell, 2011, p. 221.

　　20世纪后半期，伴随着现代性的研究，风险问题得到了西方社会学者的广泛关注。其中，最著名的莫过于德国社会学家贝克（Ulrich Beck）和英国社会学家吉登斯（Anthony Giddens）等人建构的"风险社会"理论。对于贝克和吉登斯来说，社会的结构正在从现代性——信任启蒙时代的进步、真理和科学信条——转变到后现代性——旧时的真理已经让位于对我们每一个人应该怎样生活的强烈质疑、反思和焦虑。在这种情境下，不确定性、自我认同以及风险成为中心。

　　按照风险产生的来源，吉登斯将风险分成"外部风险"（external risk）和"人造风险"（manufactured risk）两类。前者指的是来自外部的、因为传统或者自然的不变性和固定性所带来的风险；后者指的则是由于知识的增长所产生的，我们对其没有多少历史经验。[①]

　　在现代性的第一个阶段（大致为十七八世纪到20世纪早期这段时间），人类所面临的主要是"外部风险"。伴随着人的主体性凸显、现代市场经济和民族国家的构建并且逐步拓展，尤其是现代科学和技术飞速发展，人类对自然的干预能力和范围大大加强，从而能够通过统计图表、事故或然率和计划书、保险计算以及关于预先保护的标准和组织等来计算不可预知的后果。可以说，此时的风险概念体现的是人类摆脱上帝和自然的束缚、自己控制未来的抱负。这也被贝克称作"第一次现代化的风险"，它所展示出来的是：

　　　　人们创造了一种文明，以便使自己的决定将会造成的不可预见的后果具备可预见性，从而控制不可控制的事情，通过有意采取的预防性行动以及相应的制度化的措施战胜种种副作用。[②]

　　然而，今天的社会中，"人造风险"占据了主导地位。用吉登斯的话来说：

---

　　① ［英］安东尼·吉登斯：《失控的世界》，周红云译，江西人民出版社2001年版，第22页。

　　② ［德］乌尔里希·贝克、威尔姆斯：《自由与资本主义》，路国林译，浙江人民出版社2001年版，第120页。

我们今天生活在一个人为不确定性的世界，其中的风险与现代制度发展早期阶段的风险完全不同。①

一方面，人类发明的技术、制度安排以及做出的各种决定、采取的各种行动本身都有可能带来风险——虽然其中大部分的初衷恰恰是要预防、减少甚至控制风险。另一方面，人类为了改善生产生活所采取的行为，破坏了自然环境和自然规律，加重了自然界本身所具有的风险。贝克将这种随处可见的人造风险，称为"第二次现代化的风险"。

概括起来，"人造风险"（或"第二次现代化的风险"）与以往风险的不同主要体现在以下几个方面。

首先，人造风险的作用范围是全球性的。在全球化时代，现代人造风险的波及面和影响程度都将大大高于传统社会的灾难。如果说在人类社会早期阶段，"风险"这个词是在提示勇敢和冒险，那么，现在它就意味着地球上全部生命自我毁灭的威胁。现代风险社会有一种"飞去来器效应"，那些生产风险或从中得益的人迟早会受到风险的报应。② 即便那些并未制造污染的人和并未制造污染的地区也不可避免地要"分配"到一份全球污染的后果。诸如生态灾难或核泄漏这样的风险一旦发生，其作用范围将跨越地理界限，很快波及世界其他地方。在关乎全人类命运的风险面前，种族的、性别的、阶级的和政治的边界都将被弱化，任何个体想要逃避风险的影响都是不可能的。更重要的是，借助于高度发达的现代信息技术，由风险和灾难所导致的恐惧感和不信任感将迅速传播到全社会，引发社会的动荡不安。③ 正是在这个意义上，贝克认为："风险社会指的是世界风险社会。"④

其次，人造风险的破坏性往往是毁灭性的、不可逆的。传统的

① ［英］安东尼·吉登斯：《超越左与右》，李惠斌、杨雪冬译，社会科学文献出版社 2000 年版，第 82 页。

② ［德］乌尔里希·贝克：《风险社会》，何博闻译，译林出版社 2004 年版，第 39 页。

③ 2011 年 3 月 11 日，日本发生里氏 9 级地震并引发海啸，作为邻国的中国多个省份由于担忧核辐射污染海水，出现大规模"抢盐"风波。这就鲜明地体现出了人造风险的全球性。

④ ［德］乌尔里希·贝克：《世界风险社会》，吴英姿、孙淑敏译，南京大学出版社 2004 年版，第 24 页。

"外部风险"的根源主要是自然因素，人们看得见、摸得着，其破坏性也主要是局部的，一般不会危及整个人类的生存，造成的破坏也常常在自然的循环中得以修复。然而，现代人造风险往往是毁灭性的。在贝克看来，所谓"风险"，首先指的就是完全逃脱人类感知能力的放射性、空气、水和食物中的毒素和污染物，以及与之相伴随的对动植物和人类的短期、长期影响。它们引起系统的、常常是不可逆的伤害。①

再次，人造风险具有难以消除的不确定性。现代科技高度专业化和复杂化，任何个人的经验知识都显得捉襟见肘。专家或专家系统在面临新风险时，经常意见不一，很难做出准确的说明和预测。可以说，在事关全人类生存死亡的巨大风险和灾难面前，没有人可以称得上是真正的专家。单纯的科技知识增长，并不能消解这种不确定性。"在很多情况下，直到很晚，我们也不能确切知道这种风险的大小。"② 这一特性使得传统的以科学和法律制度为基础的风险计算方法（如保险、保障等）已变得不再适合。

复次，现代人造风险扭转了过去、现在和未来的关系。

贝克指出，风险在本质上与预期有关，与虽然还没有发生但存在威胁的破坏作用有关。风险就好像嘀嗒作响的定时炸弹，现在虽然没有爆炸，但其威胁却是实实在在的。

> 风险意识的核心不在于现在，而在于未来。在风险社会中，过去失去了它决定现在的权力。它的位置被未来取代了，因而，不存在的、想象的和虚拟的东西成为现在的经验和行动的原因。我们在今天变得积极是为了避免、缓解或者预防明天或者后天的问题和危机。③

于是，我们的思维和行动已经发生了改变：从过去决定现在到未来决

---

① ［德］乌尔里希·贝克：《风险社会》，何博闻译，译林出版社2004年版，第19—20页。

② ［英］安东尼·吉登斯：《失控的世界》，周红云译，江西人民出版社2001年版，第25页。

③ ［德］乌尔里希·贝克：《风险社会》，何博闻译，译林出版社2004年版，第35页。

定现在。未来掌握于现在，现在的行动决定未来，一个安全的未来必须建立在以未来为导向的现实行为选择上。

最后，现代风险社会出现了"有组织的不负责任"现象。尽管环境恶化、资源短缺等科技发展带来的问题越来越多，却没有一个人或一个机构明确地为任何事情负责。

那么，是什么造成了我们当前所面对的最令人不安的威胁——"人造风险"呢？吉登斯认为，这是科学与技术未受限制的推进所致。科学理应使世界的可预测性增强，却造成了新的不确定性。①

的确，自第二次世界大战的"原子弹"悲剧以来，诸如切尔诺贝利核电站的爆炸、博帕尔化工厂爆炸、疯牛病、"非典"（SARS）乃至最近日本福岛核电站泄漏等各种现代科技给人类带来的灾难性事件从未停止。而且，现代科技的力量越是强大，在人类生活中分布得越是广泛，它所带来的风险似乎就越是难以控制。科技引发的风险激起了人类普遍的关注和忧虑，形成了当代社会最突出的环境风险和社会风险。②

二 充满不确定性的后常规科学

自启蒙时代起，科学曾一度被视为真与善的代表，被赋予了绝对的理性权威。为何现在的科学技术构成了现代风险的主要来源呢？这是因为现代科技发展的不确定性日益增强。

我们知道，传统的，科学意味着对无知和不确定性的征服，科学中没有不确定性或价值的立足之地。以牛顿力学为基础的简单性、确定性的科学观，其核心价值是对自然的控制。自然是简单的，自然的规律是确定的，人对自然是可控制的，科学技术总是服务于人类既有的目的，运用科学技术的结果总是在人们的预期之中。

---

① ［英］安东尼·吉登斯、克里斯多弗·皮尔森：《现代性：安东尼·吉登斯访谈录》，尹宏毅译，新华出版社 2001 年版，第 218 页。

② 据美国《新科学家》杂志报道，以英国剑桥大学动物学家威廉·萨瑟兰为主的 30 名科学家列举了未来 25 大环境威胁，纳米技术名列榜首。参见 http：//news. biox. cn/content/200803/20080324072636_ 4153. shtml。

可是，20 世纪以来，基础的自然科学研究领域中重新发现了不确定性；① 新奇而复杂的技术应用也使得知识的不确定性在实践领域充分显现。尤其是，20 世纪 70 年代和 80 年代在工业和环境风险方面不断暴露出的危机中，像核能这样具有灾难性潜能的低概率、高后果的技术，技术领域的试错法几乎无用武之地。诸如转基因这样充满不确定性的技术也不知要经过多长时间才能积累充分的证据来解释和预测风险。② 这些全球性的环境问题带来的影响在规模上和时间上都是巨大的。可是，由于这些现象是新鲜的、复杂的和易变的，我们对此没有充足的数据，即使我们拥有先进的计算机模型，它们也无法获得充分的理解。面对复杂的世界，科学并不总能为理解和预测提供基于实验的扎实可靠的理论，充其量只是提供一些无法证实的数学模型和计算机模拟。

此外，在科学实践中，尽管科学一再声称"价值无涉"。但是，作为一种社会活动，在科学研究问题的选择和定义、结果的评价、知识产权的处理中，价值都发挥了作用，只不过，价值的考虑在很大程度上被背景化了，隐藏在各种客观的数据和图表背后。科学作为善和真的担保人的旧观念已经成为历史。当代科学与社会不断加强的相互作用，使得科学技术的研究即便是出于造福人类的美好初衷，也有可能被滥用、误用，导致灾难性后果。

可以说，"不确定性"已经从科学方法论的边缘转变成了核心概念。曾经被视作稳步推进知识的确定性和我们对自然世界的控制的科学，现在则被看成是在全球范围的紧迫技术和环境决策中应对着诸多不确定性。③

---

① 20 世纪早期，在物理和数学这两个自然科学基础研究领域，先后展现出了不确定性。1905 年，爱因斯坦提出了狭义相对论，取代了绝对空间和连续性的传统假设。之后发展产生了量子理论上的"海森堡不确定性原理"。1931 年，德国数学家哥德尔证明了数理逻辑中的不完全性定理，证明了任何一个形式体系，只要包括了简单的初等数论描述，而且是一致的，它必定包含某些体系内所允许的方法既不能证明也不能证伪的命题。参见 http：//baike. baidu. com/view/227841. htm。

② ［意］S. O. 福特沃兹、［英］R. 拉维茨：《后常规科学的兴起（上）》，吴永忠译，《国外社会科学》1995 年第 10 期，第 36 页。

③ Silvio Funtowicz and Jerome Ravetz, "Global risk, Uncertainty, and Ignorance", In Jeanne X. Kasperson, Roger E, ed. , *Global Environmental Risk*, London：United Nations University Press and Earthscan Publications Ltd. , 2001, pp. 173 – 200.

鉴于此，借用库恩的"常规科学"概念，意大利学者福特沃兹（Silvio Funtowicz）与英国学者拉维茨（Jerome Ravetz）指出，今天我们的科学技术发展已处在一种远离"常规"的状态：科学问题不再起源于抽象的科学好奇心或者工业的需求，而产生于那些事实不确定、价值有争议、风险巨大、决策紧迫的典型争端。此时，那种根据实验数据得出正确的结论，然后依据科学推理制定合适且无争议政策的传统科学，已经遇到挑战。我们需要一种新的科学观，即"后常规科学"（Post – Normal Science）。"后常规"这一术语意味着，有效的科学实践规范不再可以无视由科学活动及其后果带来的社会和道德争端。①

进一步，福特沃兹等人还将当前公众对科学专识和政治缺少信任归咎于既有的风险评估和风险管理方式。在这种方式中，责任和信任都与控制后果联系在一起。可是，在充满不确定性的新兴技术那里，对后果的控制越来越不可能。现在，事实是软的——存在不确定性，但价值观却是硬的——人们迫切需要做出基于价值观的决策。②

实际上，基于自然的复杂性和科学认知方式的有限性，不确定性是科技发展的固有属性，无法从根本上消除。科学技术本身是充满风险的事业。"后常规科学"的概念不仅指出了当代科技发展的不确定性、风险性，更表明其潜在的社会和伦理争议性。这提醒我们，在充斥各种人造风险的现代，单凭科学自身恐怕已经无法有效应对各种不确定性带来的挑战。要获得公众对科学发展的信任，需要另辟蹊径。

三 纳米技术的发展作为一场社会实验

在现代科学研究中，科学家们已经沿用多年并得到广泛认同的科研逻辑是：从理论中推导出假设，再通过实验来检验假设，然后再进行批量生产或投入使用。新设计出来的产品总是通过实验室中小规模的仿真实验或者（医学）临床试验来进行。

---

① ［意］S. O. 福特沃兹、［英］R. 拉维茨：《后常规科学的兴起（上）》，吴永忠译，《国外社会科学》1995 年第 10 期，第 32 页。

② 转引自 Kamilla Anette Lein Kjølberg, *The notion of "responsible development" in new approaches to governance of nanosciences and nanotechnologies*, Doctoral Thesis, University of Bergen, Norway, 2010, p. 10.

　　这种"可控实验的方法"是一种典型的还原论方法。它基于以下假设：世界由不同等级的层次构成；每一种事物或过程都是一些更为简单或更为基本部分组成的集合体；世界是统一的，规律是普遍的，对某一局部对象研究的结果可以外推到整个世界。于是，我们在认识复杂事物时，可以人为地控制各种影响因素，暂时先不考虑其他因素的影响，只让其中几种因素变动，从而得到这些有限因素影响的规律，再结合其他规律，然后就能够把握这些事物。①

　　尽管这种可控实验法对于我们认识自然界颇有成效，但是，面对复杂多变的现实世界，许多被实验室科学家暂时不考虑的因素往往起着重要作用，许多被认为可以分解并独立考虑的因素实际上可能因协同作用而产生巨大影响。可控实验法并不总是能够提供有关技术产品及其风险和危害的完备而可信的知识：首先，在进行具体的风险评估时，很有可能某些危害被忽视了。因为有些危害在人为控制的实验室中可能不会暴露出来，而等它们被引入社会时就变得明显了。其次，实验室和田野测试并不总是能够代表产品实际的使用环境。我们需要知道什么样的环境在实际的操作中是相关的，哪些又是不相关的。这样的知识我们只有在产品被引入社会中之后才能得知。最后，有些风险经过长期的累积之后才会发生。例如，DDT、核辐射的负面效应等。这种长期的效应在实验室里是无法得知的。所以，对技术产品的测试实际上是在社会使用该产品的过程中完成的。②

　　在这个意义上，可以说，对于新兴的纳米技术产品而言，现代社会是作为一个"实验室"来运行的。大多数新的纳米技术的风险与危害都不能完全地在实验室中预测到。就那些不可降解的人造纳米颗粒而言，它们对人体和环境的危害，恐怕需要经历长期的大规模的累积性检验之后方才知晓，而不可能在实验室中就完整地检测出来。因此，尽管当前纳米毒理学的研究已经在全世界多个实验室中开展了，但是，把纳

---

　　①　曹南燕：《纳米安全性研究的方法论思考》，《科学通报》2010 年第 2 期，第 126—130页。

　　②　Ibo van de Poel, "The Introduction of Nanotechnology as a Societal Experiment", In Simone Arnaldi et al. 2009. *Technoscience in Progress: Managing the Uncertainty of Nanotechnology*, Amsterdam: IOS Press, pp. 133 - 134.

米技术尤其是纳米颗粒引入社会中，仍然相当于一次"社会实验"①。
与传统的科学实验相比，一旦出现了偏差，社会实验通常很难被终止。
更重要的是，新技术的社会实验后果波及范围可能更广。易言之，社会
实验是不可逆的、规模宏大的，一旦发生不慎，会带来重大的灾难性社
会后果。②

　　实际上，早在 20 世纪 80 年代工程伦理学领域，基于医学伦理学中的
"知情同意"原则，美国工程伦理学家马丁（Mike Martin）和辛津格
（Roland Schinzinger）就提出了"工程是一场社会实验"的观点。他们
认为：

> 　　将工程视作一项在社会规模上发生的实验，将（知情同意的）
> 关注点置于：受到技术影响的人们，实验是在人而不是无生命物体上
> 发生的。鉴于此，尽管发生在大得多的规模上，工程也与新药和新技
> 术在人体上的医学测试非常相像。③

　　在这种情况下，那些受到影响的人就不仅仅是某一具体研究项目的自
愿受试，还有那些没有参与受控实验研究的更广泛的人群。这是一个
以"真实的世界实验"的方式发生的公开社会实验。④

　　除了上述论及的人体健康和环境安全问题，正如本书第二章第二节第
一部分所简要论及的，纳米技术也给人类社会带来了诸多潜在的伦理和社
会议题。因为大部分科学在研究中并不会考虑这些成果将应用于何处，所
以，一旦投入应用，科学本身的不确定性就会与伦理的、经济的和社会的

---

　　①　Wolfgang Kroh and Johannes Weyer, "Society as a Laboratory: the social risks of experimental research", *Science and Public Policy*, No. 3, 1994, pp. 173 – 183.

　　②　除了纳米技术对人体健康和环境的长期影响难以判断，从纳米毒理学研究本身来说，
基于伦理立场，人是不能直接被用来做实验的。于是，科学家只能通过动物实验来研究，但是
从动物实验向人类推广却存在着逻辑、模型等方面的缺环或缺陷。这样研究出来的结果也隐含
着巨大不确定性，加重了将纳米技术引入社会的风险。

　　③　Mike W. Martin and Roland Schinzinger, *Ethics in Engineering* (3rd ed.), New York:
McGraw – Hill, 1996, pp. 84 – 85.

　　④　Matthias Gross and Holger Hoffmann – Riem, "Ecological restoration as a real – world experi-
ment", *Public Understanding of Science*, No. 14, 2005, pp. 269 – 284.

影响以及公众承受能力等问题混合在一起，变得更为复杂难料。① 纳米技术不仅有着技术发展和使用的不确定性，其社会影响也存在巨大的不确定性。

对于这种双重的不确定性，一份关于科学与治理的欧盟专家报告中做了如下描述：

> 我们正处于一个无可逃脱的实验性状态……如果公民们在没有经过协商的情况下就被招募为实验对象，那么，我们将要应对一些严重的伦理和社会问题。对此，虽然当前还没有什么简单的或现成的解决办法，但是，如果我们关注的是公众信任，那么，一个最基本的要求就是我们承认这一公共困境。②

既然纳米技术引入社会不可避免地会带来一场无法逆转的社会实验，我们该如何应对实验中潜在的风险和危害呢？

自从《纽伦堡法典》形成之后，"知情同意"原则就成为涉及人类受试的实验的首要原则。对于医学实验，知情同意通常在法律是必需的。对于其他实验，也许不是法律上必需的，也仍被视作重要的道德标尺。这一原则意味着，只有当人类受试在被充分告知实验所有可能的风险（以及与其的收益）之后自愿地同意参与实验，这项实验才可以用人类作为受试。由于将纳米技术产品引入社会之中，涉及人的福祉，而且伴随着极大的不确定性，所以，我们不妨也将"知情同意"原则借用到纳米技术的分析中。正如丹尼尔·萨赫维兹（Daniel Sarewitz）等人所看到的那样：

> 考虑到纳米技术未来的巨大不确定性，我们应该将展开的革命看作一场宏大的实验——一个临床试验——技术专家们正在对社会做着这个实验。从这个角度来看，我们可以反思稳健的社会共识（robust

---

① House of Lords (UK), *Science and Society*: *Third Report*, 2000, http://www.publications.parliament.uk/pa/ld199900/ldselect/ldsctech/38/3803.htm#a2.

② Ulrike Felt and Brian Wynne et al., *Taking European Knowledge Society Seriously*: *Report of the Expert Group on Science and Governance to the Science*, *Economy and Society Directorate*, Brussels: European Commission, 2007, p. 68.

societal consensus)，这一共识要求将预先的知情同意作为参与社会实验的基础。①

这表明，我们需要从为单个研究项目获取少部分受试者的知情同意，转向为更广泛的社会技术变化而获取全部利益相关者的知情同意。

尽管我们可以质疑这一原则的具体可行性，例如同意一项风险未知的实验意味着什么？这项原则是否太过严苛了？一旦某个人反对某项风险，这个风险产生活动就应该被禁止，这是否会不公平地将具有巨大社会收益的实验排除掉了？如何应对那些实验中间接涉及的又无法表达知情同意的人们（比如未来的人类）？②但是，知情同意原则作为社会实验的一项主导原则，让我们看到，科学技术的发展不再是科学家、工程师、政策决定者等人专有的事情，而是所有利益相关者共同的事业。曾经被忽视了的社会实验对象们在科技发展过程中也需要被给予合理的发言权。一句话，"知情同意"原则有助于解决人们在科技时代面对未知风险时的一项重要道德关切，即要经受一项未知的社会实验的人们的道德自主性。

对于这场集体性、大规模的社会实验，除了从伦理和政治上保持审慎之外，还要看到集体实验可能带来的机遇。不要忘了，"如果社会是一个实验室，那么，每个人都是受试的小白鼠，但同时也是潜在的实验设计者和践行者"③。需要进一步探讨的是，如何通过一套相对可行的机制在新兴技术的实际发展过程中实现"知情同意"原则，最大限度地降低技术发展可能带来的风险？

---

① Daniel Sarewitz and Edward Woodhouse, "Small is Powerful", In Alan Lightman and Daniel Sarewitz et al., *Living with the genie: Essays on technology and the quest for human mastery*, Washington, DC: Island Press, 2003, p. 80.

② Ibo van de Poel, "The Introduction of Nanotechnology as a Societal Experiment", In Simone Arnaldi et al., ed., *Technoscience in Progress: Managing the Uncertainty of Nanotechnology*, Amsterdam: IOS Press, 2009, pp. 137 – 138.

③ Ulrike Felt and Brian Wynne et al., *Taking European Knowledge Society Seriously: Report of the Expert Group on Science and Governance to the Science, Economy and Society Directorate*, Brussels: European Commission, 2007, p. 71.

第二节 "责任"：现代科技社会的伦理关键词

通过前文的论述，可以看到，作为一种理论知识，可以说科学是价值中立的。但是，从实践上讲，无论是研究手段（实验）还是研究目的（应用），科技活动在很大程度上都不再是一种价值中立的行动。而一旦是行动，就同其他的人类行为一样，必然产生后果，势必与关涉行为后果的"责任"（responsibility）概念相联系，受制于普遍的道德准则与规范。

在英语中，"责任"是一个较为新近出现的用语，其词根是拉丁文的"respondere"，意味着"允诺回应"或"回答"。与和社会角色联系在一起的义务（obligation/duty）、法律上的应负责任（liability）含义①不同，在现代英语中，伦理意义上的"责任"一般具有前瞻性的责任与后视性的责任两类含义。前者指一个人受托去达成一个好的结果。不过，这一结果不一定会真的实现。后者指的则是，一个人或群体需要为某些行为或结果进行伦理评估，受到道德上的称赞或者指责。② 在哲学上，责任概念总是同因果关系联系在一起。责任的形成有三个条件：最一般、最首要的条件是因果力，即我们的行为都会对世界造成影响；其次，这些行为都受到行为者的控制；最后，在一定程度上能预见后果。③

---

① 角色义务（Obligation/Duties）是指，由于某人的所处的情境（例如，关系、知识和职位），根据道德的、法律的、宗教的或者建制的原因，对什么必须做、什么不能做所做的规定。这些规定并不涉及行为的后果。法律责任（Liability）指的则是，人们根据法律规定为某种行为或伤害做出的赔偿、补偿等。参见 http：//www. onlineethics. org/Default. aspx？id = 2960。

② 除了"道德责任"，在现代英语中，"responsibility"一词还有以下几个含义：（1）导致某一后果的原因（cause）。例如，风是气候运动的原因。需要注意的是，当道德主体是导致某一结果的原因时，我们有理由认为，该主体也负有道德责任。不过，如果这一行为所引发结果只是出于糟糕的道德运气，那么，这个人不应为此承担道德责任。（2）社会责任（social accountability）。针对给定行为或事件形式的结果，在政治上、道德上或法律上的回应责任（answerability）。例如，投行对 2007 年的信用危机负有责任。（3）职责（task）。一个人对重大议题做出决定和实施行动的限度（权威）；由权威而产生的负担和任务（义务）。例如，运营经理对公司的运营负责。转引自 Daan Schuurbiers, *Social Responsibility in Research Practice：Enageing Applied Scientists with the Social - Ethical Context of Their Work*, Doctoral Thesis, Delft：Delft University of Technology, 2010。

③ ［美］卡尔·米切姆：《技术哲学概论》，殷登祥、曹南燕译，天津科学技术出版社 1999 年版，第 97 页。

从历史上看，"为某一特定的任务负责"这一概念仅具有功能性的特点，并没有什么道德内涵。因为，传统的道德体系对公民的要求只是尽自己的本分，遵守与其在社会中的地位相应的约定俗成的规则。英语中，作为抽象名词的"责任"已知最早（1776 年）被用来描述统治者的一种自我权利，即"对他行使权利的每一行动的公众责任"。法语、西班牙语、德语中相应的名词也在那个时期才出现。① 直至 18 世纪，"责任"一词在西方还只是一个法律范畴，其含义主要是，人们应对自己的行为负责，这种行为应该是可以答复的、可以解释说明的。人们的社会角色、因果关系、义务和能力都和责任相关。②

到了 18 世纪晚期、19 世纪早期，建立在等级制度和义务基础上的旧社会秩序已经崩塌，局限于平等和自私自利基础上新的社会秩序却无法确立，因为完全的自私自利带来的是工业革命最严重的过度开发。为了建立理想的人际关系，人们认识到，不能仅仅追逐一己私利，而必须努力虑及他人的利益。于是，伴随着"民主"概念的传播，"责任"这一概念被引入西方政治和道德对话中。③ "责任"不仅首先在美国和法国革命期间的政治机构的工作中得到应用，而且在 19 世纪立宪统治大大扩展时期继续被应用，并被推广到国与国之间。

进入 20 世纪之后，特别最近十几年来，主要是在德语区，通过与传统的伦理学概念（如罪责、义务、德行）的竞争，"责任"概念跃升为当代伦理学中一个关键性的范畴，一种奠定在责任原则基础上的"责任伦理学"逐步形成。不仅如此，"责任"在西方对艺术、政治、经济、商业、宗教、伦理、科学和技术的道德问题的讨论中已成为试金石。④

涉及科学技术发展中的责任，这里将从两个角度来阐释：一个是科学共同体的社会/伦理责任问题；另一个是当代西方伦理学中新兴的"责任

---

① ［美］卡尔·米切姆：《技术哲学概论》，殷登祥、曹南燕译，天津科学技术出版社 1999 年版，第 72 页。

② 曹南燕：《科学家和工程师的伦理责任》，《哲学研究》2000 年第 1 期，第 45—51 页。

③ Carl Mitcham, ed., *Encycolpedia of Science, Technology and Ethics*, Farmington Hills, MI: Macmillan Reference USA, 2005, p. 1611.

④ ［美］卡尔·米切姆：《技术哲学概论》，殷登祥、曹南燕译，天津科学技术出版社 1999 年版，第 72 页。

伦理"给我们的启示及其不足。

一　科学共同体承担社会责任的困境

在科学家作为社会角色出现的很长一段时间内，科学家的责任还只是对真理的追求，并不存在社会责任。20世纪30年代以来，尤其是第二次世界大战中曼哈顿计划的实施、核武器的研制以及原子弹爆炸带来的惨痛教训，都使得科学家们意识到自己身上肩负的社会责任。正如1945年原子能科学家致美国战争委员会的报告中所提及的那样：

> 过去，科学家可以不对人们如何利用他们的无私的发现负直接责任。现在，我们感到不得不去采取更主动的态度，因为我们在发展核能的研究中所取得的成功充满了危险，它远比以往所有发明带来的危险都要大得多。①

美国技术哲学家米切姆（Carl Mitcham）将科学家在第二次世界大战后对其社会责任的关注视作两种不同的看待科学与社会关系的传统之间密切配合的尝试。第一种是前现代的传统。它把经验科学看作是一种与较低层次现实有关的有限知识形式，是一种在思想和实践水平上对社会秩序潜在的威胁。所以，这种传统认为，"强有力的知识应该完全对社会隐瞒"。第二种则是启蒙运动以来产生的观点，即科学完全把握了真理，在本质上无论什么条件下都有利于社会。科学家因此拥有追求科学真理并付诸实践的权利，而不用考虑它可能带来的令人不安的社会后果。它在现代科学中占据了统治地位。工业革命伊始的浪漫主义批判中，第二种观点就遭到了质疑。但是直到第二次世界大战之后，随着科学技术负面后果尤其是环境问题的增多，科学家才认识到至少有一部分科学有潜在的灾难性因素，所以渴望帮助社会做出相应的调整，甚至是改变科学本身的内部特性。② 随着科学与社会发展之间关系的日益密切，上述两种传统之间展开了冲突与对话，

---

① 转引自［美］卡尔·米切姆《技术哲学概论》，殷登祥、曹南燕译，天津科学技术出版社1999年版，第79页。

② ［美］卡尔·米切姆：《技术哲学概论》，殷登祥、曹南燕译，天津科学技术出版社1999年版，第79—81页。

使得第一种传统进一步拓展了对科学的批判，也使得第二种传统意识到必须对科学应用加以限制。越来越多的科学家认识到：科学家的责任范围不再局限于科学事务本身，而必须为科学后果负责，对公众负责，向社会负责。正如由美国科学、工程与公共政策委员会、美国科学院、美国工程学院、医学研究所联合编纂的《成为一名科学家》（*On Being a Scientist*）的小册子所声称的那样：

> 科学家除了有推进科学发展的责任，还对社会负有额外的责任。即便科学家们从事的是最基础性的研究，也需要注意，他们的工作最终会对社会产生巨大的影响。原子弹和重组 DNA 的事件就是两个例子。基础研究发现的产生及其后果的确是无法预见的。但是，科学共同体必须承认这些发现的潜能，要做好准备去应对它们可能引发的问题。①

如果说科学家们无拘无束自由探索知识的形象根深蒂固，那么，工程师们所从事的应用型知识探索，则从一开始就受制于外界的或内心的限制。

早期的工程主要是军事工程，工程师就是建造和使用破城槌、弩炮和其他"战争机械"的人。同军队里的其他成员一样，工程师最主要的责任就是服从命令，忠诚于所处的机构。随着非军事工程的逐渐兴起，尤其是工程师技术力量的增强，工程师人数增加，工程师们认为，他们不是受特定利益集团偏见影响的劳动者，而是有着广泛责任以确保技术改革最终造福人类的人。一场"技术专家治国"的运动在美国展开，"效率"成为当时工程师伦理的核心。"二战"中使用原子弹造成的悲剧，连同20世纪60年代开始的消费者运动和环保运动，使得工程技术人员逐渐意识到：工程师应该运用自己的知识和技能促进人类的福祉。工程师应该遵循的基本原则是公众的安全、健康和福祉。②

---

①　Committee on Science, Engineering and Public Policy, National Academy of Sciences, National Academy of Engineering, and Institute of Medicine (USA), *On Being a Scientist*: *Responsible Conduct in Research* (2nd ed.), Washington, DC: National Academy Press, 1995, p. 151.

②　Carl Mitcham, "Engineering Ethics in Historical Perpsectives and as an Imperative in Design", In Carl Mitcham, *Thinking Ethics in Technology* (*Hennebach Lectures and Papers*, 1995 - 1996), Colorado: Coloardo School of Mines Press, 1997, pp. 123 - 151.

　　据前所述，不论是科学家，还是工程技术人员，都开始反思和关注自身肩负的社会责任，使其责任范围朝着公众和社会领域拓展。然而，如果把科学家和工程技术人员作为科技社会责任的主体，在今天的"大科学"时代，将遭遇许多困境。

　　当前科技人员承担社会责任所面临的第一个困境，源自现代科技发展本身的不确定性。现代科技的道德和不道德使用，并不是一个简单自明的问题，而是有极大的模糊性。随着科学与技术逐渐融合成"技科学"，即便科学家、工程师们怀着最善的目的从事研究，即便人们没有随意误用或滥用，科学技术自身仍经常会带来伦理问题。这已经构成我们今天所面临的主要伦理挑战。[1] 例如，原子能技术不论出于何种动机去使用，都可能带来副作用。

　　第二个困境则源自大科学时代科研工作者职业角色的相对缩小与其公众角色增多之间的矛盾。

　　一方面，在广阔的社会—经济背景下，科学家和工程师除了扮演传统的职业角色，诸如教师、研究者、独立的从业人员等，还承担了面向公众与社会的角色，例如政策制定者、私人企业的顾问或雇员、政府的顾问或雇员、管理者、公众顾问等。

　　另一方面，大科学时代的科学研究呈现出了集体化的特征。当今所有的研究工作都是在规模相当大的组织机构中进行的，不是一个或几个科学家在一起工作，而是几百个乃至上千个科学家共同攻克难题。科学研究的个人主义已经为集体行动所取代。[2] 在这种情况下，单个的科学家只从事着某一具体方向的研究，科学家个人所承担的科研责任相对就缩小了。

　　当前科研工作者如此狭窄的职业角色和不断转换的社会角色，给预测科学研究的公众影响带来了困难。首先，在"技科学"时代，科学与工程最初存在于半独立的"技科学"领域之中。其次，通过复杂的转化和使用，科学和工程的产品被转移到了经济、政治、法律、艺术、宗教等其

---

　　① René Von Schomberg, *From the Ethics of Technology towards an Ethics of Knowledge Policy & Knowledge Assessment: A Working Document from the European Commission Services*, Brussels: European Commission, 2007, p. 11.

　　② ［英］约翰·齐曼：《元科学导论》，刘珺珺、张平、孟建伟等译，湖南人民出版社 1988 年版，第 199 页。

他半独立的领域中。最后，实验室中的发现被商业化，并被投放到市场上。这一转化过程以及组成相应社会建制的逻辑，都不只是建立在个体意向上。这些转化的结果也并不能被完全预测。① 在基于角色的"责任"伦理学中，当且仅当个人能够有意识地引导自己的行动并评估后果的时候，他/她才为其行动的后果承担责任。可是，现代科学发现和工程设计的后果总是避开了所有常见的评估手段。② 与此同时，学术科学正在丧失作为社会整体中具有自主性的一部分的地位及其独立的标准与目标，而被纳入"合作"的控制之下，被逐渐当作有目的的社会活动的一种工具。③ 在此情形下，从事科学的社会组织通常都有着自身的利益诉求。那些受雇于某个社会组织（公司或政府等）的科学家和工程技术人员，个人是很难与组织的力量相抗衡的，所以，个体科研工作者所能承担的只能是有限的责任，而不可能对一切负责。

正是由于第二个困境，出现了一些科学家逃避社会责任的现象。那些做出科研发现的科学家们即便引发了受到批评的应用，他们仍会打着"科学自主"的幌子，坚持说他们没有预见到这些应用，这些潜在的应用不在他们的角色责任范围之内。由此，个体科学家的角色责任，甚至是科学家共同体的集体职业角色责任都很可能成为逃避更广泛的公共意义上的责任的理由。④

总而言之，基于职业角色的个体责任理念已经无法与当前的科技活动的实际运行相协调了。由于现代科技和工程的发展在根本上是一项集体的乃至全社会的活动，责任的承担者就不仅仅是科学家、工程师，而涉及政策决策者、产业界乃至作为消费者和使用者的广大公众。而且，现代科技的社会效应具有累积性，往往不可预见。由此，科技的社会责任由谁来承

---

① Carl Mitcham, "Co - responsibility for Research Intergrity", *Science and Engineering Ethics*, Vol. 9, No. 2, 2003, pp. 278 - 279.

② René Von Schomberg, *From the Ethics of Technology towards an Ethics of Knowledge Policy & Knowledge Assessment: A Working Document from the European Commission Services*, Brussels: European Commission, 2007, p. 10.

③ [英] 约翰·齐曼：《元科学导论》，刘珺珺、张平、孟建伟等译，湖南人民出版社 1988 年版，第 199 页。

④ Carl Mitcham, "Co - responsibility for Research Intergrity", *Science and Engineering Ethics*, No. 2, 2003, p. 280.

担、如何去实现，变得格外复杂。建立在个体主义建设基础上的传统西方伦理学，却总是试图把事情归结为单一的原因，把责任归结为个体的责任。显然，这已经无法破解现代科学共同体的责任困境了。我们需要彻底转变既有的"责任"概念。

二　责任伦理学的启示与不足

面对科学共同体承担其社会责任的困境，哲学界做出了各种回应。一类强调我们必须接受角色责任多元主义，即今天每个人都占据着和代表着多种角色。人们为了化解两个或多个角色之间发生冲突时带来的伦理困难，做出了各种努力，包括：避免或杜绝在作为科学家和作为公司雇员或某个利益群体成员之间的潜在冲突；询问处于某些情况下的技术专家，在何种程度上具有作为告发者的责任。另一类回应则将出乎意料的后果视作为发达的"技科学"世界构建新的总体伦理原则的推动力。一种奠定在责任原则基础上的"责任伦理学"就是这类回应中的突出代表。①

"责任伦理"（Verantwortungsethik）这一概念最早是德国社会学家韦伯（Max Weber）于1919年在题为"以政治为志业"的演讲中首次提出的。韦伯区分了"责任伦理"与"信念伦理"（Gesinnungsethik）② 的概念。韦伯认为，恪守"信念伦理"的行为，即宗教意义上的"基督行公正，让上帝管结果"。在信念伦理的信奉者那里，如果由纯洁的信念引起的行为导致了罪恶的后果，那么，罪责并不在他，而在于这个世界，在于人们的愚蠢，或者，在于上帝的意志让他如此。与此不同，遵循"责任伦理"的行为，则必须顾及自己行为的可能后果，而不会认为可以让别人承担他本人的行为后果。③ 韦伯呼吁，人们不仅要为自己的目标做出决定，而且要敢于为自己行为的后果承担责任。为此，他认为责任伦理优先于信念伦理。

---

① Carl Mitcham, "Co – responsibility for Research Intergrity", *Science and Engineering Ethics*, Volume 9, No. 2, 2003, p. 275.

② 甘绍平将此译作"良知伦理"，本书根据"Gesinnung"一词在德文中的原意，参照冯克利的译法，译作"信念伦理"。

③ ［德］马克斯·韦伯：《学术与政治：韦伯的两篇演说》（第2版），冯克利译，生活·读书·新知三联书店2005年版，第107—108页。

韦伯尖锐批评的"信念伦理"概念，实际上就是古典哲学中以康德为代表的片面强调动机和原则却完全不顾后果的"责任"理念。不过，韦伯对"责任伦理"的呼吁，针对的是当时政治家只讲权力运用而不考虑行为后果的现象，还没有真正触及伦理学领域。

真正的、世所公认的对"责任伦理"的建构做出贡献的是德裔美国伦理学家约纳斯（Hans Jonas）、德国伦理学家伦克（Hans Lenk）和美国伦理学家雷德（John Ladd）。

汉斯·约纳斯对责任伦理的形成贡献最大。他非常明确地将"责任"视作技术时代人类应对挑战的基本伦理概念，拓展了整个伦理学的视野，开创性地把"责任伦理"打造成了科技时代独有的伦理。

作为一名宗教哲学家，约纳斯继承了西方宗教伦理传统中对"责任"一词的理解，即"人行善就是指他充当应上帝召唤而负责任的人……就我们回答上帝对我们的启示而言，我们的行为是自由的……因此人的善总是在于责任"①。在此基础上，约纳斯首先将技术确认为伦理学研究的对象。他争辩说，"技术是人的权力的表现，是行动的一种形式，一切人类行动都受道德的检验"，所以，"伦理学必须在技术事件中说点什么"②。

接下来，约纳斯分析了"责任"概念在当今技术时代重回伦理学舞台的必然性。他指出，在社会的、政治的和前现代技术的行为中，知识和力量的范围狭小，所以，在先前的伦理学理论中责任并不是一个中心概念，而仅仅是"知识和力量的函数"③。可是，"技术在今天已经延伸到了几乎一切与人相关的领域——生命与死亡、思想与感情、行动与遭受、环境与物、愿望与命运、当下与未来，简言之，技术已成为地球上全部人类存在的一个核心且紧迫的问题"。更为重要的是，"现代技术及其产品遍布全球，其累积的效果可能延伸到无数后代"④。如此新颖规模的行动、

---

① ［美］卡尔·米切姆：《技术哲学概论》，殷登祥、曹南燕译，天津科学技术出版社 1999 年版，第 93 页。

② ［德］汉斯·约纳斯：《技术、医学与伦理学：责任原理的实践》，张荣译，上海译文出版社 2008 年版，第 24 页。

③ Hans Jonas, *The Imperative of Responsibility: in search of an ethics for the technological age*, Chicago: University of Chicago Press, 1984, p123.

④ ［德］汉斯·约纳斯：《技术、医学与伦理学：责任原理的实践》，张荣译，上海译文出版社 2008 年版，第 1 页、第 27 页。

目的和结果被现代技术引入，使得从前的伦理学不能将它们整个儿包容进来。从前的伦理学不必考虑人类生活的地球环境和遥远的未来，甚至种族的存在。但是现在，技术的力量使"责任"特别是对未来的责任成为必需的新原则。①。面对现代技术力量的突飞猛进，约纳斯认为，我们需要做出的伦理学创举是：以长远、未来和全球化的视野探究我们的日常、世俗—实践性决断，让"责任"这个范畴前所未有地回到伦理学舞台的中心。②

此外，约纳斯还认识到，技术时代伦理学的对象不再是单一具体的个人行为，而是以因果的方式影响到遥远未来的社会化集体行为。为此，约纳斯以父母对子女的非对等关系为例，论证我们有必要在时空上拓展传统伦理学的范围，从只考虑日常人际关系的"邻人伦理"拓展为顾及自然和未来后代的"总体状况的伦理"、"远距离的伦理"。这种新型伦理的目标及着眼点，不是追求最大的善，而是避免极端的恶。正如约纳斯所言，"人的'第一律令'是不去毁灭大自然通过人类使用它的方式所获得的东西"③。

同一时期关注科技时代责任问题的还有德国哲学家汉斯·伦克。伦克声称他比约纳斯更早地提出了责任伦理。他分析了工程技术领域的六大变化趋势④后指出，除了传统的因果责任之外，人们还应该为了"人类的未来存在，以及子孙后代"承担起关爱性的保护与预防原则。⑤

雷德进一步阐释了"责任伦理"与传统伦理学的不同。首先，传统的责任概念被划归为法律责任，是一种担保责任或过失责任，它以追究少

---

① Hans Jonas, *The Imperative of Responsibility*: *in search of an ethics for the technological age*, Chicago: University of Chicago Press, 1984, p. 50.

② ［德］汉斯·约纳斯：《技术、医学与伦理学：责任原理的实践》，张荣译，上海译文出版社 2008 年版，第 27 页。

③ Hans Jonas, *The Imperative of Responsibility*: *in search of an ethics for the technological age*, Chicago: University of Chicago Press, 1984, pp. 129－130.

④ 这六大趋势是：（1）技术措施及其副作用影响到的人数剧增；（2）自然系统开始受到人类技术活动的干扰甚至支配；（3）人本身也受到技术的控制，不仅通过药理作用、通过大众媒体对潜意识的影响，而且潜在地受到基因工程的影响；（4）信息技术领域技术统治趋势加强；（5）能够意味着应当的"技术命令"大行其道；（6）我们对人类以及自然系统的未来具有重大的影响力。参见朱葆伟《工程活动的伦理责任》，《伦理学研究》2006 年第 6 期，第 39 页。

⑤ 朱葆伟：《工程活动的伦理责任》，《伦理学研究》2006 年第 6 期，第 36—41 页。

数或唯一的过失者、责任人为导向。今天，这种责任概念已经无法满足时代需求。因为事物之间的因果关系往往不是一一对应的单向线形链，而是错综复杂的。一个原因可能产生多种结果；一种结果也可能由多种原因共同造成。当今社会运行系统较之以往更为复杂，一个后果很难被简单地归溯成单线的、单一原因的责任。所以，不同于以个体行为为导向的旧责任模式，"责任伦理"中体现的新责任模式是发散性的，以许多行为者参与的合作活动为导向。其次，随着科技的飞速发展，人类对自然的干预能力越来越巨大，后果也越来越危险。许多干预自然进程的行为，其后果既危险又无可挽回。在这种情况下，如果我们仅仅在事后去追究责任，那么，一切都为时过晚。为此，我们有必要发展出一种新的责任意识，即"预防性的责任"（Vorsorgeverantwortung）、"前瞻性的责任"（Vorausverantwortung）或"关护性的责任"（Fuersorglichekeitverantuwortung）。新的责任模式与旧的责任模式的第二个不同就在于：旧的责任模式代表一种事后责任，专注于过去发生过的事情，是一种消极性的责任追究；而新的责任模式代表着一种事前责任，以未来要做的事情为导向，是一种积极性的行为指导。①

综合上述约纳斯、伦克和雷德的见解，与传统的西方伦理学相比，可以把"责任伦理"的新颖之处概括成两点：一是前瞻性的远距离伦理；二是整体伦理。

第一点约纳斯本人已经阐述得十分清楚。传统伦理学，不论是义务论、后果论乃至美德伦理学，都将道德对象限定在现实中那些活着的、有思维能力的人身上；约纳斯等人则基于当今科技对自然侵害所造成的全球性后果，推及当代人对自然的掠夺会殃及我们后代的生存基础，从而将道德对象在时间上从当代人拓展到了未来人，在空间上从人类社会推广到了自然和生物圈。更重要的是，约纳斯、雷德等人倡导的责任理念是一种前瞻性的、关护式的责任模式，与传统的追溯性责任、过失性责任类型完全不同。就此而言，约纳斯等人的责任伦理学说掀开了当代伦理学的新篇章。尽管在具体论证上还不够严密，但是，"责任伦理"的理念已经为当

---

① 参见甘绍平《忧那斯等人的新伦理究竟新在哪里?》，《哲学研究》2000 年第 12 期。

代大部分伦理学家所肯定。①

　　就纳米伦理研究而言，当前纳米技术本身的发展还处于襁褓之中，我们就去探讨潜在的有关伦理和社会议题，从根本上说，这正是基于约纳斯等人的这种远距离伦理观，基于对自然和未来人的前瞻性、关护性的责任。正如约纳斯等人告诉我们的那样，面对强大的技术力量，我们决不能被所谓的"我们只能无助地听命于客观必然性"的说教所诱导。尽管我们无法担保最终的结果，但可以肯定的是，人们不去努力便一定会造成灾祸。而这灾祸是我们本来能够预见并且应当阻止的。② 这就要求纳米科学研究共同体在从事研究项目时，不仅要考虑到想要达成的积极结果，而且，还要考虑到可能发生的负面结果。就此而言，"责任伦理"为我们在纳米技术发展早期开展伦理研究提供了深刻了思想基石。

　　至于第二个论点，三位伦理学家的论证则都有些模棱两可。以约纳斯为例，一方面，他已经意识到，"现代技术文明在伦理学上提出的重大问题中的绝大部分成了集体政治的事业"，③ "我们"已经取代单个的"我"成为应对科技发展后果的行为主体；另一方面，约纳斯似乎仍深受传统伦理学的影响，将着眼点更多地放在个体行为上，而没有对责任伦理的整体性特点做出细致探讨，没有深入论证我们应该如何去行动。这一点遭受了很多批评。例如，德国学者维兰德认为，责任伦理学缺乏像法律系统那样的制裁机制，难以发挥作用。因为，在现实世界中，谁也不能指望人们在没有任何反馈和制裁的可能性这种情况下，仅仅是为了履行伦理义务而去承担责任。④ 这一批评十分中肯。它不仅适用于责

---

　　① 责任伦理的提出，在很大程度上是为了应对科技发展后果对人类的持续生存所形成的巨大威胁，它试图借助于"责任"原则，唤起作为一个整体的行为主体的危机意识，从而为防止人类的共同灾难寻求一条出路。因此，在责任伦理这里，对实际问题的兴趣远远超出了对伦理规范的严密论证方面的理论兴趣。具体到约纳斯本人，作为一名宗教学者，他大体上是基于一种前理论的直觉去提出责任伦理的，所以，他对责任原则从未进行过非常严格的哲学论证。但是，面临现实危机，我们决不能等哲学家们论证清楚了才去行动（哲学史上似乎从来也没有哪个问题可以说完全被论证清楚了）。

　　② 甘绍平：《优那斯等人的新伦理究竟新在哪里？》，《哲学研究》2000 年第 12 期。

　　③ ［德］汉斯·约纳斯：《技术、医学与伦理学：责任原理的实践》，张荣译，上海译文出版社 2008 年版，序言。

　　④ 甘绍平：《应用伦理学前沿问题研究》，江西人民出版社 2002 年版，第 131 页。

任伦理，也适用于所有抽象的伦理学理论。随着时代的发展，伦理学如果仅仅停留在传统的启迪心智、召唤良知的层次上，那它在当今激烈的竞争社会里的确不可能发挥多大的作用。今天的应用伦理学需要积极地探索道德的机制化问题。与此同时，现代技术发展的匿名性和无主体性使得我们无法规定技术发展责任的具体主体。而如果不能具体规定对技术发展负责的主体，那么技术伦理学就成了没有受众的道德说教。若是在现代技术发展面前，责任伦理学就大有变成单纯的责任号召的危险。① 事实上，这一点不仅仅遭到了伦理学界一些学者的批评，更为研究技术实际社会运行机制的技术评估学者所批判。不少从事技术评估研究的学者毫不留情地指出，伦理学并不是很了解技术和技术发展过程，不了解"真实的世界"，只能提供一般性的（appellative）建议，所以，伦理学的进路不满足具体实践的要求，不具备任何在实际中应用的力量，没有实际的结果。②

总之，"责任伦理"的倡导者们虽然直面现代技术的风险，拓展了"责任"的内涵，成功地让"责任"重归当代伦理学的舞台中央。但是，他们只是笼统地告诉我们，面对科技的庞大力量，我们需要对自然、对未来人承担一种如父母关护子女般的前瞻性、关护性的责任。他们并没有为我们提供一个清晰的价值系统和价值观念的体系，我们无法从中直接得出一个具体的、有针对性的行为导向。可以说，我们只是窥见了在现实中应当如何更好地承担责任的一丝灵光。由于缺乏清晰的纲领，这里甚至存在生搬硬套的危险。倘若粗糙地将这一责任模式套用到纳米技术的发展上，我们有可能陷入对未来臆测的极度恐慌，而有失偏颇地叫停所有具备毁灭世界潜能的技术。这一点在纳米技术早期的伦理争论中已经展现出来。

由此可见，"责任伦理"只是为我们求得科技时代"责任"的新解提供了一个大致构架，我们还需要更为精细的操作机制，对"整体责任"

---

① ［德］格鲁恩瓦尔德：《现代技术伦理学的理论可能与实践意义》，白锡译，《国外社会科学》1997 年第 6 期，第 9—13 页。

② Armin Grunwald, "Technology Assessment or Ethics of Technology? Reflections on Technology Development between Social Sciences and Philosophy", *Ethical Perspectives*, Vol. 6, No. 2, 1999, pp. 170 – 182.

的概念做出进一步的阐发，让责任伦理的智慧机制化、结构化，才能在具体的科技发展实践中使之真正闪耀出光芒。

第三节　共同前瞻风险的努力：伦理参与

汹涌而来的新兴技术发展给我们带来了巨大的不确定性和潜在风险。然而，前文中的论述表明，在当代科技的运行过程中，相应的后果已经不是科学共同体所能单独承担的。责任伦理学的探索也表明，履行伦理责任并非是一个人的事情，而是一件集体性的事业。从这个意义上说，应对纳米技术等新兴技术的伦理问题，必然是一项所有的利益相关者都要参与进来的共同事业，我们不仅要打破伦理议题研究的学科界限，更要走出由技术专家单独决定科技发展的藩篱，实现从"伦理学"到"伦理研究"再到"伦理参与"的跃迁。但是，具体如何实现，还需要借鉴新的理论思路。

一　科技发展的"共同责任"

美国技术哲学家米切姆认为，我们不仅应该承担起某一角色本身所赋予的责任，还应该批判性地反思角色本身所体现的关切及其体现的方式。我们需要超越宣称科学自主性的有限责任，迈向与受到科学支持又支持着科学发展的社会上的其他公民合作的责任，即"共同责任"（co - responsibility）。所谓的"共同责任"包括公共争论与技术评估两个部分。

对于公众争论，米切姆认为，单独基于角色责任的默顿式科学规范已经不够了。共同责任的伦理学需要努力通过两种跨学科性来扩展学科角色责任：首先是在广度上的跨学科。要跨越自然科学内部的界限和跨越自然科学与人文社会科学之间的界限，让多个学科和专业，而不仅仅是与科学技术相关的专业，参与到有关科学技术发展的公共争论中。其次是在深度上的跨学科。为了评估和平衡不同的角色责任，各种公众参与和对话以及跨文化的兴趣有时候是必需的。因此，共同责任包括开放的（甚至是国际化的）公众争论，所有的公民都有义务参加。公民争论成为共同责任实现工具的另一个原因在于，让任何一个个人去承担集体的（尤其是"技科学"）行动的后果或者负面效应是不道德的，甚至是不合理的。然而，我们可以要求每个人参与到公众争论中，或者，至少将此作为让个人获得宽恕的初级责任。每一个参与技科学行动的人都肩负着参与形塑这一行动的集体争论的道德责任。

对于技术评估，米切姆认为，关于角色责任和科学政策的角色公众争论，应该建立在对各种技术应用潜在影响的独立而专业的评估基础之上。由于科学家与非科学家公民之间的公共交流在很多情况下还不足以具体澄清其他科学研究战略的挑战，因此，还需要各种分析的、经验的和商议的体制化过程去补充一般的公共争论，为不同社会领域之间的交流提供信息。①

欧盟委员会研究总署治理与伦理部（Governance and Ethics Unit, Direct General Research，European Commission）的热内·冯·朔姆伯格（René von Schomberg）博士也提出了"共同责任"的理念，并对米切姆的观点做了更加细致的阐释和补充。他认为，共同责任的实现至少有四个特征和要求。

第一，包括个人反馈的公众争论。他补充米切姆的观点说，公众审议（public deliberation）的目的并不在于达成一个合理的公式，而在于让不同的相关议题在多少是独立的社会亚系统（例如，政治、法律、科学等）面前呈现出来。这些亚系统对公共确认和澄清的议题做出的恰当回应，构成了一个成功的社会—伦理回馈。反过来，当议题的某些方面无法在亚系统的专业对话中获得有效解决时，负责任的亚系统又将驱动新的公众争论。在独立的亚系统和具有批判意识的公众之间不断展开的互动，为对立的利益、利益相关者或者文化偏见之间僵化的社会矛盾提供了一剂良药。

第二，各种超越个人的评估机制。朔姆伯格认为，共识会议、公司的伦理章程以及国家伦理委员会等都代表了重要的实验，能够让公民在技术决策制定语境中成为共同的责任主体。

第三，法治的转变（constitutional change）。朔姆伯格指出，集体的共同责任最终会带来法制上的变化。尤其是新的公众争论形式的启动和超个人的科学技术评估过程的发展，都会带来法治上的变化。例如，在欧洲协

---

① Carl Mitcham, "Co-responsibility for Research Intergrity", *Science and Engineering Ethics*, Volume 9, No. 2, 2003, p. 281.

议中描述的"预防原则"现在也成了引导重要国际环境审议的原则。

第四,知识评估。在朔姆伯格看来,所有复杂的技术创新都被科学的不确定性和某些方面的无知包围着。与其说我们是在应对技术的伦理学,不如说我们应对的是在不同社会层面发生的知识转移的伦理学。由于知识的质量在很大程度上决定了我们运用知识的成功与否,所以,我们需要对知识的质量进行评估,力争在早期识别出社会问题和新知识需求。①

总之,鉴于风险的不确定性,无论如何都不能将发展纳米技术的决策权交给市场。② 所有人,包括消费者、专家、政治家、伦理学家以及技术后果评估机构都有责任。

二 从治理到伦理治理

(一) 治理

英语中"治理"(governance)一词源于拉丁文和古希腊语,原意是控制、引导和操纵。长期以来,它与"统治"(government)一词交叉使用,并且主要用于与国家公共事务相关的管理活动和政治活动。③ 自20世纪90年代以来,从经济学、国际关系学、组织社会学到发展研究、政治科学、公共管理等,多个学科领域中掀起了有关"治理"的争论,赋予了"治理"以新的含义。当前,从公司到国家,"治理"一词几乎被用于所有领域。相关的学术文献也是包罗万象、支离破碎的。不同的学科从不同的角度对"治理"下了不同的定义。

尽管"治理"一词缺乏清晰定义,但是,大多数学者讨论"治理"概念时,都会以"统治"向"治理"的转变开始。

罗茨(R. Rhodes)在《新的治理》一书中指出,"治理"意味着"统治"的含义有了变化,意味着一种新的统治过程,意味着有序统治的

---

① René Von Schomberg, *From the Ethics of Technology towards an Ethics of Knowledge Policy & Knowledge Assessment: A Working Document from the European Commission Services*, Brussels: European Commission, 2007.

② [德] 胡比希:《不能将发展纳米技术的决策权交给市场》,王国豫译,《中国社会科学报》2010 年 9 月 21 日 (http://sspress.cass.cn/paper/13588.htm)。

③ 俞可平:《引论:治理和善治》,载俞可平《治理和善治》,社会科学文献出版社 2000 年版,第 1 页。

条件不同于以前，或以新的方法来统治社会。①

英国学者里奥（Catherine Lyall）和泰特（Joyce Tait）更为详尽地指出，"治理"一词最常用的用法意味着，从先前的政府进路（一种自上而下的立法进路，力图以相当细致的分类方式来管制人们和机构的行为）转移到了治理进路（力图设定系统的参数，在这一系统中，人们和机构运转，通过自治达成意欲的结果）。更简单地说，即用情景化的"朝向……的权力"（power to）取代传统的"统治……的权力"（power over）。从治理的角度看，监管（regulation）是一个互动的过程，因为没有哪一个行动者具备单方面解决问题所需的知识和资源。在这个意义上，"治理"实质上指的就是非政府行动者在政策制定中角色日益壮大。国家从政策的主要提供者，变成了各种利益互动的推进者。政府日益扮演着协调者和引导者的角色。②

可以说，"统治"与"治理"的差别并不体现在结果中，而主要体现在政策制定过程之中。二者最基本的区别在于，治理虽然需要权威，但这个权威并非一定是政府机关，而统治的权威必须是政府。统治是政府运用政治权威，通过发号施令、制定政策和实施政策，对社会公共事务实行单一向度的管理。而治理则是建立在市场原则、公共利益和认同之上的一个上下互动的管理过程，它主要通过合作、协商、伙伴关系、确立认同和共同的目标等方式实施对公共事务的管理。③

1995 年，联合国全球治理委员会（The Commission on Global Governance）对"治理"做了比较权威的界定：

> 所谓治理是各种公共的或私人的个人和机构管理其共同事物诸多方式的总和。它是使相互冲突的或不同的利益得以调和并采取联合行

---

① 俞可平：《引论：治理和善治》，载俞可平《治理和善治》，社会科学文献出版社 2000 年版，第 2 页。

② Catherine Lyall, Joyce Tait, ed. , *New Modes of Governance: Developing an Integrated Policy Approach to Science, Technology, Risk and the Environment*, Burlingtong: Ashagate Publishing Company, 2007, pp. 3 - 5.

③ 俞可平：《引论：治理和善治》，载俞可平《治理和善治》，社会科学文献出版社 2000 年版，第 1—15 页。

动的持续过程。这既包括有权迫使人们服从的正式制度和规则，也包括各种人们同意或认为符合其利益的非正式的制度安排，它有四个特征：治理不是一套规则，也不是一种活动，而是一个过程；治理过程的基础不是控制，而是协调；治理既涉及公共部门，也包括私人部门；治理不是一种正式的制度，而是持续的互动。①

很多西方的政治学家和管理学家认为，治理可以有效弥补国家和市场在调控和协调过程中的不足。正如法国学者阿里·卡赞西吉尔所指出的那样：在现代社会的各个子系统和网络日趋独立的情况下，治理的实现，除了政府机关和各种机构外，还需要公共社会的参与以及各种利益集团、网络以及部门间的协商。这种模式既强调了公共政策制定中的纵横协调，也强调多元和不统一。所以，治理更能应付千差万别的现代社会中的决策问题。②

（二）科技的治理

近些年来，不仅在政府公共政策决策领域发生了由统治向治理的过渡，科学知识生产的政治和社会经济环境也发生了转变。

早在 20 世纪四五十年代，很多科学政策还是建立在所谓的"线性模型"——从科学到技术应用，再到社会收益——基础上。这一模型的主推者布什（Vannevar Bush）认为，我们应该给予科学家各种所需的资源，并且尽量不去干扰他们，让他们去决定如何最好地利用这些资源；科学共同体则以自主管理和科学产出率保证研究让社会和经济广泛受益。这被称作科学的"社会契约"。然而，"一战"之后，科学家的内部反思与公民社会和国家的外部行动重塑了科学与社会之间的关系。

首先，医学共同体开始影响并将公众的担忧通过知情同意原则的实施内化起来，1947 年《纽伦堡法典》和 1964 年《赫尔辛基宣言》的公布即是体现。1955 年发布的《爱因斯坦—罗素宣言》，呼吁科学家们要参与公共事务，以便将核战争的危险告知公众，也表明科学家和工程师对核武器

---

① 俞可平：《引论：治理和善治》，载俞可平《治理和善治》，社会科学文献出版社 2000 年版，第 4—5 页。

② ［法］阿里·卡赞西吉尔：《治理和科学：治理社会与生产知识的市场式模式》，载俞可平《治理与善治》，社会科学文献出版社 2000 年版，第 127—147 页。

危险的积极回应。与此同时，一些生物学家和环境科学家也开始日益关注新化学物质释放到自然环境中的影响。卡逊（Rachel Carson）于 1962 年发布的《寂静的春天》，激发了环境运动的产生，并导致了环保部门的建立。环境研究与管理由此同食品和药品监管一起，成为科学和治理互动的主要场域。

20 世纪 70 年代以来，一系列受人关注的技术灾难，如飞机爆炸、石油泄漏、博帕尔化工厂爆炸、切尔诺贝利核电站爆炸等，加上 80 年代以来不断曝光的科研造假丑闻，日益动摇了公众对科学技术自身评估和管理风险能力的信心，科学家管理知识生产的自律能力也受到了质疑，传统的"科学家内部自治"的观点逐渐瓦解，科学知识生产过程的社会控制则逐步加强。

20 世纪 90 年代以来，生物技术和医学的发展，例如干细胞和基因库，比传统管理这些科学的政策和管理体系本身发展得还快。新产品类型彻底跨越了传统的监管体系。新技术与新的商业压力，连同人们古老的愿望（如移动性）一起，导致了没有哪一个单独的行动者群体、利益相关者或者管理者具有影响这一变化的动力或能力。[1]

吉本斯（Michael Gibbons）等人的研究分析了上述科学知识生产方式的转变，认为这种转变的基本特征是：科学走向市场，知识本身成为买卖的商品。科学知识生产模式的改变使得科学研究成为社会经济发展的重要组成部分，科学知识成了解决问题的工具、"听使唤"的真理。[2] 在这种所谓"模式 2"的新知识生产模式下，专业知识遭到社会、经济、技术变化所带来复杂性和不确定性的挑战；决策者对于专家们拿不出减少风险不确定性的建议表示不满；公众则认识到，专家和政策制定者事先就有着说不清楚的关系。科技专家及专业知识信誉的损害，导致了公众不再信任科技政策的专家统治，不再信任他们过去在科技政策领域所具有的能力。

总之，传统的科学与社会契约关系发生了根本性的改变，人们开始寻

---

① Catherine Lyall, Joyce Tait, "Shifting Policy Debates and the Implications for Governance", In Catherine Lyall, Joyce Tait, *New Modes of Governance: Developing an Integrated Policy Approach to Science, Technology, Risk and the Environment*, Burlingtong: Ashagate Publishing Company, pp. 1 –17.

② 转引自［法］阿里·卡赞西吉尔《治理和科学：治理社会与生产知识的市场式模式》，载俞可平《治理与善治》，社会科学文献出版社 2000 年版，第 127—147 页。

求"专家统治"之外新科技监管模式。在科技创新政策领域，资助者和监管者都开始意识到，科技的创新远非是线性的。预想的技术应用正驱动着基础研究，创新总是发生在科学家、工程师、政府、私人公司、金融投资者、用户和其他人等所构成的互动网络中。以往，我们大大低估了他们有效形塑科学事业的能力；最近，欧美则越来越考虑怎样才能为了更广阔的公共福祉去形塑技术创新。①

进入新世纪以来，欧盟召开了一系列有关"科学治理"的会议，并发布了相关的文件。

2000 年 10 月，在比利时布鲁塞尔，欧盟召开了名为"知识社会中的科学与治理：欧洲的挑战"（Science & Governance in a Knowledge Society：The Challenge for Europe）的会议，主题是"走向科学、公民和社会之间的新联盟"，来自欧洲各国的 450 名代表参加了会议。

2001 年，欧洲委员会发表了题为"欧洲治理"的白皮书，把"科学治理"作为"欧洲治理"一个重要的部分，力图"打开政策制定过程，让更多的人和组织参与到欧洲政策的形成和发布之中"②，以期建立共同的欧洲身份和欧洲公民身份。

2002 年，欧洲委员会发表了《科学与社会行动计划》，作为实施白皮书的行动计划。

2007 年，欧盟科学和治理专家组提交给欧盟的报告《认真对待欧洲知识社会》（Taking European Knowledge Society Seriously）争辩说，我们需要新的进路来识别创新的民主治理。公众争论不仅仅对于应用科学和技术的影响是恰当的，对于科学过程和创新路径（trajectories of innovation）来说也是合适的。我们需要从风险治理推广至创新治理。③

同样，"科学与治理"议题在美国也受到很高的重视。近几年，美国

---

① David Guston, "Innovation Policy – Not just a Jumbo Shrimp", *Nature*, Vol. 454, 2008, pp. 940 – 941.

② CEC (Commission of the European Communities), *European Governance*：A White Paper. Brussels：*European Commission*, Brussels, 2001, p. 3.

③ Ulrike Felt and Brian Wynne et al., *Taking European Knowledge Society Seriously*：*Report of the Expert Group on Science and Governance to the Science*, *Economy and Society Directorate*, Brussels：European Commission, 2007.

科学促进协会（AAAS）科技政策年会上，包括国务卿在内的政府高级官员也曾就科学与治理议题（集中在科技对外交政策的影响）发表演说。

于是，"治理"理念被引入欧美科技政策制定过程中，以描述科学、技术和政治之间不同的特性、流动的合作和互惠的影响，特别强调民主参与、科学和广大的社会问题之间的关系，以及政治冲突和争论的解决办法。就社会技术网络而言，"治理"就是允许一种更流动的、杂交的方式考察具体问题的出现、发展和解决，而不是将讨论限制在预定的"科学"或"政治"领域中。① 易言之，科技的治理实质在于发展一种各有关利益方（政府、科学界、企业、社会团体、公众等）相互协调的机制，使科学走向民主化，确保科学为人民的健康和福利服务。②

（三）伦理治理

前文中的论述表明，与统治相比，治理是一种内涵更为丰富的现象。它既包括政府机制，同时也包含非正式、非政府的机制。各种人和各类组织等得以借助这些机制满足各自的需要，实现各自的愿望。治理的实质在于，它强调的是机制，强调的是不同社会角色为了共同目标的协调行为，而不是自上而下的权威和制裁。③

根据这一思想，在欧美科技（主要是在生物医学技术）的治理议题研究过程中，一种叫作"伦理治理"（Ethical Governance）的理念被提了出来，即对于涉及不同意见和观点的生命伦理问题，可以用各种方式或机制把政府、科研机构、医院、伦理学家（包括法律专家、社会学家等）、民间团体和公众带到一起，发挥其各自的作用，相互合作，共同解决面临的生命伦理问题以及社会和法律问题。④

2008 年，世界卫生组织发布了一份论坛报告，将"伦理治理"界定成一个政策概念，认为这一概念支撑了公平、公正、透明和负责任的政策

① Alan Irwin, "STS Perspective on Scientific Governance", In Edward J. Hackett, Olga Amsterdamska, Michael Lynch, Judy Wajcman, ed. , *The Handbook of Science and Technology Studies* (3rd ed), Cambridge, Mass: MIT Press, 2008, pp. 583 – 607.

② 樊春良：《科学与治理的兴起及其意义》，《科学学研究》2005 年第 1 期，第 7—13 页。

③ 樊春良、张新庆、陈琦：《关于我国生命科学技术伦理治理机制的探讨》，《中国软科学》2008 年第 8 期，第 60 页。

④ 樊春良、佟明：《关于建立我国公众参与科学技术决策制度的探讨》，《科学学研究》，2008 年第 5 期，第 897—903 页。

制定进路，因而有助于改善健康系统。①

2010 年，在为期三年（2006—2009 年）的中欧合作项目 BIONET 专家组报告中，针对生物医学技术的发展，"伦理治理"的概念被概括成以下几个方面：（1）法治（rule of law）：监管结构到位，伦理建制得以确立，法律获得实施，规章与伦理大纲得到保障；（2）科学实践、医学应用、生物医学研究与研究的转化、资助过程要透明；（3）责任性（accountability）：清晰界定谁在什么情况下负责什么，具有什么后果；（4）尊重生物医学研究中的人权；（5）参与决策制定；（6）在研究与医院的设置中杜绝腐败。这份报告还指出，"伦理治理"一词更加具体地应对了促进民众福利的公正与平等问题，强调的是通过建立机制或者学科（discipline）来确保伦理的程序的重要性。"伦理治理"的核心是要建立一套伦理的程序，而不是确定实质性的教义，去培养有关的能力并维持主要成员（players）的附着力（adherence）。更加具体地，"伦理治理"明确了一套可以维系多元利益相关者政策对话的程序。②

综上所述，"伦理治理"的实质在于，通过吸收"治理"对公正、民主的多元对话和协商机制的强调，促使有关的各个利益相关者都参与到努力解决科技发展的社会和伦理议题的过程中。

三　治理框架下的共同责任实现机制：伦理参与

前文中，本书论述了"共同责任"的理念，作为化解科学共同体承担社会责任困境的新思路；同时，在本章第三节的第二部分，本书介绍了在西方公共政策研究领域新兴的"治理"理念，作为加强伦理机制化的新视角。

综合上述的新见解，本书尝试性地提出：我们需要结合 STS 对技科学发展的研究成果，以"责任伦理"的理念为导向，通过各种协调机制和

①　WHO（World Health Organization）, *Eleventh Futures forum on the ethical governance of pandemic influenza preparedness*, 2008, http：//www. euro. who. int/en/what－we－publish/abstracts/eleventh－futures－forum－on－the－ethical－governance－of－pandemic－influenza－preparedness.

②　BIONET Expert Group Report, *Recommendations on Best Practice in the Ethical Governance of Sino－European Biological and Biomedical Research Collaborations*, 2010, http：//www. bionet－china. org/pdfs/BIONET% 20Final% 20Report1. pdf, pp. 31－32.

程序，让伦理的维度参与到新兴技术发展的实际过程之中，以便共同应对（新兴）科技发展给人类带来的巨大不确定性风险。所有这些理论的和实践上的努力，不妨称之为新兴技术的"伦理参与"（ethical engagement）。

"伦理参与"这一词语源自欧盟第六框架计划资助的"DEEPEN"（Deepen Ethical Engagement and Participation in Emerging Nanotechnology）项目。该项目旨在全面理解新兴的纳米技术对现实世界的伦理挑战，以及对公民社会、对治理和科学实践的影响。本书借用这个词语，旨在通过吸纳其他研究领域中的成果，突破传统的伦理（学）在事后被动反思科技发展的后果、在事前草率拒斥科技的困境，让伦理从静态的理论探究转变成具有实践效力的动态行动，参与到技术的社会形塑过程之中。

（一）"伦理参与"中的伦理维度

首先，在当代伦理学研究中，伦理一般被定义成对道德（morality）冲突的反思。例如，荷兰学者斯维斯特拉认为：日常情境中，道德是作为自明的、无须反思的实践常规而存在的。只有当人们不遵守这些常规，当常规之间的冲突涌现、出现道德困境，或者当它们无法令人满意地回应新问题的时候，我们才意识到这些道德常规。此时，道德就转变成了伦理。伦理就是对道德的批判性反思。伦理学是"热"的道德，道德是"冷"的伦理学。[1] 基于此，德国学者格林瓦尔德在分析伦理学在工程实践中的作用时宣称，伦理是根据规范一般性的主要标准做的反思，是在选择个体"好的生活"时，超越多元主义，以便为了公共利益而建立和证明原则与过程。道德则是在事实上引导我们行动和决定的规范。唯有我们的道德信念与其他人发生冲突的时候，才进入对话层面，产生伦理反思。[2]

本书认同这种对"伦理"本质的理解。笔者认为，正如 STS 的研究所表明的那样，科技发展的路径是有选择性的，并不是完全由市场的力量来决定的。所以，科技发展过程中存在伦理维度，并不是对科学研究自由的排斥，而是对当前科研运行所依赖的各种价值系统的调节。在社会—技术

---

① Tsjalling Swierstra, Dirk Stemerding and Marainne Boenik, "Exploring Techno – Moral Change: The Case of the Obesity Pill," In Paul Sollie, Marcus Düwellet al., eds., *Evaluating New Technologies: Methodological Problems for the EthicalAssessment of Technology Developments*, Springer, 2009, p. 123.

② Armin Grunwald, "The Applications of Ethics to Engineering and the Engineer's Moral Responsibility: Perspectives for a Research Agenda", *Science and Engineering Ethics*, No. 7, 2001, pp. 415 –428.

系统的视角下，技术并不仅仅是工具，而总是要虑及目的、手段的关系，"目的层次"（评价性的理性）总是在关于技术手段的讨论中扮演了重要的角色。所以，技术冲突通常并不仅仅是关于技术手段和工具的冲突，也是关于未来愿景的冲突，关于人类形象与社会的未来计划的冲突。这样，有关新技术的科学、政治和公众的争论总是趋近诸如"我们想生活在何种社会里"、"我们因此表明了怎样的人类形象"、"该形象在何种情形下是可欲的"等问题。在此情形下，技术冲突是伦理相关的政治冲突，因而带来了考虑伦理反思的必要。① 换句话说，技术发展之所以要经受伦理层面的审议，就是因为推动技术发展的一方同受到技术发展影响的一方②在道德信念上存在着直接的或潜在的冲突。有了冲突，就需要通过一套公正、民主的对话体系，去权衡不同的利益诉求，实现最大限度上的互利共赢。

实际上，这是现代西方社会运行的一个总体特征——现代西方社会可以说是一个以民主、商谈、参与为特征的公民社会。在这一社会背景下，道德思辨丧失了其绝对性的特征，而变成了对不同利益进行均衡、使各方利益与需求得以满足的中介，成为应对道德冲突、化解伦理悖论的工具。在应用伦理学的词典中，刚性的"真理性"概念逐渐为柔性的"合宜性"所取代，在"正确性"概念空出的位置上，出现的是"可行性"和"可操作性"等词汇。③ 所谓的"伦理参与"的"伦理"维度，继承的就是当代应用伦理学通过公正、民主的程序调节多元利益诉求的精神，呈现出协商性和权宜性的特征。

其次，就技术伦理研究的实践有效性来说，引入多元利益相关者磋商、对话的机制，让各利益相关者参与到技术发展的政策制定、实施过程，也是解决伦理考量脱离技术实践、缺乏可操作性的有效尝试。如果伦理考量是从外部强加给技术发展的，亦即有关的伦理陈述不是从参与者的观点出

---

① Armin Grunwald, "Against over‐estimating the role of ethics in Technology development", *Science and Engineering Ethics*, No. 2, 2000, pp. 181 – 196.

② 这是参照荷兰学阿里·里普的观点，对"科技发展的推动者"和"科技发展的控制者"做的一个粗略划分。参见 Arie Rip, Thomas J. Misa and Johan Schot, *Managing Technology in Society: The approach of Constructive Technology Assessment*, London: Pinter, 1995。

③ 甘绍平：《迈进公民社会的应用伦理学（卷首语）》，载甘绍平、叶敬德主编《中国应用伦理学（2002）》，中央编译出版社 2004 年版，第 1—19 页。

发的，而是从学术象牙塔里发出来的，那么，它与技术实践本身恐怕不会有什么关系。为此，格林瓦尔德呼吁，与实践有关的伦理学必须进入具体的语境和技术发展过程。伦理学的具体功能是为技术发展的参与者提供方法论上的建议，以便克服规范性冲突，而不是为他们设立必须遵守的抽象、一般的原则。与实践有关的伦理学不应该只是通称的（appellative），而是相当富有建议性的。伦理学不能为技术实践提供实质性规定，但是，它能帮助技术实践去决定采用哪些满足正当要求的规定。[1]

最后，与本书第二章第四节所论述的一致，需要强调的是，在新兴技术的"伦理参与"中，"伦理"并非上文中格林瓦尔德所使用的"伦理学"这一包含诸多争议的名词，而具有一种大伞状的包容性，它不仅可以指涉类似人类基因组 ELSI 研究的跨学科研究，甚至还将相关的 STS 以及技术评估研究冠之以"伦理"之名，涵盖了各种反思科技发展的社会后果的研究和活动。

更进一步，在当前科技发展实际的权力构架中，各种环境、安全和自主权议题实际上都是一些"代理问题"（proxy issues），具体问题的争论背后隐藏的是更深层的、更广泛的对现代政治—经济体系的批判。[2] 纳米技术的伦理问题，不仅事关伦理原则，也事关不再仅仅生产产品也生产权力和利益的技术所根植的经济世界所带给我们的挑战。[3] 在这个意义上，可以说"伦理参与"之"伦理"，不单单是一个名词，更是一个形容词，即"伦理的"（ethical）。作为一种警醒的力量，"伦理的"在一定程度上成了被以往线性科技发展模式所忽视的社会（公众）意见的代名词，彰显的是社会以及个人面临科技发展时拥有的多重选择权利，而不再完全听命于资本和市场的力量，为其所裹挟。所以，科技发展过程的伦理考量，

---

① Armin Grunwald, "Technology Assessment or Ethics of Technology? Reflections on Technology Development between Social Sciences and Philosophy", *Ethical Perspectives*, Vol. 6, No. 2, 1999.

② 关于转基因作物的伦理争论给我们带来的教训正是：不论环境和食品安全问题是多么重要，也不论消费者们担心什么东西会成为他们的盘中餐，如果所有这些问题的解决方案都只是那些跨国种子巨头所单独决定的，那么，这里就一定存在伦理担忧。

③ Jeffrey Burkhardt, "The Ethics of Agri‐food Biotechnology: How Can an Agricultural Technology be so Important?", In Kenneth H. David & Paul B. Thompson, ed., *What Can Nanotechnology Learn from Biotechnology? —Social and Ethical Lessons for Nanoscience from the Debate over Agrifood Biotechnology and GMOs*, Elsevier Academic Press, 2008, pp. 55 – 79.

并不仅仅局限于不同道德信念的冲突，也出现在规范性的力量（文化的、伦理的、政治的、哲学的等）同资本支持下的现代科技力量之间的冲突中。在这种情形下，本书将"伦理"理解成一种维度，是社会的、政治的、文化的和哲学的议题以及试图识别、分析和应对这些议题的努力的统称。在此意义上，所谓"纳米伦理"的含义也就被拓展成：其一，它为我们提供了反思标准的技术伦理评估框架的机遇；其二，它可以成为我们深入理解技术与社会之间复杂关系的方式；其三，它也为我们深刻反思当前科学技术政策制定过程的意蕴提供了时机。①

（二）"伦理参与"的参与层面

通过前面的论述，不难看到，从当代伦理学对"伦理"的定义上说，从增进伦理考量与技术发展之间互动的角度出发，更重要的，从当代伦理与政治经济体系之间不可避免的关联来说，现代科技时代的"伦理"都蕴含了"参与"的意味。

下面笔者将从时间和空间两个层面来论述"参与"的含义。

首先，在时间上，"伦理参与"体现为在技术发展的一开始就融入进来。以往，伦理学的考量和评估被放在技术研发的末端，即某个技术形塑过程完成了之后，甚至是负面影响发生了之后才去做伦理评估。

17世纪以来的经典科学形态假定，科学理论陈述和结论是否正确，以及实验室中的实验是否成功，都是独立于社会的科学共同体内部对知识的自由探索。然而，现代科学，不仅含有纯思辨的理论知识，而且也包含着有目的性的实际行为。"行动本身就已经是现代研究的一个部分了。"②具体来说，今天的科学研究在结构和功能上发生了巨大改观。第一，从科研活动的组织方式来看，科学研究在过去是有钱人资助的私人活动，而今天的科学则是由国家和产业界来资助的。由此，现代的科学研究不再以探索宇宙奥秘为唯一的目的，而从研究一开始就包含着市场和政策的目的，从而成为满足社会某种经济需求、体现社会某种政治意图的手段和工具。价值中立的"纯科学"理想越来越不可能。第二，科学研究活动的具体

---

① Arianna Ferrari, "Developments in the Debate on Nanoethics: Traditional Approaches and the Need for New Kinds of Analysis", *Nanoethics*, Vol. 4, No. 1, 2010, pp. 27 - 52.

② 甘绍平：《科技伦理——一个有争议的课题》，《哲学动态》2000年第10期，第6页。

内容上，理论研究与应用研究之间已经不存在明显的界限。科学与技术呈现了一体化的格局，科技知识生产的效用得到了高度强调。以往，人们通常认为，只有当科学知识具有潜在的"应用"时，社会的和伦理的维度才被引入。这意味着，社会议题只有同潜在的影响有关时，才会被承认。在科学知识生产的目标方面，社会议题不受承认。然而，现在科学研究的政治经济环境发生了变化，商业开发和知识产权成了核心。在这种情况下，基础研究被称作"前市场"研究，即便是"基础科学家"也需要设想自己的研究将来会如何造福社会，设想潜在的市场后果。①

在这种情况下，现代科学技术或"技科学"是负载价值的，伦理问题的产生不仅仅是发生在使用技科学产品的时候，在技科学发展的源头也有可能产生伦理问题。是否应该选择发展这种技科学，应该如何发展，直至产品的使用——在这整个过程中都存在伦理的维度。为了与传统的事后伦理评估区别开来，这里所说的伦理参与，更为强调的是发生在技术形塑过程尚未完成的阶段。如果借用技术研发的"河流比喻"，那么，本书所说的"早期"并不限定在"研发的上游"，也包括"中游"。这里需要明确的是，实际的技术发展过程并不是一个上游（授权、资助）—中游（研究、制造）—下游（应用）的线性过程。笔者只是用"河流"做一个比喻，来表述研究政策、研发工作与终端使用这几个相互重叠又流动的阶段之间的关系，以便于描述技科学的治理（technoscientific governance）。②

其次，在空间上，既然传统的个人责任已经无法应对现代科技发展给我们带来的挑战，就需要在多个层面、通过多个行动者来践行一种"共同责任"。于是，"伦理参与"就体现为技术发展的各个主要参与者——科技政策制定者、科学共同体、产业界、公民社会、人文社会学者等（见图3—1），基于对人类（当代的和未来的）福祉以及自然本身价值的关怀，发挥各自的作用，参与到新兴技术的社会形塑过程之中，以共同应

① Matthew Kearnes, Robin Grove - White, Phil Macnaghten, James Wilsdon and Brian Wynne, "From Bio to Nano: learning the lessons, Interrogating the comparison", *Science as Culture*, No. 14, 2006, pp. 291 - 307.

② Erik Fisher, Roop L. Mahajanand, Carl Mitcham, "Midstream Modulation of Technology: Governance From Within", *Bulletin of Science*, *Technlogy & Society*, Vol. 26, No. 6, 2006, pp. 485 - 496.

对新兴技术给社会和自然环境带来的各种挑战。

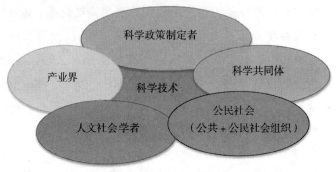

图3—1　科技发展的伦理参与主体

　　简言之，它包括以下几个方面：（1）在政府层面，要突破"技术专家治国"的桎梏，通过一系列体制化的努力，让有关的人文与社会科学研究者和公众都参与到事关重大的科技政策制定过程中；（2）在产业界，要意识到科技创新的社会影响，制定相应措施承担起企业的社会责任；（3）公众（包括公民社会组织）有权利也有责任积极参与有关科技发展的公众对话和审议；（4）科学共同体也要承担起力所能及的社会责任；（5）人文社会科学家要积极展开科技发展的有关伦理和社会问题研究，并积极同科学共同体合作，积极参与到有关政策制定过程和公众讨论之中，成为推动其他相关利益群体承担各自伦理反思责任的桥梁和纽带。

　　更进一步，如果将"伦理参与"所展现出来的这种协商治理精神贯彻到底，那么，需要指出的是，这种参与不仅仅体现在非科技专家们在科技发展中话语权的增长，也体现在伦理议题本身和解决方式的产生过程中，即"什么是科技发展的伦理和社会问题"、"如何解决这些伦理和社会问题"本身也是专家和公众之间展开共同对话的结果，而不是人文社会学者们所单独决定的。这也就是本书在第二章第四节中所提及的"行动中的伦理研究"的本真含义，即让伦理的考量从人文社会学者的书斋里、摇椅上走下来，走到科技发展关涉人类健康和福祉的每一个角落，成为科技发展所有利益相关者的责任，成为活泼的、行动着的伦理。它既跨越了自然科学和人文社会科学之间存在的"两种文化"的界限，也跨越了外行与专家的界限。

　　总之，在治理的框架下，要承担起前瞻科技发展潜在风险的共同责任，就需要通过各种不同的协调程序，把各个利益相关者会聚到一起，在科学技术发展的一开始，就共同承担起应对科学技术的社会或伦理挑战的责任，朝着为人类和社会造福、最大限度减低负面效应的方向共同努力。"伦理参与"的概念凸显了跨学科的技术伦理研究在新兴技术发展过程中角色的转换。此刻，"伦理"已经不再是单纯的理论反思，而被拓展为激发全社会相关群体责任和反思意识的维度，融入科技发展过程之中，深化成了一种实践行动。

本章小结

大科学时代，科学技术早已脱离了"纯科学"的状态，而明显渗透了资本利益，成为谋求社会经济增长的工具。科学、工业、商业和企业交流成了一种联合体。同时，经济的全球化使得战争精神和商业精神的融合达到了顶峰。① 于是，在资本疯狂的扩张本性驱使下，整合成一体的现代科学和技术也无限地拓展着自身的疆野。在这个过程中，现代科技不断地体现着自身在伦理上的双重性。它一方面设计制造出各种造福人类的产品；另一方面又不断挑战着人们传统的价值理念和道德伦理规范，让科技产品的消费者和使用者，乃至生产者自身都直接或间接地承受着科技发展的影响。于是，相应的伦理和社会议题就成了科技无限向前拓展所必须面对的问题。

科学家和工程师构成的科学共同体开始积极承担自己的社会责任。"责任伦理学"也让我们突破了西方传统伦理学对技术的漠视，开始正视现代科技的巨大潜在风险，走向前瞻性的整体伦理责任。然而，让人感到棘手的是，虽然现代科学技术造成的风险越来越大，但是，由于这是一项集体性的活动，所以，危害发生之后，很难将其归结为某一个人的责任。单个的科学家和工程师遭遇了社会责任承担的困境。对此，责任伦理学也并没有为我们提供直接的解决方案，只有另寻蹊径。

"共同责任"和"治理"的理念启示我们，让所有的利益相关者（政

① ［法］西尔万·拉维勒西尔万·拉维勒：《协同治理的精神——对现代技术、伦理和民主的质疑及解决的途径》，《科技中国》2005 年第 6 期，第 66 页。

策制定者、科学共同体、产业界、公众等）共同努力，真正参与到科技发展的过程中，会有助于化解这一风险时代的伦理责任难题。

基于这一分布式的责任观，笔者通过重新界定"伦理"的含义和"参与"在空间和时间上的蕴意，尝试性地提出了"伦理参与"的理念。笔者希冀，这一理念可以引领我们实现从过去到现在的两重转变。

（1）过去，专家们控制着社会的技术性选择，掌握着关于科技风险的社会判断和政策制定，而作为外行的普通公众则因为不充分知情而被剥夺了参与和评论的机会。可是，面对着具有高度不确定的现代科技，进行风险评估的科学家们需要把公众的忧虑纳入考虑范围，向公众虚心学习，与利益相关者进行对话，在实践中消除专家和公众之间的差距。[①]

（2）过去，伦理通常被指责为过于理想化或者无能，而现在却成为一种必需的调节手段来使我们重新找到做和说的意义。[②]

---

① 转引自陈璇《风险分析技术框架的后常规科学和社会学批判：朝向一个综合的风险研究框架》，《未来与发展》2008 年第 2 期，第 31 页。

② 同上书，第 66 页。

第四章　多层面的宏观伦理参与

本书第三章论述"伦理参与"概念时，从政策制定者、公众、产业界、科学共同体等几个部分对"参与"的空间层面做了解读。本章将从纳米技术发展的 EHS（环境、健康和安全）问题、ELSI（伦理、法律和社会）问题两大领域，对纳米技术发展战略、产业界自律、ELSI 研究和公众参与四个方面进行阐述，力图从宏观角度，展现欧美在当前纳米技术发展过程中呈现出来的"伦理参与"现象。

第一节　总体战略：负责任的纳米技术发展

新兴技术的涌现使得科学与社会的关系到达了一个关键时期。一方面，科学问题带来了诸多机遇，让人激动兴奋；另一方面，一系列事件又让许多公众对于包括生物技术和信息技术在内的科学领域所提供的巨大机遇深感不安。

2000 年之后，全球对纳米技术的投资得到了迅速的增加。例如，从 1997 年到 2003 年，纳米技术的国际投资增长了 7 倍。就在全球诸多国家为了保持经济优势地位和获得国家竞争力而大量投资纳米技术发展时，很多国家也开始不遗余力地避免纳米技术重蹈转基因技术的覆辙——公众对新兴技术力量的不信任乃至抵触使得技术发展受阻。面对纳米技术（尤其是人造纳米颗粒）不确定的社会技术后果，各种国家纳米项目都开始史无前例地将更广泛的社会考量整合进早期的纳米尺度研发活动。

美国提出了"负责任的纳米技术发展"的口号，欧盟提出了"负责任的纳米技术研究、开发和创新"的理念，英国、荷兰和比利时等国也都启动了旨在影响纳米技术早期发展阶段的项目，以便回馈伦理的和社会的担忧。国际组织也开始关注负责任的纳米技术治理，组建了"负责任的纳米技术研发国际对话"和"国际风险治理委员会"等机构。

其实，对技术发展的伦理和社会维度的关注和资助并非纳米技术的首创，早在20世纪90年代初人类基因组计划开展的时候，就已经出现了EL-SI式的跨学科研究。现在，真正让纳米技术伦理和社会议题的研究与众不同的，是这些研究强调要有效地将社会研究同科技发展过程本身联系起来。这一点体现在有关的表述中。例如，在荷兰，与纳米技术有关的社会考量旨在"扩大战略选择的范围"；在英国，此类研究则旨在"形塑社会的重点"；在美国，则是"影响研究的方向"。这些目标都超越了传统的风险管理和产品监管，而对科学技术发展过程本身更广泛的治理产生了影响。①

一　美国"负责任的纳米技术发展"

在纳米技术全球投资激增的情况下，为了推动技术的迅速发展、加速市场转化，保持美国在世界关键技术领域中的领先地位，美国对纳米技术的发展采取了积极的推动态度。与此同时，在转基因技术遭遇滑铁卢之后，公众担忧和理解在新技术成功应用中的作用获得了重视。所以，美国国家纳米技术计划（NNI）启动伊始，确立的四大目标之一就是"支持负责任的纳米技术发展"②。

美国纳米研究委员会对"负责任的纳米技术发展"做了如下定义：

> 可以这样描述负责任的纳米技术发展，这是最大化技术正面贡献、最小化技术负面后果的努力的调和。所以，负责任的发展包括对应用和潜在影响的检测。它表明，发展和使用技术是为了满足人类和社会最迫切的需求，同时，也会为了预测和减轻负面的影响或者未曾预料到的后果而做出一切合理的努力。③

---

① Erik Fisher, "The Convergence of Nanotechnology, Policy and Ethics", *Advances in Computers*, Vol. 71, 2007, pp. 273 – 296.

② NSTC (National Science and Technology Council, USA), *The National Nanotechnology Initia-tive Strategic Plan*, Washington, DC: National Nanotechnology Coordination Office, 2004.

③ National Research Council (USA), *A Matter of Size: Triennial Review of the National Nanotechn-ology Initiative*, Washington, DC: The National Academies Press, 2006, p. 73.

所谓负责任的纳米技术发展议题被划分成两大类：一类是环境、健康和安全影响（Environment，Health and Safety，简称 EHS）；另一类是伦理、法律和所有其他社会议题（Ethical，Legal and Social Issues，简称 ELSI）。①

在 EHS 议题尤其是人造纳米颗粒的毒性研究上，美国政府给予了很多投入。2003 年 10 月，美国政府在没有预算的情况下，增拨专款 600 万美元启动了纳米生物效应的研究工作。2004 年，美国又把 NNI 的总预算的 11%投入纳米健康与环境的研究。接着，美国国家环保局宣布，美国国家环保局、国立卫生研究院开始实施"国家毒理学计划"，美国职业安全和保健局、美国食品与药物管理局也开始支持研究纳米材料对环境和人可能造成影响的研究，比如对肺和皮肤影响的研究等。2005 年 12 月 7—9 日，美国政府在首都华盛顿召开了"人造纳米材料的安全性问题"圆桌会议，讨论如何保障"人造纳米材料的安全性问题"。2009 年 3 月，美国健康与人类服务部（DHHS）、国家疾病控制与预防中心（CDCP）、国际职业安全与健康研究所（NIOSH）联合编写了报告介绍纳米颗粒的潜在健康忧虑、安全危险、工作场所的暴露评估，并提出了工作场所接触纳米材料的监管大纲。

对于 ELSI 议题，NNI 的倡议者认为，尽管纳米技术还没有带来确切的伦理问题，但是，纳米技术势必会引发社会巨变，为此，社会学家和人文学者都应参与进来，协助社会做好充分的准备应对纳米技术可能带来的各种社会和伦理上的挑战。社会科学家和人文学者在合适的资助下，可以深刻了解某一项具体的纳米技术，做出有充分根据的评判，为纳米科学共同体提供一种全新的视角。与此同时，这些人文社会学者也是受过专业训练的公众利益的代表，能够在纳米技术专家、公众和政府官员之间扮演沟通者的角色。总之，人文社会学者的加入将有助于纳米技术社会收益的最大

---

① 在欧洲，"ELSI"也被写作"ELSA"（Ethical，Legal and Social Aspects）［参见 Angela Hullmann，*European Activities in the Field of Ethical，Legal and Social Aspects（ELSA）and Governance of Nanotechnology*，Brussels：Eurpean Commission，2008］。由于 ELSI 还可以被理解成"伦理的、法律的和社会的影响"（Ethical，Legal and Social Implications），所以，STS 领域中的一些学者为了摆脱让伦理和社会研究只能关注科技发展下游问题的局限，让相关研究产生更强的政策和实践影响力，倾向于使用"ELSA"的缩写方式。本书中，ELSI 一律作"伦理的、法律的和社会的议题"理解，因此不对此"ELSI"和"ELSA"做出区分。

化，同时减少公众对纳米技术影响进行抵制的可能性。① 为此，NNI 将联邦政府资助纳米技术研究经费的 4% 用于 ELSI 及相关的推广活动。

2003 年，美国国会制定了《21 世纪纳米技术研究与发展法案》（公法 108—153），专门设立了有关纳米技术社会含义的条款，强调"一定要保证伦理的、法律的、环境的和其他恰当的社会考量，包括纳米技术在增强人类智力和发展人工智能等超越人类能力的潜在使用，在纳米技术的发展中得到考虑"②。该法案中还详细规定了将人文社会科学研究整合进纳米技术发展中的具体形式：

（1）建立一个研究项目去识别有关纳米技术的伦理的、法律的、环境的和其他恰当的社会关切，以保证此类研究得到广泛的传播；

（2）要求跨学科的纳米技术研究中心……含有应对社会的、伦理的和环境考量的活动；

（3）尽可能地将对纳米技术社会、伦理和环境考量的研究整合进纳米技术研发中，保证纳米技术的发展可以改善全美国人的生活质量；

（4）由国家纳米技术调节办公室，通过举办定期的和持续的公众讨论，将公共投入及扩充整合到项目之中，例如，公民小组（citizen panel）、共识会议和教育活动等。③

就在这一年，美国 NSF 成立了国家纳米基础网络（NNIN），其中，"纳米技术的伦理与社会问题"被列为重点研究领域之一，社会科学被鼓励去参与 NNIN 的建立。

2005 年，NSF 在加州大学圣巴巴拉分校建立了"纳米技术与社会研究中心"，在亚利桑那州立大学建立了"社会中的纳米技术研究中心"，专门从事纳米技术与社会关系的研究与教育活动。此外，南卡罗来纳州大

---

① Mihail C. Roco and William Sims Bainbridge, ed., *Societal Implications of Nanoscience and Nanotechnology*, Dordrecht：Springer, 2001.

② US Congress, *21st Century Nanotechnology Research and Development Act. Public Law no 108－153*, H. R. 766, 108th Congress, 2003, 117 STAT. 1924.

③ Ibid..

学、密歇根州立大学、哈佛大学、加州伯克利大学等也建立了研究纳米技术的跨学科合作团队。

综上可见，早在 2001 年美国国家纳米技术计划启动时，纳米技术的伦理、法律和社会问题就已经受到关注，并且力图为科技发展提供实时的社会和伦理洞见。

二 欧洲"负责任的纳米技术创新"

欧盟对科技发展的伦理和社会影响的关注由来已久。早在 1991 年 11 月，欧盟委员会就决定设立生物技术伦理意蕴咨询组（Group of Advisers on the Ethical Implications of Biotechnology，简称 GAEIB），将伦理学整合进生物技术发展政策的制定过程之中。1997 年 11 月，欧盟委员会又决定，用欧洲科学和新技术伦理学研究组（European Group on Ethics in Science and New Technologies，EGE）替换 GAEIB，将研究组的使命拓展至科学与技术的所有领域。[①]

近年来，欧盟对于科技伦理意蕴的重视，主要出于两方面的考虑。一方面，伦理学被认为是树立"欧洲公民"（European Citizen）概念的重要因素。通过谈论伦理学，并通过公众决策制定过程让伦理学价值得到考虑，欧洲的机构表明，他们能够将欧洲社会呈现为一个整体，一个完整的政治共同体。另一方面，对于让欧洲在不断加剧的全球竞争中维系生存而言，科学创新是非常重要的。然而，近年来，伴随着疯牛病等事件的发生，欧洲公众对科学上的新进展表现出了普遍的不满，使得"技科学"的地位受到严重削弱。"技科学"作为欧洲经济福利发动机的核心角色因此被严重削弱了。[②] 所以，相较于美国，欧盟在纳米技术发展上更加审慎，非常强调通过公众参与和有关纳米技术的人文社会研究，来保证"负责任的纳米技术创新"。

---

① CEC (Commission of the European Communities), *Commission Decision on the renewal of the mandate of the European Group on Ethics in Science and New Technologies*, Brussels: European Commission, 2005.

② Ulrike Felt and Brian Wynne et al., *Taking European Knowledge Society Seriously: Report of the Expert Group on Science and Governance to the Science*, *Economy and Society Directorate*, Brussels: European Commission, 2007.

　　在 EHS 问题上，2004 年制定《欧洲纳米技术战略》以来，欧洲就把研究纳米生物环境健康效应问题的重要性，列在欧洲纳米发展战略的第三位。同年，欧洲宣布启动"纳米安全整合计划"（Nano‐safety Integrating Projects），全面开展纳米生物效应与安全性的研究。

　　对于 ELSI 问题，欧盟在 2004 年颁布的《朝向欧洲的纳米战略》报告中明确指出，采取积极的态度将社会考量整合进纳米技术的研发过程，探索纳米技术给社会带来的益处、风险和更深入的影响是欧盟各成员国的共同利益所在。为此，欧洲需要及早地开展有关方面的整合活动，而不能只是期待公众自动地接受纳米技术。我们必须尊重《欧洲基本权利宪章》中所体现的伦理原则，并且在适当的地方，通过法规来强制实施这些原则。检测纳米技术医学应用的伦理方面的欧洲伦理学组织（EGE）所提出的观点，也应当被考虑进来。公开的、可查明的和可确证的纳米技术发展是必不可少的。① 从第五个框架计划开始，欧盟已经投入了大量的资金开展有关纳米技术的伦理、法律与社会问题研究（见图 4—1）。

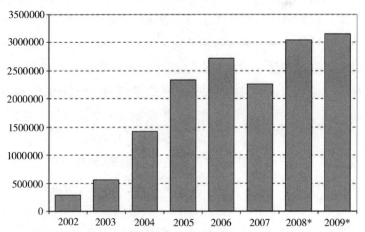

图 4—1　欧盟对纳米技术的 ELSA 和治理研究资助在所有财年的分布（以欧元计算）

　　注：上述统计包括框架 5 和框架 7 项目的资助，总数是根据直接与纳米技术有关的份额来估算的。

---

①　CEC（Commission of the European Communities），*Communication from the Commission*：*Towards a European Strategy for nanotechnology*，Brussels：European Commission，2004.

资料来源：Angela Hullmann, *European Activities in the Field of Ethical, Legal and Social Aspects (ELSA) and Governance of Nanotechnology*, Brussels：Eurpean Commission, 2008, p. 13.

2008 年，欧盟发布了《负责任地开展纳米科学与纳米技术研究的行为准则》，具体规定了欧洲纳米技术的科学家与研究者应当遵循的自愿性的原则规范，以保证纳米技术负责任地发展。另外，欧盟"科学在社会中"（Science in Society）计划也启动了一系列针对纳米技术治理和伦理学的研究项目，规定所有欧盟资助的研究活动都必须遵守严格的伦理章程。

可以说，纳米技术成了新治理方式的实验品（test case），为欧洲人重新构想科学和民主之间关系提供了机遇。[①]综观欧洲各国，德国、英国、法国、荷兰和瑞士等大力支持纳米科学和纳米技术的发展国家，都基于本国传统和文化，采取了丰富多彩的纳米技术治理的活动。

奥地利、挪威和芬兰的纳米技术活动也非常活跃。这些国家的 EHS 问题和 ELSI 问题（程度上稍差一些）总体上被纳入了自主研发工程的考虑之中，也积极参与了欧洲的有关网络和项目。处理纳米材料时的安全问题获得了特别的关注。绝大多数国家职业健康所都在这一领域开展了活动。这些国家设立了完善的纳米科学和技术国家战略，并且这些战略都明确提及了应对纳米科学和技术的安全问题、伦理和社会方面的需要。在纳米监管方面，这些国家严格遵循了欧盟《化学品注册、评估、授权和限制法规》（REACH）和其他欧盟层面的规章，也参与了国际标准化组织（ISO）和欧洲经济合作与发展组织（OECD）关于纳米技术的工作。欧洲委员会行为章程并没有在这些国家获得采用或推荐。但是，值得一提的是，最近奥地利纳米技术行动计划中明确建议，遵循预警原则是纳米有关产品市场化的前提条件。

在欧洲的其他国家（例如，西班牙、意大利和捷克共和国）也出现了由不同利益相关者推动的、关于纳米技术的 EHS 和 ELSI 活动。只是，较之前面提及的国家，这些欧洲国家的纳米技术活动程度要低一些（尽

[①]　Matthew Kearnes, Phil Macnaghten and James Wilsdon, *Governing at the Nanoscale：People, Policy and Emerging Technologies*, London：Demos, 2006.

管也在增长）。①

第二节　EHS 问题上的软性监管和自愿章程

最初，大部分的纳米技术反对者最担心的，是具有自我复制能力的纳米机器人给人类社会带来的诸如"灰色粘质"这样毁灭性风险。在这一超前的伦理担忧受到批判之后，关于纳米材料的环境和人体健康风险就成了人们伦理关切的重点。有关纳米材料的生态环境效应研究及其风险评估，虽然已经展开，但仍处在起步阶段，是一个新诞生的交叉学科领域。纳米材料的安全性评估涉及它们的环境过程、暴露途径、体内分布、毒性机制、剂量关系等因素，许多问题都还没有明确的答案，有待进一步研究。②

按道理，我们需要通过毒理学方法、测试程序和长期扫描来测试纳米产品并建立安全标准和界限。然而，纳米技术的市场化跑在了这些方法和过程的前面。就在我们对纳米材料的环境和健康影响知之甚少的时候，一些应用纳米技术产品已经被投放到了市场上。对此，一些 NGO 和环保组织激进地呼吁政府颁布法令，在确保纳米材料安全可靠之前，中止"在实验室和任何新消费产品中使用合成纳米颗粒"③，并禁止将纳米颗粒释放到环境中。④

如果说这些是"已知的未知"，即随着进入市场和自然界的纳米技术产品日益增多，我们对于纳米技术的影响存在重大的暂时性误差（misalignment），那么，更为棘手的是我们对纳米科学技术"未知的未知"，

---

①　Elvio Mantovani, Andrea Porcari and Andrea Azzolini, *A Synthesis Report on Codes of Conduct*, *Voluntary Measures and Practices towards a Responsible Development of N&N*, 2010, http：//www. nanocode. eu/files/reports/nanocode/nanocode – project – synthesis – report. pdf.

②　郭良宏、江桂斌：《纳米材料的环境应用与毒性效应》，《中国社会科学报》2010年9月21日第4版。

③　ETC Group, *The Big Down*：*from Genomes to Atoms*, 2003, http：//www. etcgroup. org/documents/TheBigDown. pdf.

④　Green Peace（UK）, *Future Technologies*, *Today's Choices*：*Nanotechnology*, *Artificial Intelligence and Robotics—A technical*, *political and institutional map of emerging technologies*, 2003, http：//www. greenpeace. org. uk/Multimedia Files/Live/Full Report/5886. pdf.

即那些形式、规模和可能性都完全无法预见和预期的事件。作为一种使能技术，纳米科学正发生在所有科学学科的接缝和重合处，这使得我们很难根据哪一门基础科学研究去预见未来的影响。①

面临纳米科学技术的巨大不确定性、公众可能的抵触情绪以及纳米产业发展可能的失利，政府必须思考：在这种知识不确定性面前，如何展开监管，保障纳米技术负责任的快速发展？应用纳米技术的企业也必须思考：在政府还没有出台正式的监管措施的情况下，如何既把握住纳米技术带来的机遇，又避免潜在风险呢？

一 政府的软性监管

现在关于纳米技术的专门立法和规章还很少，一般采用的仍然是现有的条款。面对纳米材料所呈现出来的新颖性，当前管理框架是不是充分的？怎样才能以推进技术创新潜能的方式实施监管，并对正在凸显的环境和人体健康风险保持敏感？这些问题逐步引起了欧美政府管理层的思考。

2007 年欧洲开始实施的《化学品注册、评估、授权和限制法规》，本身就是因为人们对于化学品对健康和环境潜在影响的日益关注而诞生的。为了实现化学工业可持续发展的战略目标，欧盟委员会出台了 REACH 这部对进入其市场的所有化学品进行预防性管理的法规。它将化学品安全信息举证的责任完全转到企业身上，主张"没有数据就没有市场"。具体地，REACH 规定，凡年产量超过 1 吨的所有现有化学品和新化学品及应用于各种产品中的化学物质需要注册其基本信息，对年制造量或进口量大于或等于 10 吨的化学品和化学物质还应进行化学安全评估并完成安全报告。② REACH 中并没有针对纳米材料的专门条款，但是，REACH 宣称纳米材料被涵盖在了它所定义的"物质"中。③ 然而，

① Sally Randles, "From Nano – ethics Wash to Real – Time Regulation", *Journal of Industrial Ecology*, Vol. 12, No. 3, 2008, p. 271.

② Environment Directorate General of EC (European Commission), *REACH in Brief*, 2010, http://ec. europa. eu/environment/chemicals/reach/pdf/2007_ 02_ reach_ in_ brief. pdf.

③ CEC (Commission of the European Communites), *Communication from the Commission to the European Parliament, the Council and the European Economic and Social Committee: Regulatory Aspects of Nanomaterials*, Brussels: European Commission, 2008.

很多纳米材料目前产量都较少——即便是很少的产量中也会包含大量的纳米颗粒。例如，10 纳米的颗粒每克的表面积范围是几百平方米。于是，具有大量颗粒和广泛反应面积的纳米材料就被 REACH 遗漏了。另外，REACH 对化学物质的监管都是基于材料的化学性质，而纳米产品的性能恰恰源自其物理尺寸。所以，REACH 并没有对纳米材料的特殊属性给予充分的考虑。[①]

美国也遇到了类似的问题。根据美国《有毒物质控制法案》（TSCA），所有没有被列到 TSCA 清单上的化学物质的制造商，都必须准备《预生产通知书》并得到美国环境保护局的正式批准。但是，一般情况下，构成纳米材料的物质已经列在 TSCA 清单上了，只不过尺度更小一些而已。所以，纳米材料的制造商不需要填写《预生产通知书》。可以说，现阶段，纳米材料的制备也没有受到美国环境保护局的审查和批准。[②]

"预警原则"（precautional principle）告诉我们："若存在严重的或不可逆转的危害，那么，缺乏充足科学证据不能成为推迟通过划算的方法来避免环境恶化的原因。"[③] 据此，各国政府在处理人造纳米颗粒时，都推崇一种基于预警原则的稳妥谨慎态度。不过，我们并不能像 ETC 等环保组织所鼓吹的那样，在纳米材料的毒理学问题完全清楚之前，禁绝所有的商业应用。这种苛刻的限定无疑会扼杀纳米技术行业中蕴含的巨大潜力，也会间接地影响公众的福祉。但是，若采取观望的态度也很容易导致灾难发生——本来这些灾难一旦预测到，就可以有效缓解或应对。

为了维系纳米技术发展，保障公众的健康和环境的安全，在对纳米技术环境和健康影响知之甚少的情况下，欧美各国政府不约而同地采用了以自愿章程、自愿报告等与硬性法律监管不同的监管措施，姑且称之

① Martin HassellÖv, Thomas Backhaus and Sverker Molander, *REACH Misses Nano*! 2009, http: //sustainability. formas. se/en/Issues/Issue－2－July－2009/Content/Focus－articles/REACH－misses－nano/.

② ［美］米勒、赛拉托、孔达尔等：《纳米技术手册：商业、政策和知识产权法》，周正凯、邱琳译，科学出版社 2009 年版。

③ United Nations Environment Programme, *Rio Declaration on Environment and Development*, 1992, http: //www. c－fam. org/docLib/20080625_ Rio_ Declaration_ on_ Environment. pdf.

为"软性监管"。

在欧洲，人们普遍认识到，传统的法制（the rule of law）对于治理迅速发展的科学而言是不够灵活的，对于当今人们对政策"快速回应"的需求而言又是太过迟缓的。所以，更加灵活的、不那么正式的、非强制的措施被用来应对欧盟及其成员国有关科技创新的需求。①

2008年2月，欧盟委员会颁布实施了自愿性质的《负责任的纳米科学技术研究行为章程》。该章程适用于欧盟所有成员国、雇员、纳米科学技术研究资助者、纳米科学技术研究者以及更广泛的所有参与纳米科学技术发展或者对纳米科学技术感兴趣的个人与公民社会组织。它提出了七项总则：意义、可持续性、预警、全面、杰出、创新和问责责任（accounta-bility）。其中，预警原则规定：欧盟在鼓励纳米科学技术为社会和环境带来益处的同时，应该预测潜在的环境、健康和安全影响，采取适当的预防措施。② 这里，预警范围已经从对自然环境、人类和动物的物理伤害拓展到了对人类尊严、隐私权和个人数据的保护，并深化为"更好的和持续的警觉（vigilance）"原则，即允许社会参与实验，同时确保基本的伦理、健康和安全要求。③ 这一政府治理方式的关键是自愿性，它对纳米科学技术发展的所有社会行动者动机与行为抱有信心，没有对不服从者直接实施制裁。面临本质上无法预测的纳米科学技术后果，该章程作为对政府正式监管形式的暂时补充，标志着对所有利益相关者更深刻、更持续的参与的需求，也体现了与国家外部管制不同的自我监管过程。从目前的实施情况来看，该章程中的很多原则本身并没有得到欧盟成员国的直接采纳或推荐，而只是被零星地提及。但是，不少欧盟成员国在发展纳米技术时仍提出了与该章程原则非常相近的举措。例如，荷兰就计划将遵循欧洲委员会

---

① Ulrike Felt and Brian Wynne et al. , *Taking European Knowledge Society Seriously：Report of the Expert Group on Science and Governance to the Science*, *Economy and Society Directorate*, Brussels：European Commission, 2007.

② CEC（Commission of the European Communities）, *Commission Recommendation on a code of conduct for responsible nanosciences and nanotechnologies research*, Brussels：European Commission, 2008, pp. 6 – 7.

③ CEC（Commission of the European Communities）, "Towards a Code of Conduct for Responsible Nanosciences and Nanotechnologies Research", Consultation Paper, 2008, http：//ec. europa. eu/research/consultations/pdf/nano – consultation_ en. pdf, p. 4.

行为章程作为在纳米技术和科学领域获得资助的专门要求。①

　　具体到欧盟成员国，英国可谓关于政府监管纳米颗粒是否到位争论的发源地。2004 年 7 月，由英国皇家学会和皇家工程学院所发布的评论报告《纳米科学和纳米技术：机遇与不确定性》对纳米技术的环境和社会影响进行评估，提出了当前监管框架是否继续对纳米颗粒有效的问题②，引起了广泛关注。2005 年，英国政府对这份报告做出了正式回应，表示同意原报告提出的现有监管规定不足以检测纳米材料，自由制造的纳米颗粒和纳米管应在英国和欧洲法律中被视作新型的化学物质，在成为消费产品之前应接受相关科学咨询机构彻底的安全评估等观点。③ 此后，英国一系列政府部门和机构纷纷发布了监管评论（regulatory reviews），以分析当前的规章是否能够容纳纳米颗粒。2006 年 2 月，英国健康和安全执委会（HSE）发布评论。同年 3 月，英国环境、食品和农村事务部（Defra）以及食品标准局（FSA）也发布评审报告。2006 年 9 月，英国医学和保健产品管理局（MHRA）公布了自己的评审结果。

　　在上述英国政府各部门的有关评论中，出现了两种论调。第一种论调认为当前纳米材料的监管是比较充分的。英国健康和安全执委会发布的评论认为："当前的各种规章原则以及它们彼此之间的相互连接都适用于纳米技术。我们无须从根本上改变现有的规章，也不需要引入新的规章。不过，我们需要始终关注当前的以及可预见的未来总体管理框架是否能有效地应用于纳米材料。"（HSE，2006）英国医学和保健产品管理局也得出结论说，当前的管理是令人满意的，但是，如果未来的研究表明纳米材料具有极其新颖的属性的话，那么，我们就需要重估管理定位。类似地，英国食品标准局的评审结论也是，当前的监管没有重大漏

　　① Elvio Mantovani, Andrea Porcari and Andrea Azzolini, *A Synthesis Report on Codes of Conduct, Voluntary Measures and Practices towards a Responsible Development of N&N*, 2010, http://www. nanocode. eu/files/reports/nanocode/nanocode - project - synthesis - report. pdf.

　　② Royal Society, RAE (Royal Academy of Engineering) (UK), *Nanoscience and Nanotechnologies: Opportunities and Uncertainties*, London: Royal Society and Royal Academy of Engineering, 2004.

　　③ HM Government, *Response to the Royal Society and Royal Academy of Engineering Report*, 2005, http://royalsociety. org/Government - response - to - nanoscience - and - nanotechnologies - report/.

洞，只是在某些领域可能存在是否继续适用于纳米技术的不确定性。①

与上述相对乐观、按兵不动式的论调不同，英国其他部门的报告则认为，政府需要行动起来。一份受英国贸易和产业部委托、由英国经济与社会研究委员会（ESRC）执行的报告，分析了自由人造纳米颗粒所有当前和未来可预见的使用中的潜在监管漏洞，认为这些漏洞并非是因为出现了重大的监管疏忽，而是因为，关于人类和环境暴露于纳米颗粒中的影响，目前我们所拥有的信息是不完整的。另一份由英国环境、食品和农村事务部完成的调查报告，更明确指出当前存在的监管漏洞，尤其是在现有法律体系下有关科学知识和风险理解上缺乏清晰的定义，没有可信而有效的方法来监控纳米材料的暴露和对人体健康的潜在影响。② 总之，当前纳米技术监管的问题似乎不在于我们缺少相应的规章，而在于我们缺少足够的信息。

为了收集更多的有关数据，从 2006 年 9 月至 2008 年 9 月，英国环境、食品和农村事务部提出了为期两年的"人造纳米尺度材料自愿报告方案"。这一方案呼吁所有涉及制造、使用、引入、研究或者管理包括人造纳米尺度材料的废物的公司或组织自愿提供数据，用于英国政府的科学研究项目，以便更好地理解不同人造纳米尺度材料的属性和特征，从而让潜在的危险、暴露的风险得到考虑。③ 方案颁布后，英国纳米产业协会（NIA）和英国环境、食品和农村事务部一起努力，使得该自愿报告方案获得了英国纳米产业界强烈支持。然而，环境、食品和农村事务部的季度报告表明，在实际效果上，方案公布后的第一季度，全英国只有三个组织上报了数据。出于保护知识产权的考虑，大部分的英国纳米产业界仍然持观望态度，并没有兑现自己的口头支持。

在美国，纳米技术的监管也采用了类似的自愿方案。2008 年 1 月，

① Council for Science and Technolgoy (UK), *Nanosciences and Nanotechnologies: A Review of Government's Progress on its Policy Commitments*, London: Council for Science and Technolgoy, 2007, p. 27.

② Ibid., pp. 27 - 28.

③ Defra (Department for Environment, Food and Rural Affairs, UK), *UK Voluntary Reporting Scheme for engineered nanoscale materials*, 2008, http: //www. defra. gov. uk/environment/quality/nano-tech/documents/vrs - nanoscale. pdf.

美国环境保护署（EPA）启动了为期一年的、名为"有毒物质控制法案下纳米尺度材料的管理方案"（Nanoscale materials stewardship program）。这一方案根据类似的自愿报告体系设计而成，被分成"基础项目"和"深度项目"两部分。前者要求参与者报告所有有关具体纳米尺度材料的已知的和尚可确信的信息；后者要求参与者测试有代表性的纳米尺度材料，展开进一步评估。① 这一方案在很多方面与 Defra 的自愿报告方案是相同的，都主要是要建立人造纳米材料的基准数据，鼓励使用恰当的风险评估措施。不过，美国的实际收效相对好一点。截至 2008 年 12 月 8 日，基础项目部分，有 29 家公司和协会向 EPA 提交了涵盖 123 种纳米材料的数据，有 7 家公司对基础项目做出了杰出贡献；深度项目部分，美国有 4 家公司同意加入。②

　　总之，英国和美国上述两个自愿报告方案都是为了建立人造纳米颗粒和材料的数据库而采用的过渡性的措施，它们同欧盟的自愿性行为章程一样，构成了一种预期性的管理，力图让所有待监管的行动者囊括进管制之中。尽管从实际效果来看，欧盟的行为章程并没有得到各成员国的坚决贯彻，英美国家的自愿报告方案也都有些差强人意，但是，它们都表明，各国政府（包括欧盟这样的类政府国际组织）在纳米技术发展的诸多不确定性面前采取了更为灵活的策略。较之传统的正式的或强制性的法律规章，这种自愿性监管方式，一方面维持了纳米技术的持续发展；另一方面也警醒有关行动者潜在的风险。待有关的知识缺口被弥合之后，政府可以很快地采取符合新形势需求的方式。这样，既可以预期社会可以从纳米技术新的应用中获利，同时也对健康、安全和环境给予了高度的保护。③ 当然，政府的软性监管措施并非十全十美，作为一种对当前正式规章的补充，它是否会对社会行动者的行为产生实质性影响，还有待于时间检验。

---

① EPA (Environmental Protection Agency, USA), *Nanoscale Materials Stewardship Program Interim Report*, 2009, http：//www. epa. gov/opptintr/nano/nmsp - interim - report - final. pdf.

② Ibid. .

③ CEC (Commission of the European Communities), *Commission Recommendation on a code of conduct for responsible nanosciences and nanotechnologies research*, Brussels：European Commission, 2008.

二　产业界的自愿性伦理章程

除了上述这种由国家或政府部门引导的"自愿主义"，纳米产业界也涌现出了很多自发制定的纳米技术伦理章程，例如英国皇家学会、洞察力投资基金（Insight Investment）[①]和英国纳米技术产业协会联合制定的《负责任的纳米章程》；德国著名的化工企业巴斯夫公司制定的《行为章程——纳米技术》；瑞士零售业联盟制定的《纳米技术行为章程》；美国杜邦公司和非营利性组织"环境保护基金"联合制定的《纳米风险框架》等。

这些自愿性质的、由产业界主导的纳米技术行为章程是产业界对纳米技术发展不确定性的战略性回应。德国巴斯夫公司的纳米技术章程比较具有代表性。在其章程中，巴斯夫公司认为，在提供机遇的同时，所有的新技术也带来了风险。纳米技术正是如此。而作为一家创新的公司，在把握技术进步机遇的过程中，对于其雇员、顾客、供应商和社会以及后代，巴斯夫公司负有特殊的责任。只有当产品的安全和环境影响根据所有可及的科学信息和技术手段获得了保障，巴斯夫公司才会将这些产品投放市场。经济的考虑不会被置于安全和健康议题以及环保之前。巴斯夫公司将致力于透明与客观的、富具有建设性的公众争论。巴斯夫公司还宣称，这样做的目的是"在当前的法律和大纲没有将纳米技术考虑在内的地方，为草拟法律做着建设性的贡献"[②]。可以说，巴斯夫公司的自愿章程是以一种预期性的方式，通过发展纳米材料的信息库，展示着最佳实践，并作为一个参与者塑造着预期未来监管，从而为合理评估纳米技术的潜在风险、清晰预期对纳米技术更加严格的监管提供一个基础。

瑞士零售业联盟[③]于 2008 年公布的《纳米技术行为章程》也表示，之所以制定这样的自愿章程，是因为当前缺少对纳米材料的具体法律规定，而且评估纳米材料潜在风险也存在不确定性，这意味着我们需要采取

---

① 英国的一家非营利性组织。

② BASF, *Code of Conduct—Nanotechnology*, 2008, http：//www. basf. com/group/corporate/en/sustainability/dialogue/in－dialogue－with－politics/nanotechnology/code－of－conduct.

③ 2005 年，瑞士五家最大的零售商（包括 Coop、Manor 和 Migros 等）组建了"瑞士零售业联盟"（IGDHS）。

预防原则来保护消费者的健康和环境。与此同时，纳米技术提供的大量潜在优势和益处也需要以最好的方式来开发。① 为了应对消费者对公共科技的产品中使用人造纳米材料的担忧，瑞士商业联盟呼吁所有瑞士的零售商要向消费者公开其货架上销售的产品是否使用了人造纳米材料，并要求产品供应商将必要的安全数据清楚地列明。由于该章程是由占据瑞士整个零售市场很大份额的寡头零售商签署的，如果不遵循这一章程，就会失去重要的分配渠道。这一现实情况弥补了自愿章程约束力的不足，使之在瑞士供应商中获得了有效实施。

2008 年，英国皇家学会、洞察力投资基金和英国纳米技术产业协会联合制定的《负责任的纳米章程》，通过各种利益相关者（包括产业界、研究机构和公民社会组织等）之间展开的深度大规模协商，提出了七大原则②，企图在合适的国家和国际惯例框架尚在酝酿之际，为管理与纳米有关的产品的研究、发展、制造、零售、清除和循环的机构提供一个战略性的向导。然而，遗憾的是，自从 2008 年 10 月发布以来，英国的这一自愿章程几乎没有得到真正的贯彻落实。

美国杜邦公司与环境保护基金联合制定的《纳米风险框架》③，也宣称自己是评估和应对纳米尺度材料风险的系统过程，以一种"信息引导"（information – led）的方式为未来的监管提供合理的基础。这一类似于英国环境、食品和农村事务部和美国环保总署的自愿报告方案的风险框架，也以一种预期性的方式，保证自己在未来的纳米技术监管中获得一个份额，并通过收集有关的信息和展示最佳实践，来塑造纳米技术的未来监管

---

① IG DHS, *Code of Conduct for Nanotechnologies* , 2008, http：//www. innovationsg-esell-schaft. ch/media/archive2/publikationen/Factsheet_ CoC_ engl. pdf.

② 这七大原则是：（1）广泛的问责责任；（2）融入利益相关者；（3）员工健康与安全；（4）公众健康、安全和环境风险；（5）更广泛的社会、伦理和环境、健康影响；（6）参与到商业伙伴中，鼓励其实施该章程；（7）透明与公开——经常性地公开这一章程的实施情况。参见 Working Group on Responsible Nanocode, *Responsible Nanocode—Update* 2008, 2008, http：//www. responsiblenanocode. org/documents/The Responsible Nano Code Update Annoucement. pdf。

③ 这是一个针对人造纳米尺度材料负责任的发展、生产、使用和末期处理或回收的全程风险管理框架，总共有六步：第一步，描述材料和应用；第二步，描述产品生命周期；第三步，估算风险；第四步，评估风险管理；第五步，决策、记录并行动；第六步，回顾并调整。参见 Environmental Defense Fund—Du Pont, *Nano Risk Framework*, 2007, http：//www. edf. org/documents/6496_ Nano% 20Risk% 20Framework. pdf.

方式。①

德国化学产业联合会（VCI）也对纳米技术有关的环境、健康和安全问题给予了高度关注。2009 年，该联合会协同德国联邦职业安全和健康研究所先后制定了《纳米材料风险评估的有害信息层级收集指南》和《工作场所纳米材料处理和使用指南》以及《在供应链上通过安全数据单处理纳米材料的信息传递指南》等文件。除此之外，荷兰的产业和雇员联盟（VNO - NCW）也发布了类似的《工作中接触纳米材料的指南》等文件。②

总之，鉴于目前纳米材料风险数据的匮乏，诸如透明、利益相关者交流和伦理考量等"公司社会责任"（Corporate social responsibility），都进入了欧美纳米产业界自我监管的范围。产业界必须要让投资者、保险者、NGO、政府、媒体，也许最重要的是让公众确信，产业界了解纳米技术，也正在采取一种负责任的方式发展纳米技术。产业界有责任帮助确立正确的立法和商业结构，以便让纳米技术产品安全地投放到市场上。③ 易言之，纳米技术的不确定性决定了纳米产业界要通过自愿性章程的方式参与到早期监管中。

虽然这些自愿性章程并不能保证每一个纳米技术公司都自觉承担起企业的社会责任，也不能完全解决举证责任、风险—收益平衡等政策选择问题。但是，它们为更加灵活、有效的纳米产业治理与监管体系提供了可资利用的工具包。④ 自愿性章程一方面彰显了最佳实践行为（best practice）；另一方面也在期待着更为正式的、政府主导的纳米材料规章出台。在短期

---

① Arie Rip, *De facto Governance in Nanotechnologies*, Draft paper delivered to the Tilburg Institute for Law, Technology and Society（TILT）Conference, 2008.

② Elvio Mantovani, Andrea Porcari and Andrea Azzolini, *A Synthesis Report on Codes of Conduct*, *Voluntary Measures and Practices towards a Responsible Development of N & N*, 2010, http：//www. nanocode. eu/files/reports/nanocode/nanocode - project - synthesis - report. pdf.

③ Hilary Sutcliffe and Simon Hodgson, *Briefing Paper：An uncertain business：the technical, social and commercial challenges presented by nanotechnology*, 2006, http：//www. responsiblenanocode. org/documents/Acona - Paper_ 07112006. pdf.

④ Daniel J. Fiorino, *Voluntary Initiatives, Regulation and Nanotechnology Oversight：Charting a Path*, 2010, http：//www. nanotechproject. org/mint/pepper/tillkruess/downloads/tracker. php？url = http%3A//www. nanotechproject. org/process/assets/files/8347/pen - 19. pdf.

内，这种倡导公司社会责任的自愿性行为章程将会是填补政府正式监管空白的最有效的手段。它让来自不同供应链阶段的商业代表群体与包括 NGO 在内的广泛的利益相关者群体之间形成互动，不仅仅在其雇员间营造了良好的氛围，更在其消费者和一般公众当中树立了更牢固的信任和安全感。唯有如此，纳米产业界才可能避免重蹈转基因技术受到公众抵制的覆辙。

第三节　ELSI 问题上的整合进路

在技术研发过程的一开始，就着手进行有关的伦理、社会和法律议题的研究，并非纳米技术发展过程中独有的现象，更不是始自纳米技术的发展战略。只是，早期的 ELSI 研究缺乏对技术政策制定和技术发展过程的实际影响力，在某种程度上，成了安抚民众担忧的一种摆设。纳米技术的 ELSI 研究则力图通过与技术评估的紧密合作，通过社会科学家的加盟，突破早期 ELSI 研究的局限。

一　早期 ELSI 研究与技术评估的不足

（一）早期 ELSI 研究的不足

早在 1990 年，在著名生物学家詹姆斯·沃森（James Watson）的建议下，美国就正式启动了人类基因组项目（HGP）的伦理、社会和法律问题的研究。当时，美国能源部和国立卫生研究所每年把人类基因组计划预算的 3%—5% 用于研究与基因信息使用有关的 ELSI 问题,[①] 以应对和预期绘制和排列人类基因对个人和社会的影响，检验伦理、法律和社会的后果，激发对这些问题的公众讨论，并提出政策选择方案，从而确保基因信息得到有益的使用，希冀在问题出现之前就提出可以避免负面影响的建

---

① ELSI 所研究的问题包括：基因信息使用的公正；隐私和保密；由于个人基因差异导致的心理影响；生殖议题；临床议题；与基因测试有关的不确定性问题；关于人类责任、自由意志、健康和疾病等概念上和哲学上的影响；健康和环境议题；包括知识产权和数据或材料的可及性在内的产品商业化议题等。参见 http://www.ornl.gov/sci/techresources/Human_Genome/elsi/elsi.shtml。

议。① 这一被冠之以"自我批判的联邦科学"先例（Juengst，1996）的研究计划，是当今世界上最大的生命伦理学计划，并成为其他技术发展的 ELSI 研究范例。②

然而，从实际的效果来看，人类基因组项目的 ELSI 研究并没有很好地实现既有的目标。尽管 ELSI 研究产生了大量的发表物，并影响美国国会使其扩充了美国《残疾人法案》，但它常常因为缺乏对科学研究和科学政策制定过程的影响力而备受批评。③ 有学者指责，在表面上，人类基因组项目的 ELSI 研究反映了该项目的科学领导者们为其工作的社会影响承担起了责任。但是，由于研究经费受制于科学家管理者（scientist - adminstrator），缺乏独立的组织去决定何种研究需要探讨伦理的、社会的和法律的问题，所以，发表出来的 ELSI 的研究，在范围上总是由相应的科学家划定，只是关注技术发展的内部和下游问题，而无法反映公众的利益；在结果上，也总是与政策制定过程无关，而只不过是一大堆给其他学者、健康专家看的专业学术文献。④ 除了在项目资助上受制于人，美国联邦政府资助的研究项目向来是无拘无束的"学术自由"的保护领域，这为 ELSI 研究对人类基因组其他项目展开批判性的研究带来了很大阻力。在这两个原因的驱使下，ELSI 研究远离了最初的假设，没有对技术发展本身的政策制定产生任何实质性的影响。⑤

1996 年，11 名成员组成了"人类基因组 ELSI 项目评估委员会"，并

① Department of Health, Human Services & Department of Energy (USA), *Understanding Our Genetic Inheritance*, 1990, http：//www. genome. gov/10001477.

② 美国一份议院科学委员会的报告就明确地以人类基因组的 ELSI 研究作为美国"国家纳米项目"的社会研究范本。参见 Erik Fisher, "Lessons learned from the Ethical, Legal and Social Implications program (ELSI)", *Technology in Society*, No. 27, 2005, pp. 321 - 328。

③ Erik Fisher, "Lessons learned from the Ethical, Legal and Social Implications program (ELSI)：Planning societal implications research for the National Nanotechnology Program", *Technology in Society*, No. 27, 2005, p. 323.

④ Michael S. Yesley, "What's ELSI got to do with it? Bioethics and the Human Genome Project", *New Genetics and Society*, Vol. 27, No. 1, 2008, pp. 1 - 6.

⑤ Eric T. Juengst, "Self - critical Federal Science? The Ethics Experiment within the U. S. Human Genome Project", In Ellen Frankel Paul, Fred D. Miller, Jeffrey Paul, ed. , *Scientific Innovation, Philosophy and Public Policy：Volume* 13, *Part* 2, New York：Cambridge Univeristy Press, 1996, pp. 63 - 95.

在当年 12 月发布了评估报告，认为人类基因组的 ELSI 研究"是一个无能的项目"，并建议在 ELSI 的结构上做出调整。①

美国著名的科学哲学家基切尔（Philip Kitcher）也直截了当地评价人类基因组计划的 ELSI 研究只是"一个用来搪塞别人对基因工程批评的摆设"②。

对于 ELSI 在政策影响力上的无能，美国著名的技术哲学家温纳（Langdon Winner）如是评价：

> 生命伦理学的专业领域……（也许是纳米伦理学的范本）对很多神奇的事物都有很多可以说的，但是这一行当中的人们很少说"不"。③

总之，在科学家管理者的控制下，人类基因组项目的 ELSI 研究是为了促进基因技术的发展，而从来没有去反思和批判生物技术，成为真正意义上的公共政策建议提出者。在这种模式中，科学技术被看成是给定的。人们假设，科学技术本身同其应用所带来的社会问题是分离开来的，或者是先于这些社会问题的，然后再去分析其在实验室之外的社会影响。④

可以说，这样的 ELSI 研究，其目的更多地在于起润滑剂的作用，成为科技研发实验室的公共关系代理人，在普通公众中创建信任感使之接受新兴技术，从而为新兴技术的工业化或商业化扫清障碍。伦理和社会的考量被剔除出塑造知识和技术本身的过程，只能检阅技术的影响或后果，其作

---

① 参见 Erik Fisher, "Lessons learned from the Ethical, Legal and Social Implications program (ELSI): Planning societal implications research for the National Nanotechnology Program", *Technology in Society*, No. 27, 2005, p. 323。

② Philip Kitcher, "Research in an Imperfect World", In Philip Kitcher, *Science, Truth and Democracy*, New York: Oxford University Press, 2001, pp. 181 – 197.

③ Langdon Winner, *Langdon Winner's Testimony to the Committee on Science of the U. S. House of Representatives on The Societal Implications of Nanotechnology*, 2003, http://www.rpi.edu/~winner/testimony.htm.

④ Phil Macnaghten, Matthew B. Kearnes and Brian Wynne, "Nanotechnology, Governance, and Public Deliberation: What Role for the Social Sciences?" *Science Communication*, Vol. 27, No. 2, 2005, pp. 268 – 291.

用受到了很大的限制，人文社会科学所具有批判的功能被大大地消解了。

（二）早期技术评估进路的不足

20 世纪 60 年代，随着资源破坏、环境污染等问题的凸显，科技双刃剑性质成为人们关注的焦点。为了更好地利用技术并防止其消极影响，美国兴起了一种叫作"技术评估"（Technology Assessment，简称 TA）的理念。最初，这一理念被概念化成科学政策咨询的过程，例如，专家和政策制定者之间进行交流，通过全面地分析社会经济条件和实施新技术所带来的潜在社会、经济和环境影响，来扩大政策决定的知识基础。人们期待，在对问题做出更好的科学分析的情形下，应该能做出合理的政策规划。这成为当时技术评估理念的核心思想。1972 年，美国国会建立了"技术评估办公室"（OTA），旨在通过创立一个机构为审议和决策提供广泛的知识基础，并对潜在问题和政治干预提出"早期的警告"。在其影响下，20世纪八九十年代，欧洲也建立了大量类似的议会性机构。[①]

尽管并没有对 TA 的统一定义，但以美国 OTA 为模板的早期技术评估机构基本上都试图通过预测技术可能带来的社会、经济、环境等影响，建立一套早期预警系统，以察觉、控制和引导技术变迁，从而使公众利益最大化并使风险最小化。[②] 所以，我们可以把早期技术评估形式称作"预警性 TA（技术评估）"。

然而，各种有关科技发展的社会冲突和争议的不断发生，让人们认识到预警性技术评估存在着诸多不足。

首先，仅仅依靠科学数据与概念并不能解决技术发展带来的风险和不确定性。技术发展过程及其社会影响并不是可以事先完全预测到的。

其次，科技政策的制定过程包含了各种相互冲突的价值观、目标和不同社会利益与需求，价值判断必然会渗透进技术评估过程中，我们必须正视这一过程的复杂性。

最重要的是，传统的技术评估进路暗含了技术决定论。这典型地体现在它经常采用的"技术路线图"（roadmap）方法上。这种方法预设技术发展的

---

① Miltos Ladikas, *Embedding Society in Science & technology Policy*: *European and Chinese Perspectives*, Belgium: European Commission, 2009.

② 邢怀滨、陈凡：《技术评估：从预警到建构的模式演变》，《自然辩证法通讯》2002 年第 1 期。

轨迹已经给定，我们要探讨的是社会应该如何去适应技术的发展。例如，国际风险治理委员会关于纳米技术风险治理的报告，就依据罗科（Mihail Roco）的纳米技术发展四阶段，分阶段地分析可能的风险及其应对策略。这份报告虽然承认技术发展本身存在不确定性，但是，它所论及的未来情境只是社会单方面地适应技术的发展，而不是技术和社会共同演化的结果。技术发展被当成了持续的常量，通过有效风险管理实现的社会发展则成了变量。① 这种技术评估方式并没有回答：风险治理的考量是否会影响到技术发展路径本身？

二　整合技术评估的纳米技术 ELSI 研究

前文表明，早期的 ELSI 研究没有很好地被整合进科学政策过程和研发过程。纳米技术的 ELSI 研究如果要摆脱曾经的局限，所需的下一步工作是将社会科学和政策研究同科学技术发展从一开始就整合起来。现在，欧美政府在发展纳米技术时对有关伦理和社会问题的高度关注，提供了这种机遇。

为了响应这次难得的机遇，一些 STS 学者提议，要让社会科学为纳米技术的治理做出建设性的贡献，改变既往 ELSI 研究中人文社会科学的被动角色。

例如，英国社会学者麦克诺腾（Phil Macnaghten）、凯恩斯（Matthew Kearnes）和温（Brian Wynne）等人宣称：

> （我们）要努力用社会科学打开科学和创新的"黑箱"，以便那些塑造科学发展的假设向更广泛的公众监督敞开，将更强的反思意识引入科学家的专家世界，期待创新过程间接地增加对人类需求和期待的敏感度，从而获得更大的适应力与可持续性。②

美国 STS 学者古斯顿等人则设想纳米技术 ELSI 研究能够告知和支持

---

① Risto Karinen and David Guston, "Toward Anticipatory Governance: The Experience with Nanotechnology", In Mario Kaiser et al., ed., *Governing Future Technologies: Nanotechnology and the Rise of an Assessment Regime*, Dordrecht, Springer Science + Business Media B. V., pp. 226 – 227.

② Phil Macnaghten, Matthew B. Kearnes and Brian Wynne, "Nanotechnology, Governance, and Public Deliberation: What Role for the Social Sciences?" *Science Communication*, Vol. 27, No. 2, 2005, p. 4.

纳米科学与工程的研究，也可以在社会价值被嵌入创新之中的时候，为观察、批评和影响这些社会价值提供明确的机制。[①]

那么，怎样才能在纳米技术发展过程中实现上面各种关于新的 ELSI 研究的美好憧憬？荷兰与美国的学者不约而同地采取了同技术评估整合的方式。

虽然，早期的技术评估也陷于技术决定论、技术专家治国的窠臼之中，但是，自 20 世纪 80 年代开始，参与式（participatory）的技术评估进路兴起，技术评估不再被单纯地看作向决策过程输入客观、中立的知识，利益相关者在技术发展过程中的实际介入越来越受到重视。技术评估不仅包括了对技术可行性及可能后果的预测分析，还包括了实际介入。社会不再是单向地适应技术的发展，而被视作与技术共同演化着。

比较有代表性的一种参与式 TA 进路，就是 1986 年在荷兰兴起的建构性技术评估（Constructive Technology Assessment，简称 CTA）。这是荷兰屯特大学的学者里普等人提出的一种进路。与以往技术评估将技术的影响看作技术对环境的被动作用不同，CTA 将评估的重点从对技术后果的预测转移到技术设计与开发本身，认为技术发展各个阶段都与相关社会因素的参与密切相关。使用者和其他利益相关者从一开始便参与技术发展之中。技术的发展应是一个包括社会学习在内的不断反馈的过程。技术的影响是行动者主动寻求或避免的结果。[②] 因此，CTA 可被界定为：通过尽可能多的相关社会因素的持续参与，为实现技术与社会发展的最佳结合而扩展关于技术的决策过程。[③]

具体到纳米技术的社会和伦理风险，秉持 CTA 进路的荷兰学者里普强调，我们不仅要关注纳米技术的社会应用阶段，更要关注纳米技术早期政策制定过程和研发实施过程，让有关纳米技术的 ELSI 研究贯穿纳米技术发展的全程。这一理念在荷兰的国家级纳米技术评估项目 "TA

---

① David Guston and Daniel Sarewitz, "Real – time Technology Assessment", *Technology in Society*, No. 24, 2002, pp. 93 – 109.

② Arie Rip, Thomas J. Misa and Johan Schot, *Managing Technology in Society: The approach of Constructive Technology Assessment*, London: Pinter, 1995.

③ Johan Schot and Arie Rip, "The Past and Future of Constructive Technology Assessment", *Technological Forecasting and Social Change*, Vol. 54, 1996, pp. 251 – 268.

NanoNed"中进行了初步的尝试。里普等人采用了"社会—技术情景"的方法，首先，让社会科学家根据对纳米技术发展现状的调研，从宏观、中观和微观三个层面，从政府、立法机构、保险公司、科研机构、公众等群体对某一项具体的纳米技术应用（例如，纳米颗粒、纳米芯片等）描绘出"社会—技术"的演化构想，从而对纳米技术未来的社会影响做出趋势预测；其次，社会科学家通过召开工作坊的方式，将各个利益相关者召集起来，共同探讨纳米技术潜在的风险问题，并由此反馈给与会的技术政策制定者和科学家，以便让公众和社会的意见得以影响纳米技术的实际发展进程。①

另一种形式的 TA 是 2002 年由美国亚利桑那州立大学"社会中的纳米技术中心"的学者古斯顿和萨赫维兹提出的"实时技术评估"（Real - Time Technology Assessment，简称 RTTA）。这一评估进路借鉴了很多 CTA 的主张，大体与之类似，只是更侧重技术的政策制定过程，力图熟悉和支持自然科学与工程研究，在社会价值内嵌到创新之中时，为它们产生影响提供明确的机制。②

RTTA 分成四个部分：（1）研究系统分析，描绘与那些明确的社会目标有关的研发项目；（2）公众意见与价值，包括公众民意测验与研究者的价值；（3）审议与参与，包括在科学参与者和公众参与者中建立未来场景；（4）反思与评估前面三个活动怎样影响了研究决策。③

在此基础上，CNS - ASU 的学者提出了"预期治理"（Anticipatory Governance）的理念。所谓"预期治理"，是一种通过与研究议程早期的联系培养起来的能力，是各种利益相关者和外行公众为纳米技术可能带来的议题发生在具体技术中而预先做准备的能力。预期治理可以通过大规模的研究整体（ensemble）来实现，包括预见、公众参与和将社会科学探究

---

① Arie Rip, "Constructive Technology Assessment and Socio - Technical Scenarios", In Erik Fisher, Cynthia Selin and James M. Wetmore, ed. , *Yearbook of Nanotechnology in Society*: *Presenting Futures*, New York: Springer - Verlag New York Inc. , 2008, pp. 49 - 70.

② Erik Fisher, *Midstream Modulation of Technology*: *A Case Study in US Federal Legislation on Integrating Considerations into Nanotechnology*, Doctoral Thesis, University of Colorado, USA, 2006.

③ David Guston and Daniel Sarewitz, "Real - time Technology Assessment", *Technology in Society*, No. 24, 2002, pp. 93 - 109.

同自然科学和工程实践整合的研究。

CNS – ASU 尤其通过开放源的情景（open – source scenario）和更加传统的情景发展工作坊，来达成这一目标。

在开放源情景中，CNS – ASU 研究者创造了看似可信的纳米技术"情景"，这是根植于已发表的科学、大众科学和科幻作品中的初步情景形式。草拟出这些情景之后，研究者们就通过有关纳米技术研究者的焦点小组（focus group）来审查这些情景的可信度。焦点小组讨论出类似路线图的技术发展路径和时间表，并提出一些关键词。随后，这些关键词将根据当前纳米技术数据库接受审核，以识别出这些领域里当下的和新兴的研究状况。情景写作核对完毕之后，就被放到特别设计的网络平台上，使之与各种公众产生互动。CNS – ASU 的研究者们就分析互动所反映出来的情况，并将分析结果提供给那些从事这些领域研究的纳米科学共同体。

在更加传统的情境发展工作坊中，CNS – ASU 的研究者将纳米技术研究者、社会科学家、伦理学家和有关的临床人群、法律人群和资金人群组织协调起来，举办一个为期两天的互动会，讨论出可信的未来发展方案、个人化的医学诊断措施（"盒子里的医生"技术）。工作坊使用了一种重在识别技科学和社会发展的关键不确定性的传统方法，根据从高到低的价值维度，以及从集体到个人的使用语境，提出了社会—技术情景。

这一情景提出的初步经历表明，预期可以被归结为用一种非预言的方式开始影响技术社会发展路径。预期治理刻画出了一种方式，让社会学家和人文学者帮助创造未来。它更明确承认我们需要培养并增强某些能力，以便让社会建构起更富生产力、更为公正的未来。因此，这类预期练习的目的不在于同意哪一种可欲的技术路径和合适的治理框架，而在于增强有关可能技术路径和其他治理框架的对话和理解，在于澄清这两种未来投射应该如何互动地发展起来。因此，此类活动提升了在不同的甚至不可预见的情况下做出决策的能力，而不是基于固定的技科学推测做出好的长期决策。①

---

① Risto Karinen and David Guston, "Toward Anticipatory Governance: The Experience with Nanotechnology", In Mario Kaiser et al. , ed. , *Governing Future Technologies: Nanotechnology and the Rise of an Assessment Regime*, Dordrecht, Springer Science + Business Media B. V. , pp. 217 – 232.

第四节　公众参与

除了通过 ELSI 问题的研究，让社会和伦理的专识直接被吸收进科学政策制定过程，公众参与也是促进社会和伦理考量进入科学发展过程的有效方式。欧美在发展纳米技术的时候，也非常注重开展相应的公众参与活动。

一　公众参与纳米技术发展的重要性

（一）听取公众意见是获取公众对新技术接受的重要前提

在 2003 年美国国会的听证会上，温纳曾经这样为纳米技术公众参与的合理性做辩护：

> 多年来，政府资助的研发活动都有一种排斥那些最终的利益相关者——公众——参与的倾向。公众为这些研究工作埋单，他们和他们的孩子又承受这些研究工作的后果（不论是好是坏）。那么，为何不将公众早早地吸纳进纳米技术的审议过程中，而不是等到纳米产品都上市之后才去做呢？[①]

这一点实际上已经被当前的欧美政策制定者们充分认可了。欧美政府认识到，纳米技术虽然被宣称为堪比蒸汽机、电气化和电子技术的革命来源，可以为社会带来诸多福利。但是，纳米技术也可能产生转基因食品所经历的负面公众反应。近年来，欧洲与美国关于纳米技术的各种报告中纷纷表示：要及早地开展纳米技术的公众参与，以便获取公众对纳米技术的接受，而不要再发生类似转基因技术那样的消费者抵制事件。

例如，欧盟 2004 年的《朝向欧洲的纳米战略》中声称：

> 没有严肃的沟通努力，纳米技术创新可能面临着不公正的负面公

---

① Langdon Winner, *Langdon Winner's Testimony to the Committee on Science of the U. S. House of Representatives on The Societal Implications of Nanotechnology*, 2003, http://www.rpi.edu/~winner/testimony.htm.

众认知（public perception）。把一般公众的观点考虑进来并且使之影响有关的研发政策决策，这种有效的双向对话是必不可少的。公众对纳米技术的信任和接受，对于长期的发展是关键性的，我们由此才能从潜在的收益中获利。很明显，科学共同体必须改善他们的沟通技能。①

荷兰皇家艺术与科学学院在 2004 年的一份报告中也指出：

公众关于 GMO 的混乱想法是引入这项新技术时迟钝的告知方式所导致的直接后果。……也许在引入纳米技术时，我们可能进展得更为有效。要这么做的话，我们需要尽快采取措施，让公众知晓科技的发展。另外，公众代表应该参与到纳米科学和纳米技术利弊的讨论中。②

还有一些欧盟的报告认为，公众有权利做出知情判断。这些报告也强调让人们获取科技教育必须是优先考虑的事，以便获取知情同意。

委员会的策略：推动欧洲的科学和教育文化。首先，人们必须对科技更加熟悉……委员会致力于增进管理者和市民社会之间的透明度与咨询度……如果公民和市民社会要成为一般科技和创新争论的成员……那么，仅仅让他们知情是不够的。他们必须有机会通过合适的机构来表达他们的观点。③

美国 NSF 在 2001 年的报告中也指出：仅仅告知公众是不够的，公众必须受到教育，以便理解纳米技术的优点。这份报告认为，告知和教育公

① EC（European Commission），*Towards a European Strategy for nanotechnology*, 2004, http://ec. europa. eu/nanotechnology/pdf/nano_ com_ en_ new. pdf, p. 19.

② Royal Netherlands Academy of Arts and Sciences, *How Big can Small Actual be? Study Group on the Consequence of Nanotechnology*, 2004, http://www. knaw. nl/nieuws/pers_ pdf/43732b. pdf, p. 27.

③ 转引自 Mette Ebbesen, "The Role of the Humanities and Social Sciences in Nanotechnology Research and Development", *Nanoethics*, No. 2, 2008, p. 3.

众将产生信任，并因此接受纳米技术。研究纳米技术的社会蕴意将推进纳米技术的成功，因此将可能获取纳米技术的收益。该报告并不认为让公众知情会带来怀疑。①

总之，欧洲关于转基因食品和生物技术的公众态度研究表明，实施新技术的社会、经济、伦理和政治维度对于公众来说是重要的。欧洲公众对转基因食品有关风险的认知比专家所提供的技术—科学方面要广阔得多。在公众的心目中，风险还包括道德考虑（即这样做是道德的吗）、民主考虑（即谁来资助和控制生物技术）以及不确定性（即是否会存在不确定的负面后果）。所以，欧洲和美国关于纳米技术研究的报告除了关注向公众普及具体纳米技术知识之外，也非常注重与公众交流纳米技术的社会和伦理方面。

（二）打破专家垄断，实现最广泛的伦理审议

在即便是专家们都无法确定科技研究的未来的时候，公众参与有什么用处呢？答案是，科学和技术自身意蕴的模棱两可性、不确定性使得我们很难仅凭哪一门单独的学科（比如风险评估）来做出有效回应。当不确定性变得更为广泛、更难应对的时候，我们需要更加多元的、不同的知识形式。公众参与所提供的正是一种多元知识形式。它包括了各种知识与经验，能够为更加坚固的长期选择提供信息。②

除了打破科技专家对科技发展的决策，有助于让伦理和社会的维度进入科技发展日程，公众审议也将民主原则贯彻到了伦理和社会维度考量本身之中，让伦理审议也变得更为公开。

在欧美纳米技术发展实际过程中，伦理学成了用来规范创新、方便变革的政治工具。大量伦理委员会成为以社会的名义说话的有利场所。然而，在绝大多数伦理审议的情形中，这种新的伦理专识绝非广泛的参与性实践，而应该被理解成边界划定的实践。我们所面临的挑战是如何提出一种反思伦理议题的更广泛的方式，使用确保真正审议

① Mihail C. Roco and William Sims Bainbridge, ed., *Societal Implications of Nanoscience and Nanotechnology*, Dordrecht: Springer, 2001.

② Andrew Stirling, *From Science and Society to Science in Society: towards a framework for "co-operative research" —Report of a European Commission Workshop*, 2006, http://ec. europa. eu/research/science – society/pdf/goverscience_ final_ report_ en. pdf.

（deliberative）的各种工具，以一种不那么正式的方式让利益相关者参与进来。①

更进一步，公众对科技发展有关的伦理和社会议题的参与，也有助于保持人文社会学者批判性。美国学者兰顿·温纳当初不建议国会颁布实施诸如《纳米伦理学家全职雇佣法案》的法律来支持专职研究纳米伦理的新职业，就是因为担心从事新兴技术伦理维度研究的人们逐渐地转向更加舒适的甚至琐碎的问题，而回避那些可能会成为冲突焦点的议题，变得对科学和工程研究者有些过于友好了，只告知他们想听的事情（或者人文社会学者认为科学家们想听到的事情），而很少说"不"。一种避免这种道德和政治琐碎化的方式是，鼓励社会科学家和哲学家将他们的发现呈现在由商界、科研界、环保组织、教会和其他群体参加的论坛上。②

二　公众参与的形式

欧洲和美国（尤其是欧洲）开展科学技术的公众参与由来已久，逐步形成的各种参与形式也颇为丰富。当前欧美各种形式的纳米技术公众参与活动鲜明地体现了这一点。

（一）上游公众参与

当前，纳米技术的发展尚在襁褓之中，其社会影响更是充满不确定性。此时，公众对于纳米技术的态度也尚未完全定型。在这种情况下，纳米技术的公众参与体现出一种强烈的"上游参与"特征。不过，不同的群体对何谓"上游"给予了不同的理解。

英国皇家学会和皇家工程学会发布的报告中，从三个方面认为纳米技术还处在"上游"：一是纳米技术发展的未来方向尚未确立；二是纳米技术的社会和伦理影响尚不确定；三是公众对纳米技术的态度尚不固定。于是，这份报告建议，当技术的发展还处在"上游"时，使用公

---

① EC (European Commission), *Challenging Futures of Science in Society: Emerging trends and cutting - edgeissues*, Brussels: European Commission. Directorate - General for Research, 2009.

② Langdon Winner, *Langdon Winner's Testimony to the Committee on Science of the U. S. House of Representatives on The Societal Implications of Nanotechnology*, 2003, http://www.rpi.edu/~winner/testimony.htm.

众的参与预期未来的相关争议，通过建立共识，人们可以减少冲突，解决争议。①

英国 DEMOS 组织编写的小册子《看透科学》（*See Through Science*），则对"上游公众参与"做了不同于英国皇家学会的定义。在这本小册子中，公众参与不再是仅仅在给定的技术选择之间做抉择，而是协助定义技术选择。纳米技术路径的塑造既是社会的也是技术的过程。"上游"也并不简单意味着技术发展过程的早期，而被强调为技术发展尚未定型、尚具灵活性的阶段。②。

要注意的是，加强公众参与并非是要对科学家和工程师的技术专识做事后评判，只是认为科学与创新是社会的、文化的和建制性的活动——同样，这也是技术性的和专门性的活动。公众参与是要"形成"（framing）科学证据与技术项目，而不是参与专门方法或技术分析的细节。为此，公众参与提供了对具体价值观和利益更加负责任的方式，明确了科学的治理和科学在治理中的一般性使用。比如，优先事项与目标是什么？如何辩护资源在不同的创新领域或探索线路上的分配？考虑到机构的行为或者真实世界中的技术，对科学建议的阐释是基于何种假设？这一见解有一个非常重要的意蕴，即公众参与发生在"上游"时，具有很高的价值——研究或以科学为基础的政策制定的最早阶段。正是在这一早期阶段，研究或政策发展的形成具有相对的灵活性并容易受到影响。③

（二）代表性项目

近五年来，欧盟层面开展了大量有关纳米技术公众参与的活动。这里，仅简单介绍几个较有代表性的项目。

（1）"纳米技术能力培育 NGO"项目（Nanotechnology Capacity Building NGOs，简称 NANOCAP），旨在帮助欧洲商会联盟和非营利性环保组

① Royal Society and RAE（Royal Academy of Engineering）（UK），*Nanoscience and Nanotechnologies: Opportunities and Uncertainties*，London：Royal Society and Royal Academy of Engineering，2004.

② James Wilsdon and Rebecca Willis，*See - Through Science：Why Public Engagement Needs to Move Upstream*，London：Demos，2004.

③ Andrew Stirling，*From Science and Society to Science in Society：towards a framework for "co - operative research" —Report of a European Commission Workshop*，2006，http：//ec. europa. eu/research/science - society/pdf/goverscience_ final_ report_ en. pdf.

织在纳米技术争论中发展出自己的立场，向学术界和工业界的研发执行者提供引入"负责任的纳米技术"的工具，为当局应对伦理学、健康、安全和环境风险议题提供初步的建议。

（2）"深化对新兴的纳米技术的伦理参与"（Deepening Ethical Engagement and Participation in Emerging Nanotechnologies，简称 DEEPEN），旨在通过跨学科的进路，借鉴哲学、伦理学和社会科学的洞见，深化与新兴的纳米技术有关的议题的伦理理解，描述出纳米技术界事实上遵循的伦理学，并在此基础上提出增进纳米科学和技术界伦理反思性的方法。

（3）"纳米生物技术：有关社会和伦理学议题的负责行为"（Nanobiotechnology：Responsible Action on Issues in Society and Ethics，简称 Nanobio – RAISE），其目的在于，将所有相关的关键行动者聚集在一起，讨论那些很可能引发公众和政治担忧的科学和商业发展，澄清所涉及的伦理议题和公众担忧，提出并执行公众传播战略，以应对涌现的问题。

在欧盟各成员国中，英国素来以推行公众参与科学而著称。在纳米技术的公众参与上，英国仍然表现突出。自2005年以来，英国政府和民间已经开展了10个有关纳米技术的公众项目。这些项目旨在形成和改善公众参与实践，促使并探究公众观点的形成，以及影响纳米技术政策和研究。

其中，较有代表性的有以下六个项目（见表4—1）。

表4—1　　　　　　英国纳米技术公众参与主要项目的情况简介

项目名称	项目主要目标	实施方式
纳米陪审团（Nano Jury UK）	A. 促成不同观点和利益群体彼此开展有教育意义的对话； B. 探索审议过程在拓展纳米技术研究政策讨论上的潜力； C. 为人们关于纳米技术的知情观点影响政策提供可能的工具	采取类似法律陪审团的方式，让一群参与者做陪审员，通过讨论并会见一系列"目击者"，检验纳米技术的社会意义。最后，"陪审员们"提出建议，做出最后"判决"

续表

项目名称	项目主要目标	实施方式
闲谈（Small Talk）	A. 支持科学传播者在科学家和公众之间展开有关纳米技术对话的努力； B. 更好地理解公众和科学家关于纳米技术的期待与担忧； C. 与政策制定者、科学共同体分享该项目的发现	该项目一共组织了 20 次、累计超过 1200 名参与者参加的活动，并开设了一个网站，以期为热衷于纳米技术公众参与的科学传播组织提供建议
纳米对话（Nano – dialogue）	A. 在关于纳米技术社会争论方面实验上游公众对话的新方法，为相关的公众、政策和科学争论生产智识和实践策略； B. 确保这些对话实验可以影响机构的政策制定和优先发展项目的设定过程	开展了四次上游公众参与实验： A. 纳米技术和环境的人民调查（组织了三次审议工作坊）； B. 参与研究委员会（组织了三次包括科学家、公众团体、研究委员会成员参加的工作坊，讨论公众参与在研究委员会决策制定中的角色）； C. 纳米技术与发展（关注纳米技术在饮用水供应中的角色，召开了为期三天的有政策制定者、政治家和两个公民组织的代表参加的工作坊）； D. 公司的上游参与（运用情景工作坊，讨论纳米技术在护发产品、口腔护理和食品中的应用）
纳米技术、风险与可持续性（Nanotechinologies，risk and sustainability）	A. 探讨将公众反馈整合进技术创新过程的做法，是否会改善纳米科学家和一般大众之间对话； B. 在纳米技术研发的哪个阶段提出公众议题是现实的	A. 访谈生物技术监管的主要相关者，汲取生物技术的教训； B. 研究纳米科学家、政策制定者，旨在识别出纳米技术发展的社会、文化和政治预设； C. 组织五个焦点小组，与公众代表会晤； D. 召开有科学家和焦点小组成员参加的互动工作坊

项目名称	项目主要目标	实施方式
公民科学（Citizen Science）	鼓励年轻人通过讨论和争辩形成关于科学议题及其社会和伦理影响的看法，并且通过教授年轻人如何依照自己的看法行动来激发他们身上的公民意识	采取了包括"脱口秀"式的讨论、网络资源、教学道具和在线游戏等多种形式，有100名青少年学生参加，为期一天。最后，由学生们投票：哪些纳米技术研究领域应获资助？纳米技术应在多大程度上受到监管
公民审议会议（Democs）*	让小群体的人也能参与到纳米技术政策议题中来	参与者阅读一系列卡片，选择他们认为最重要的话题进行讨论，最后就一个话题表述自己所青睐的政策立场

注：＊Democs 是 "Deliberative Meeting of Citizens"（公民审议会议）的缩写。

资料来源：Karin Gavelin et al. , *Democratic Technologies? The Final report of the Nanotechnology Engagement Group*, 2007, http：//www. involve. org. uk/assets/Publications/Democratic – Technologies. pdf, pp. 13 – 22.

在美国，纳米技术的公众参与活动也受到重视和推广。其中，有代表性的是南卡罗来纳州立大学与本尼狄克学院合作创立的"纳米技术公民学校"（citizen school of Nanotechnology）。当地社区的成员通过互动式学习，具备了参与纳米科技发展的能力，也被鼓励去参与纳米科技的发展。[1]

本章小结

由于纳米技术是新型的技术，它面临着技术的、商业的和社会的多重不确定性。在转基因生物技术发展受阻的教训面前，欧美各国政府在发展纳米技术的时候，从一开始就对有关的环境和社会影响给予了关注。"负责任的纳米技术发展/创新"成了各国政府、产业界的口号。

---

[1]　Ana Delgado, Kamilla Lein Kjölberg and Fern Wickson, "Public engagement coming of age：From theory to practice in STS encounters with nanotechnology", in *Public Understanding of Science*, 2010, pp. 1 – 20.

　　然而，纳米技术仍然处于发展初期，相关的毒理学研究也刚刚起步，其社会和伦理效应还没有获得充分展现。当前我们对纳米技术效应的了解还很有限，面临着巨大的知识缺口。在这种情况下，秉承"预警原则"，欧美在发展纳米技术时，为了确保纳米技术本身的可持续发展，纷纷采取了软性监管措施，并制定了自愿性的章程，以期应对纳米材料的环境、健康和安全问题，用公开、透明的信息发布来弥补当前可能存在的监管漏洞。纳米材料的生产使用不再只由产业界和政府说了算，政府、产业界开始主动承担起面向公众的责任，充分尊重了公众在这些问题上的知情权。

　　相较于具体化的环境、健康和安全风险，各种看不见、摸不着的伦理、社会和法律议题的不确定性就更强了。对此，欧美各国采取了与以往不同的研究路线，将曾经独立于科学技术探索开展的 ELSI 研究，整合进科学技术探索本身之中。通过与公众参与活动的结合，纳米技术的 ELSI 研究强调了人文社会科学学者、科学家、工程师、毒理学家、政策制定者和公众之间的共同合作。

　　总之，不论是 EHS 问题，还是 ELSI 问题，欧美当前为了"负责任的纳米技术发展"所采取的各种举措，都突破了技术推动者单方面决定技术发展路径的既有模式，而主动地将曾经被忽视的技术影响者的利益诉求考虑了进来。虽然说，某些"伦理参与"的具体措施（比如，自愿报告体系、行为章程等）的初步实施效果不尽如人意，整合性的 ELSI 研究进路效果尚不明确，这些措施也并非完全因为发展纳米技术而产生的，但是，根据本书第三章第三节第三部分对"伦理"做的宽泛界定，可以说，在欧美的纳米技术发展战略中，"伦理"通过共同参与和治理的形式扮演了相当积极的角色。相较于对纳米技术潜在社会和伦理影响的避而不谈、视而不见，当前欧美纳米技术发展过程中所涌现出来的这种多层面参与行为，不论最终是否能够如愿让纳米技术最大限度地造福人类、避免危害，它本身就构建出了一幅更加"负责任"的技术发展图景。

第五章 纳米实验室中的微观伦理参与

本书第四章论述了欧美政府、产业界、人文社会科学家与公众在纳米技术发展中所采取的"伦理参与"形式，那么，作为纳米科学技术的直接研究者，实验室中的纳米科学家、工程师们如何看待自己的社会责任？他们在实验室中可以开展怎样的"伦理参与"活动？这又会对我们重新理解科学家和工程师的社会责任产生怎样的影响呢？本章将通过引介欧美在纳米实验室层面的伦理参与状况，对上述问题做出尝试性回答。

第一节 纳米实验室中的伦理参与语境

一 社会伦理议题日益引起纳米科学共同体关注

2007 年 5 月至 7 月，美国几位社会科学家电话调查了 1015 名美国公民和 363 名纳米科学家与工程师。调查结果显示，受调查的美国纳米科学家、工程师虽然在总体上比普通公众对纳米技术前景的看法更为乐观，但是，在涉及纳米技术将可能给环境带来更多的污染、给人类带来新的健康问题上，科学家们比普通公众更为担忧。[①] 这是以往技术发展中很少见的现象。

针对美国纳米科学家的更大规模调查源自美国 NNIN 下属的 SEI（Social and Ethical Issues）项目组。2005 年 9 月至 2006 年 7 月，SEI 项目组在 NNIN 各成员机构的网站上发布关于纳米技术伦理学一般问题和具体伦理议题的调查问卷。隶属于 NNIN 的美国 13 家纳米研究机构的 1037 名科

---

① Dietram A. Scheufele, Elizabeth A. Corley, and Sharon Dunwoody et al. , "Scientists Worry about Some Risks More than the Public", *Nature Nanotechnology*, Vol. 2, 2007, pp. 732 – 734.

研工作者回馈了网络问卷。这次调查所涵盖的纳米科研工作者范围十分广泛，包括研究生、博士后、大学教授、产业和政府部门的科学家和工程师，还有 NNIN 的网站管理者、实验室主任、技术员等，可以说，涉及了整个美国纳米科学共同体的方方面面。这项调查的结果表明，绝大多数受调查的纳米科学家或工程师都认识到，纳米科研工作者的伦理责任并不仅限于实验室中的安全和诚信，同时还对其科研工作可能的社会应用负有特殊的伦理责任。

对于科研工作者肩负的社会伦理责任，很多被调查者不同意这样的观点，即纳米技术实验室的研究者的伦理责任只在于遵守实验室的安全规定。大多数被调查者认为，纳米技术实验室里要做出伦理上负责任的行为，除了遵守安全条例，还有至少两个以上的伦理责任：预期他们的上游研究所引发的下游伦理问题，如果研究者有理由相信他的工作将在社会中得到应用，并对人类造成严重的伤害风险，他们需要向恰当的群体（parties）发出警告。大约十个被调查者里面有九个人都认为，纳米技术可能是大多数研究者不愿意免除自己宏观社会伦理责任的最初的几个科学领域之一。这些宏观社会伦理责任原来都是分配给下游的行动者的，比如，发展工程师、制造者、政治家、管理者和公众成员等。

该项调查还测试了美国 NNIN 各机构中的纳米科学家们对纳米伦理学的敏感度。项目的数据分析显示，高度敏感的群体大概是低度敏感群体人数的 2 倍，中度敏感的群体和高度敏感的群体加在一起是低度敏感群体人数的 5 倍。对此，我们有很好的理由相信，绝大多数纳米科学家并没有忽视、抵制或拒斥有关纳米技术的伦理考量。乐观点说，在对待有关纳米技术的伦理问题和伦理态度上，数据表明，绝大多数 NNIN 研究者都意识到并认可了去学习、去对纳米伦理学的事情做出回应。[①]

长期以来，科学共同体中盛行着这样一种固有信念，社会只有在中立的科研工作被应用到具体的社会语境中之后才负有责任。然而，这项对 NNIN 科研工作者就有关自己工作的伦理议题和伦理学的观点的调查表明：绝大多数被调查者都非常不同意这种范式化的理念。这恐怕是科学共

---

① Robert McGinn, "Ethics and Nanotechnology: Views of Nanotechnology Researchers", *Nanoethics*, Vol. 2, No. 2, 2008, pp. 101 – 131.

同体固有理念首次在当前科学技术领域发展中遭到挑战。

二　科学共同体既有行为规范的"伦理缺位"

上文介绍的 NNIN 调查结果并非没有令人担忧的地方。当调查者论及，除了安全规定之外，还有什么引导着纳米技术研究者在实验室里做出正确的事情的时候，大概 40% 的受调查者不认为纳米技术研究者愿意或者能够有效地自治。有 60% 的人认为，有必要在纳米实验室发展并宣传负责任的纳米技术行为伦理大纲。可是，绝大多数的被调查者声称，他们很少或者没有接受过关于他们研究工作的伦理学教育。这些纳米科学家们尽管关注到了有关自己工作的社会伦理议题，但是他们不认为自己充分了解这些议题。[1]

是什么造成了这种现象呢？

直接的原因在于，现代科学共同体行为规范是"伦理缺位"的。

根据英国著名科学社会学家约翰·齐曼（John Zimman）的看法，现代的科学研究可以分成两大类：（1）大学和很多公共资助的研究机构里，人们从事"学院科学"；（2）产业科学。下面笔者分别阐述在这两种科学研究模式中，伦理被置于何处。

一方面，在"学院科学"模式下，大学与研究机构对科学家们的研究鲜有直接的影响。科学家们自行决定他们要研究什么，如何研究。唯一的限制，也是实际上相当有力的限制，来自于科学家们的研究要受到同行们的严密监督。整个学院科学界就好似一个积极的、有秩序的共和国，其中只有生而自由的公民，却没有中央政府。对此，美国科学社会学家默顿（R. K. Merton）曾经总结出一套构成了科学精神气质的"默顿规范"，为我们理解诸如同行评议、尊重发现的优先权等实践如何产生出所谓特有的"科学的"知识，提供了很好的理论框架。然而悖谬的是，这种"精神气质"里并不存在"伦理"的维度。因为伦理问题总是包含人类的"利益"。伦理不仅仅是一套抽象的智识规定，也事关在力图实现真实人类需求与价值观的时候产生的冲突。然而，学院科学精神气质系统——默顿规

---

① Robert McGinn, "Ethics and Nanotechnology: Views of Nanotechnology Researchers", *Nanoethics*, Vol. 2, No. 2, 2008, pp. 101 – 131.

范中的 "祛私利性"（disinterestedness）排除了所有这方面的考量。为了追求完全的 "客观性"，这套规范规定，所有的研究结果都应该非个人地开展、呈现于讨论，就好像是机器人或是天使在做研究一样。

另一方面，在产业界和政府研发实验室中的产业科学家们的社会行为规范里，也没有伦理术语。即便产业科学家协会能够制定涵盖其工作各个方面的职业章程——这些章程也许具有强烈的非直接伦理意蕴，诸如对公共安全与人类福祉的明确考虑等，但是，这些伦理意蕴并不内在于产业科学的研究文化之中。而且，产业科学受制于私人的或公共的公司组织，科学家们为公司老板打工。一旦遭遇了伦理困境，责任合法地落在公司雇主身上，而这些雇主本身很少是科学家。对于绝大多数产业科学家来说，积极思考伦理问题就是在自找麻烦。这使得产业科学家感到，如果他们将 "伦理学" 排除在他们的科学工作之外，就会感到更加安全。[①]

综上所述，既有的科学行为规范将伦理学隔绝在外：一方面，人们认为学院科学家应该忽视其工作的潜在后果；另一方面，产业科学家又从事着那些后果似乎太过重大以至于他们无法承担这些后果的工作。

从根本上说，这种科学共同体行为规范的伦理缺位，源于现代科学共同体所信仰的实证主义科学观。实证主义科学观将科学研究本身与它的社会和伦理意蕴划分成截然不同的两个领域，认为存在一个客观的、无偏见的和独立的科学。我们首先从事的是价值中立的和客观的科学，只有当事实已经摆在桌面上的时候，才让社会来决定该如何处理。进一步，如果我们对科学和技术做出一个相对的区分，那么，上述科学观也构成了技术发展所依据的视角：技术是一个自动的过程，基本上独立于它的社会语境，是实现价值中立的目标的有效工具。

从科学技术自身发展的历程来看，将科学技术作为一门 "客观" 的学科与政治学、经济学和哲学区分开来，无疑便利了科学技术知识的突飞猛进。然而，现在科学技术的运行已经完全变成了另一番模样。这种实证主义的科学观遭遇了挑战。近些年来，学院科学和产业科学的文化开始融汇，齐曼称之为 "后学院科学"。后学院研究通常是由一系列的

---

① John Ziman, "Why must Scientists Become More Ethically Sensitive than They Used to be?" *Science*, Vol. 5395, 1998, pp. 1813 – 1814.

"项目"来承担的，每个项目都预先论证其合法性，以获得那些由非科学家构成的资助机构的支持。随着获得资助的竞争日益激烈，研究的预期结果，包括更广泛的经济与社会影响对于项目的成功获批越来越重要。所以，不再是个体研究者自己就能决定的了。大学和研究机构也不再被视作完全致力于为了知识本身的缘故去追求知识，而是被鼓励去寻求产业资助，去充分利用其研究人员做出的任何可申请专利的发现。此时，科学家们的工作与社会更加紧密地联系在一起，科学家们必须扮演新的角色。而在这新的角色中，伦理考量不能再被置之一旁了。

三　弥补科学共同体"伦理缺位"的对策导向

既然新的科学技术知识生产方式需要正视伦理考量，那么，如何来弥补既有科学共同体行为规范中的"伦理缺位"呢？对此，需要注意以下两点。

第一，要将抽象的规范原则转移到日常研究工作决策的具体语境中。要让广泛的伦理和社会考量整合进研究决策中，问题在于，我们如何将这些更宽泛的考量同具体的科研工作联系起来。

格雷瓦尔德认为，确保技术发展中伦理学的实践相关性（practical relevance），对于让伦理学在技术发展过程中发挥作用而言是必不可少的。如果没有清楚阐明，在哪一点上，伦理反思的结果可以被整合进技术发展的过程中，为什么要这样做，那么，伦理考量就无法获得实践相关性。笼统地说，伦理学的实践相关性应该通过确认实用场所（pragmatic sites）来证明。所谓实用场所，指的是关于技术的伦理考量可以找到一个切入点，进入具体的决策制定过程，参与塑造未来的技术。伦理考量必须被整合进已有的或者有待开发的技术发展"实践"，并且有一个实用场所去保证实践相关性。[①] 这也适用于纳米技术等新兴技术的伦理研究。在一定意义上，声称科研工作者具有反思其工作的更广泛的社会—伦理维度的道德责任，反过来就是声称伦理学家和社会学家有责任让伦理和社会的考量与具体的研究实践联系起来。

---

① Armin Grunwald, "Against over - estimating the role of ethics in Technology development", *Science and Engineering Ethics*, No. 2, 2000, pp. 181 - 196.

第二，我们不能强行要求，而只能鼓励研究者们批判性反思其工作的社会—伦理语境。这一方面源自研究共同体的学术自主性；另一方面源自科学技术价值中立观点的垄断地位。要实现研究实践中另一种社会责任观，必须考虑到科学共同体在机制的设计上是高度自主的。

在很大程度上，科学技术研发阶段不能够被直接监管。因为，位于科学发明核心的创造性过程要求高度的自由。研究者们应该在很大程度上能够自行其事。因此，研究过程成了某种"黑箱"。研究政策可以表达研究目标和预期，但这些目标最终是如何被转移成结果的，仍然位于研究共同体的手中。与此同时，科学价值中立性的观点深植于研究共同体之中。结果，任何想在科学共同体之中推行更广泛的"责任"概念的努力都面临着一种两难：一方面，由于科学价值中立性的观点在研究共同体之中根深蒂固，所以，我们呼吁根据外部刺激做出改变；另一方面，科学共同体的自主性限制了外部刺激带来变化的能力。对此，我们没有什么好办法。外部刺激只有被内部采纳之后才能产生理想的效果。在很大程度上，科学共同体更广泛的社会责任的实现，取决于研究共同体自主地采纳这种新责任观。研究共同体的相对自主意味着，对研究的社会—伦理语境的批判性反思不能被强加，而只能从内部得到鼓励。

在这个意义上，直接地呼吁科学共同体关注研究工作的社会相关性（social - relevance of research）也许会起到反作用。我们现在能够做的是，批判性地反思在科研工作中是否、何时具有社会相关性维度。这种程序性的伦理规约，既维系了科学研究的末端开放性特征，也告诉我们仍然需要科学的自由，但是，这不再是一种只着眼于拓展科学知识本身的自主科学的自由。①

第二节 纳米实验室伦理参与的初步尝试

如前文所述，纳米技术的政策制定者已经通过呼吁关注科学研究和技术发展的伦理、法律和社会方面，对公众的关切做出回应。这些塑造技术

---

① Daan Schuurbiers, *Social Responsibility in Research Practice*: *Enageing Applied Scientists with the Social - Ethical Context of Their Work*, Doctoral Thesis, Delft: Delft University of Technology, 2010.

轨迹的努力，传统地发生在科学研究之前——例如，通过研究政策、技术评估或公众参与，或者之后——通过监管或市场机制。尽管这些阶段都是重要的干预点，但是，科学研究过程本身也构成了被大大忽视了的应对社会关切的良机。实际上，科学家们所能扮演的最核心的角色恰恰是在实验室之中。实验室是一个很值得检验的领域。因而，在实验室的社会与伦理工作就是下一步。

美国和欧洲的几名学者做了开创性的尝试，发展出了人文社会科学家同自然科学家和工程师合作的新形式，探讨了让伦理社会的考量融入科学技术的发展过程。

一 研究项目方向选择上的伦理参与尝试

美国弗吉尼亚大学的社会学家戈尔曼（Michael Gorman）博士借助美国哈佛大学物理学史家伽里森（Peter Galison）的"交易区"（trading zone）理论分析了人文社会科学家融入自然科学家具体科学实践工作的可能性，并做了初步的案例尝试。

众所周知，库恩（Thomas Kuhn）曾经争辩说，常规科学是在共有的范式之下得以展开的，而不同的范式之间深入的交流几乎是不可能的。因为不同研究文化中的人几乎没有共同语言。这就是所谓的"不可通约性"问题。对此，物理学史家伽里森则注意到，物理学家和工程师在制造类似雷达等技术系统的时候进行了合作。为了解释他们为何跨越了不可通约性问题，伽里森提出了"交易区"的理论，认为极度不同的认识论之间仍然通过发展混合语（creole）或者简约化的共同语言进行交易。[①]

据此，戈尔曼认为，为了让纳米技术的发展代表社会和科学进步，工程师、自然科学家和社会科学家以及伦理学家也必须发展出自己的混合语，部分地化解学科间范式的不可通约性，共享人文社会科学家和自然科学家的专识，从而让他们彼此之间能够有效地交流。更进一步，社会科学家、伦理学家和科学家、工程师还要运用道德想象力，建立新的研究范

---

① 转引自 Michael E. Gorman, F. Groves and Jeff Shrager, "Societal Dimensions of Nanotechnology as A Trading zone: Results from a Pilot Project", In Davis Baird, Alfred Nordman, and Joachim Schummer, *Discovering the Nanoscale*, Amsterdam: IOS Press, 2004, p. 64。

式，以便真正地实现社会和技术的共同进步。

在创建这种纳米技术的交易区时，自然科学家和人文社会科学家之间会有劳动分工。戈尔曼本人力图在交易区中扮演类似伦理学家的角色，探究他是否可以跨越学科范式之间的不可通约性，参与到纳米技术研究方向和战略的决策制定过程之中。于是，在弗吉尼亚大学，戈尔曼与材料科学家格罗夫兹（Groves）启动了一项纳米技术研究项目，作为一次试验，来证明真正的跨学科合作是可能的。

这个项目的实验对象是一名叫作卡塔拉诺（Catalano）的材料科学硕士生的学位论文。卡塔拉诺同其他材料科学的硕士生一样，关注材料的合成与描绘。不同的在于，她这篇论文的写作将同时受到社会科学家与自然科学家的指导，而且她的研究重点被置于自己科研工作的潜在社会影响（包括潜在的危险和机遇）的考量上。

具体来说，首先，在设置研究重点和目标时，不仅有来自相关的自然科学学科的科学家与研究者，还从一开始就引入了社会科学的其他利益相关者。结果就是一个合作和迭代的技术发展进路，其中一个团队成员或者其他成员提出下一步的建议，并允许其他人提出异议（见图5—1）。这就使得社会影响考量不断注入讨论中，让原来顶多是跨学科的自然科学的讨论，变成了广泛的跨学科社会科学与自然科学的讨论。

其次，在研究过程的顶部，额外建立了一层探究。除了讨论制造一些新设计的部件所需的材料系统与属性，该团队还考虑了通过新设计的纳米技术部件诞生后可能引发的"世界灾难"（world - ill）。这些所谓的"世界灾难"包括以下七大类：空气质量下降（如全球气候变化、臭氧层空洞、酸雨等）；土壤污染（如长期的有机物污染等）；水污染（如非可持续性的渔业、海事污染、地下水污染等）；疾病（如艾滋病、癌症、心脏病等）；贫穷（如文盲、教育中的性别差距）；饥饿；恐怖主义；等等。

由于该进路不仅关注与有关工程材料过程有关的自然科学问题，还探讨有关社会合理性、社会考量和这类研究的社会收益等问题。实验项目团队成员在阐明或分享其思维模式的时候，不得不运用道德想象，发展出一种比喻式的混合语。

根据所讨论的社会目标（goal）与具体研究目标（target）之间的联系，团队成员围绕从登山口到登陆山巅的理念，提出了一种混合语。这种

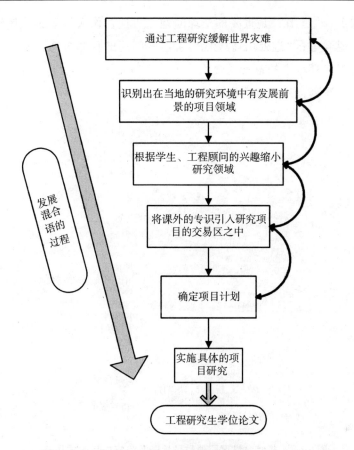

图 5—1　从一开始就将社会和伦理的考量整合进来后，研究生

论文项目的进展过程

资料来源：Michael E. Gorman, F. Groves and Jeff Shrager, "Societal Dimensions of Nanotechnology as A Trading zone: Results from a Pilot Project", In Davis Baird, Alfred Nordman, and Joachim Schummer, *Discovering the Nanoscale*, Amsterdam: IOS Press, 2004, p. 67.

混合语的诞生使得团队成员可以质疑目标——我们是否朝着正确的山峰迈进？并且也让他们可以质疑具体策略——我们是否在搭建正确的桥梁？

图 5—2 展示的就是正在演化这种比喻式语言的状况。其中，"小径"是具体研究项目进展过程；团队所选择的具体设计部件成了"山峰"；团队所识别出来的未知因素被视作传送设计部件的障碍，这些未知因素构成了必须架桥才能趟过的"溪流"；所谓的"桥梁"则是在研究过程中所发

现的新知识；"远山"是重要的全球问题与机遇，像人体健康、气候变化以及战争泛滥等；"近处山麓"代表了这些问题的具体方面，例如提供更多关于被引入环境中的毒素的数据。研究生需要建立可以被我们或其他人用来登上一系列当地山峰或山麓的"桥梁"。

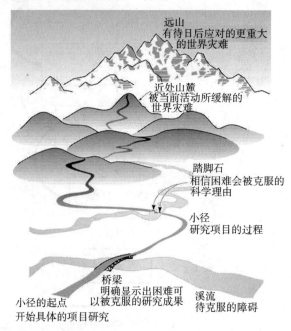

图5—2　将社会维度同项目目标联系起来的比喻式语言

资料来源：Michael E. Gorman, F. Groves and Jeff Shrager, "Societal Dimensions of Nanotechnology as A Trading zone: Results from a Pilot Project", In: Davis Baird, Alfred Nordman, and Joachim Schummer, *Discovering the Nanoscale*, Amsterdam: IOS Press, 2004, p. 69.

　　实验团队同意，最好是找到架桥的方位，以便能够在完成硕士学位项目的过程中合理地架桥。此桥应同局部研究环境中的其他桥梁衔接起来，以帮助该研究实现对社会有益的未来目标（山峰）。加入生物医学工程师使得团队能够识别出目标山峰的范围。在一番调整和努力之后，研究生卡塔拉诺最终确定要建设的桥梁是，用一个系统识别和实验，其中一个金属氧化物的量子点可以在另一个在表面电荷上具有充分差异的量子点上形成，以便蛋白质可以附着在量子点上，而不是附着在表面的其他地方。

具体而言，在这种混合语中，选题的确定是这样的：

（1）改进人类健康（加入一名关注血流在动脉硬化中的作用的生物医学工程师）——远山。

（2）设计允许血细胞附着在表面的纳米装置，以便于研究附着的特性——近处山麓。

（3）朝着这个纳米装置的方向，研究生搭建了一座桥梁。她研究金属氧化物的复合物，其中一个复合物形成了一个基质（substrate）；另一个沉淀为纳米点（nanodot）。一份生物材料附着在基质上；另一份生物材料附着在纳米点上。该生用二氧化铌完成了一项具体的实验工作，最终得到的是一个各种生物材料都适用的金属氧化物传感系统。①

尽管这个试点项目没有受控组，无法让格罗夫兹和研究生卡塔拉诺分别做出有戈尔曼参与的硕士论文和没有戈尔曼参与的硕士论文，然后再看研究路数与结果是否有所不同。但是，对于物理学家格罗夫兹来说，很明显，二者是不同的。因为，除了这篇硕士论文的研究项目，没有其他的项目融入了对全球问题的明确考虑，也没有其他项目包括了比喻式语言和对主要研究主题的不懈关注。实验结束之后，格罗夫兹感到项目结果是更好的科学；戈尔曼则对进入新科学前沿获取硕士学位过程中的协商种类加深了了解；研究生卡塔拉诺至少瞥见了从社会科学与伦理学视角看自己的论文会怎样，并且这种视角对其他自然科学学生也是重要的。

二　研究项目进行之中的伦理参与尝试

将社会考量纳入技术发展轨迹的政策，传统地倾向于要么发生在技术研发活动之前（上游），要么发生在技术研发活动之后（下游）。美国学者费希尔（Erik Fisher）通过参与工程研究组提出了塑造自然科学家和自然科学家之间互动的具体方式，即"中游调节"（Midstream Modulation），旨在在实验室中建立社会科学家和自然科学家间的合作性参与，以便逐渐拓宽研究决策。

费希尔注意到，"中游"意味着在科学结果被转化成产品或服务之前

---

① Michael E. Gorman, Patricia H. Werhane, and Nathan Swam, "Moral Imagination, Trading Zones, and the Role of Ethicist in Nanotechnology", *Nanoethics*, Vol. 3, No. 3, 2009, pp. 185 – 195.

的研发阶段,但是已经做出了批准和基金资助的决定。这一阶段发生在研究实验室,发生在对研究行为做出任何决定的绘图板前。"中游调节"询问研究是如何被实施的,研究的主要议题是什么,而不是一项研究项目是否应当被执行——这是上游政策问题。"中游调节"是在研究进展着的同时根据社会因素来评估与调整研究决策的手段(见图5—3)。

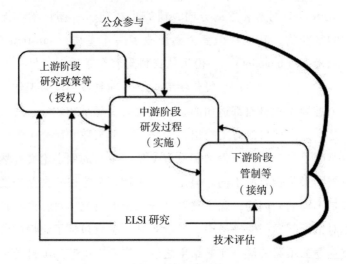

图5—3　中游调节

资料来源:Erik Fisher, Roop L. Mahajan, and Carl Mitcham, "Midstream Modulation of Technology: Governance From Within", *Bulletin of Science, Technlogy & Society*, Vol. 26, No. 6, 2006, pp. 491.

美国科罗拉多大学波尔德分校的机械工程系开展了第一个中游调节的原理验证。这项试验性研究的目的是评估研究者通过"调节"其决策而将社会考量整合进来的能力。

费希尔以一名"内嵌人文学者"(embedded humanist)的身份,同3名工程研究生打了12个星期的交道,根据社会关切来识别和评估影响研究决策的机遇。费希尔被机械工程系的热力与纳米技术实验室(TNL)的主任玛汉亚(Roop Mahajan)安置到该实验室,获得了该实验室管理层的支持。但是,他还需要获得实验室里科学家的信任。为此,玛汉亚为费希尔在实验室内设置了一张办公桌。通过参加会议、参与设备训练并定期会见研究人员,费希尔能够获得纳米尺度的制备与表征的知识,也获得了实验室研究者们的信任。

　　费希尔同实验研究人员一起工作，同正在做决策的研究人员讨论他们正在做着的决策。在此基础上，他提出了基于"机会—考量—其他选择—结果"的"决策协议"（见图5—4）。费希尔对所有的参与者都进行了先期的与后期的互动访谈，以便度量出参与者在仪式上或态度上的任何重大不同。每一周，大家都利用协议去讨论和探索决策机遇、它们所引发的考量，以及一系列被观察到的其他选择与可能后果。

　　这一进路允许费希尔制定出大量社会、物理和认知上的"调节者"去影响研究决策，包括参与者对这些调节者的意识。费希尔发现，研究决策受到了社会的微妙影响，研究者们则开始意识到调节其决策的可能性。参与者们并不认为他们所感受到的社会考量是强加在他们身上的"伦理限速坎"，相反，这些反思扩宽了他们的决策范围。他们认识到，他们正在做着基于一系列考量的决策，通过反思这些决策，他们发现决策的输入和输出都会改变。

　　费希尔没有试图去改变研究决策，而只是激发这样做的意识。然而，作为正在进行着的自然科学研究者同社会研究者之间的互动的结果，同时作为对环境、健康和安全考量的反馈，研究实践本身改变了：一个实验设置被调整了，处理方法被改变了，另一种化学催化剂被引入了，安全规则形成了。该案例研究表明中游调节可以通过提升一般的社会价值，以及更加具体的实验室研究目标，来创造"双重价值"。

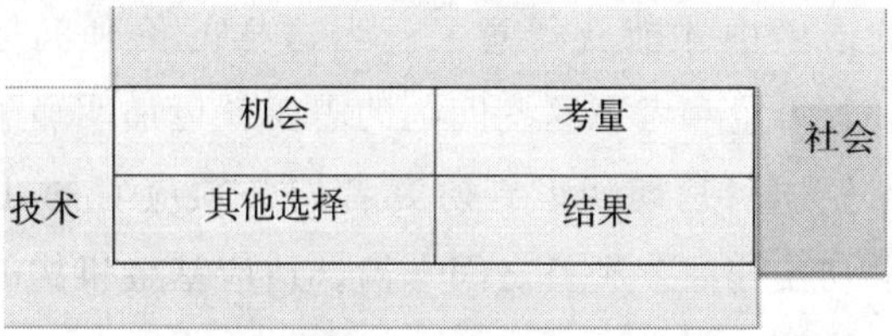

技术	机会	考量	社会
	其他选择	结果	

图5—4　决策协议

资料来源：Erik Fisher, Roop L. Mahajan , and Carl Mitcham, "Midstream Modulation of Technology: Governance from Within", *Bulletin of Science , Technlogy & Society*, Vol. 26, No. 6, 2006, p. 426.

　　第二个中游调节的试探性研究发生在代尔夫特理工大学生物技术系。这是荷兰内梅亨大学社会与基因学研究项目的一部分，主要探讨的是科学中的社会责任。该研究评估了跨学科的决策制定是否有助于让更广泛的社会考量影响实验室中研究者的科学活动。树胡比尔斯（Daan Schuurbiers）

同研究参与者进行了为期 12 周的定期互动——更多地作为一个合作者而不是观察者。在建立对研究目标及其考量的共同而具体的理解的过程中，树胡比尔斯及参与者探讨了一系列共同感兴趣的话题，包括：环境健康和安全性、可持续性、科学研究中的私人赞助、科学家同社会交流的责任等。这个案例研究将中游调节作为确证科学中社会责任的工具。

树胡比尔斯记录了参与讨论的实验室科学家展现出来的两种反思性学习（reflective learning）：一阶的反思性学习（first‒order reflective learning）是为研究问题寻找专业解决方案的互动过程，发生在研究系统的价值体系和背景理论边界之内；二阶的反思性学习（second‒order reflective learning）则对其所从事的研究的背景理论和价值体系进行反思，包括驱动该项研究的社会—伦理前提、科学家身处的研究文化的方法论规范，以及为作为科学基础的认识论和形而上学预设。这项研究结果表明，中游调节方法能够促使科学家和人文社科学者一起进行二阶的反思性学习，重新审视原来所忽视的实验工作的社会—伦理背景，将科研工作放到一个更广阔的语境下进行思考。同树胡比尔斯合作的科学家们开始以新的方式考虑他们的决策，更深入地认识到技术发展是由政治的、经济的和社会的考量所塑造的。

除了让科学家们的所思所为发生一定程度上的改变，这两个实验室层面的伦理参与案例同样也为社会科学家提供了学习的机会。应当看到，伦理问题在研究的语境中才能获得意义。当这样的伦理问题"自下而上"地提出来之后，其力量和考虑这些问题的需要就更加明显了。因而，内嵌的学者们同样也更加清楚地认识到研究者们必须应对的社会和体制性约束，例如在科学利益和商业利益之间平衡，适应基金机构的需求，与管理者的预期讨价还价等。

总之，实验室层面的互动可以改进社会科学研究与自然科学研究的相关性。通过将社会科学和人文科学中的知识运用到实验室的研究实践中，内嵌的学者们（embedded scholars）必须学会调整他们对什么是科学与实践上可行的期待。这将有助于将地下"道德"与科学家责任的理想图景转变得更加现实和实际。社会科学家需要对日常的研究实践的复杂性变得敏感，同时，自然科学家和工程师们应以不同的方式思考他们的研究，承认不同观点和进路的合理性。理想地，可持续性、环境争议和社会公平等无形的概念可以在科学实践自身当中变得更加可见。①

第三节　实验室伦理参与所面临的问题

由上所述，通过将人文社会科学中的知识运用到实验室的研究实践中，内嵌的人文学者提升了科学研究者对其自身研究的社会相关性的意识，认识到可以用不同的方式来思考和开展他们的研究。同时，内嵌于实验室中的人文社会科学家也更加清楚地认识到科研人员所面临的社会和体制性约束。然而，这种实验室伦理参与也面临着突出的问题。

一　具体操作上的困难

第一，进入实验室的门槛高。人文社会科学家和纳米科学家们合作存在着实施上的高门槛——人文社会科学家一定要征得纳米科学家的合作同意，方可顺利推行这种办法。如果没有纳米科学家，尤其是位于管理层的资深科学家的主动邀请或同意，人文社会科学家一般很难去开展实验室层面上的伦理参与试验性研究。

第二，实施效果评估难。尽管人文社会科学家进入中游调节进路有助于让致力于同一项目的社会研究者和自然研究者开展富有成效的跨文化互动，但是，由于这种伦理参与是在研究的应用后果尚不可完全预知的情况下进行的，所以，我们很难判断这种伦理参与究竟对科学研究的过程产生了怎样的实质影响。并且这种微观伦理参与进路目前也只是做了一些零星的试探性研究，它能够在多大程度上持续地带来改进的研究结果，还是个未知数。我们需要在更大规模的研究基础上来检验这一进路的一般效用。

二　实验室中人文社会科学家的微妙角色

合作性的伦理参与在研究者与人文学者之间建立了一种不平等关系。后者只是实验组的"客人"，因此在一定程度上依赖于实验室科研工作者们的接受与认可。结果，人们不允许批判性的观点破坏良好的关系。深入

---

① Daan Schuurbiers and Erik Fisher, "Lab – scale Intervention", *EMBO reports*, Vol. 10, No. 5, 2009, pp. 424 – 427.

实验室的人文社会学者没有"审判权",很容易作为一种被实验室用来平息社会伦理质疑的装饰门面的摆设。

2004年至2006年,英国社会科学家罗伯特·达博岱(Robert Double-day)在英国剑桥大学纳米科学中心从事了"纳米技术的社会维度"的项目。该项目的启动得益于该纳米科学中心和"纳米技术跨学科研究合作"项目①主任维兰德(Mark Welland)的支持。这个项目打算雇佣一名社会科学家在剑桥大学的纳米科学实验室工作,探究纳米技术的社会意蕴,向科学家们讲解有关纳米技术的社会与伦理问题,并且支持公众参与活动。其理念是社会科学与纳米科学的合作有助于"纳米技术负责任的发展"。这一项目看似非常重视社会科学家的工作,但是,一个实例表明,并非如此。"工作中的物理学"被设计成鼓励小学生在学校的最后一年学习物理。几个纳米科学的博士生和达博岱碰了头,以决定如何报告纳米科学实验室的工作。由于初来乍到,所以达博岱就坐在一边等着他们如何制订出报告方案。很快,几个博士生决定报告分成四个部分:对纳米尺度的介绍;对实验室正在进行着的工作的描述;一系列可能的技术应用;讨论纳米技术可能造成的风险。达博岱分配到的是第四个部分的任务。纳米技术的"社会方面"首先被设定为创新的潜在障碍。这种分工假设,社会科学只有在以科学为领导的技术创新这一主导模式快崩溃的时候才是相关的。可见,社会科学家仍然等候在实验室大门之外。② 实验室中的人文社会科学家承担了保护实验内核不受纳米技术研究的公众争议所干扰的风险。

三　实验室中科研人员的伦理责任

2008年,欧盟颁布了一项《负责任的纳米科学与纳米技术研究章程》的建议。与第四章中所介绍的关注产业界自律的章程不同,这一章程针对

---

① "纳米技术的跨学科研究合作"(Interdisciplinary Research Collaboration in Nanotechnology,简称IRC)是英国工程与物理科学研究委员会(Engineering and Physical Sciences Research Council,简称EPSRC)所资助的项目,始于2002年1月,止于2008年12月,由剑桥大学、布里斯托尔大学和伦敦大学学院这三所英国著名大学承担,旨在发展出一种科学研究的跨学科路径,为纳米技术的未来发展奠定基础。达博岱所从事的社会科学研究项目作为IRC的探索项目而受其资助。

② Robert Doubleday, "The Laboratory Revisited: Academic Science and the Responsible Development of Nanotechnology", *Nanoethics*, No. 1, 2007, pp. 167 – 176.

的是学术研究共同体。那么，实验中的科学家应怎样为其研究工作的后果负责呢？这里所谓的"责任"又指的是什么呢？

对于个体科学家而言，科学家除了设计自己的实验之外并不涉及任何东西，但他能够为企图做或在应用上有明显危害的副作用的人工制品或工艺程序的设计提供基础概念。① 就此，可以说，只要科学家的行为是出于自由意志的，他在科学应用的因果链中是不可缺少的一个环节，那么，即便不是直接的、全部的责任，科学家们对科学应用的后果也负有一定的责任。由于科学家掌握了专业科学知识，他们比其他人能更准确、更全面地预见这些科学知识的可能应用前景，他们有责任去预测评估有关科学的各种影响，对民众进行科学教育。②

具体到纳米实验室中科研工作者的伦理责任，美国学者麦金曾经在为NNIN 实验室制定的《伦理责任简明指南》中如是界定：（1）不要在工作中做任何他/她知道（或应该知道）会给他人或公共福祉带来伤害、或引发不合理的风险的事情；（2）努力保护那些可能受其工作影响（或许还包括受其同事、所在组织的工作影响）的群体；（3）警示那些可能受其工作影响的群体，告知他们正处于受到伤害的风险之中，即便警示者本人没有导致这些风险或者无力阻止这些风险的发生；（4）在其工作中尽力维护其雇主或客户的合法利益。③ 应当说，这些伦理责任基本上都位于实验室科学工作者力所能及的范围之中，值得更多的实验室人员借鉴和执行。

进一步，纳米科学家往往容易将自己的责任限制在实验室正在进行的科研工作中。但是，他们的责任并不仅仅在于此。他们可以做更多的事情，去回应有关自己科研工作的更广泛的质疑。对于这些更广泛的社会和伦理议题，欧美当前已经有了一些分析和应对的方式、场所或论坛。这不是要每一个纳米研究者都加入进来：这里可以存在道德分工。但是，整个

---

① ［加］邦格：《科学技术的价值判断与道德判断》，吴晓江译，《哲学译丛》1993 年第 3 期，第 35—41 页。

② 曹南燕：《科学家和工程师的伦理责任》，《哲学研究》2000 年第 1 期，第 45—51 页。

③ Robert McGinn, *Nanotechnology and Ethics: A Short Guide to Ethical Responsibilites of Nanotechnology Researchers at NNIN Laboratories*, 2008, http://sei. nnin. org/doc/NANOTECHNOLOGY_ AND_ ETHICS_ GUIDE. doc.

纳米科学共同体没有理由忽视更广泛的议题。[①] 即便科学家个体感到无能为力，科学家们也不应该完全低估其集体重要性和影响力。一名科学家的责任中有一部分就是应该反思如何证明自己的工作是合法的，持有不同见解的人将对自己的工作做何种反馈。倘若如此，科学家将会以良好的姿态对他们打交道的各种机构产生积极的影响。努力保持对自己科研工作潜在社会和伦理影响的反思意识，恐怕也是实验室科学家让伦理社会考量融入科技发展过程中的重要内驱力。

对于个体工程师来说，技术是多个行动者所共同塑造的这一结论，并没有削弱工程师承担伦理责任的道德主体性，尤其是当前工程伦理学以个体工程师为主要道德主体。即便是在当前的这个社会技术网络中，工程师们也并没有他们自己所说的那样无助。相反，他们积极主动地构想未来、塑造自己的技术产品的发展因果性。因此，尽管工程伦理学过于关注个体层面的工程师，造就了个体工程师悲怆的"道德英雄"形象，我们依然要说，工程师们还是具备相当程度的道德主体性的，他们——在高于个体工程师的层面——依然需要自己承担责任。[②]

就此来说，现在的关注点，除了让纳米科学家、工程师个体担负起自己力所能及的责任，更应该让有关的科学管理机构、有管理责任的科学家或工程师承担起倡导性的责任来，为实验室中的科研人员营造出有益的伦理反思语境，有意识地将更广泛的伦理和社会反思纳入实验室文化中，提升科学共同体有关伦理和社会议题的反思意识，并逐步探索出维系科学探索自由与社会福祉之间平衡的新途径。

本章小结

本章回顾了纳米实验室中既有的伦理参与语境，指出了科学共同体既有行为规范的"伦理缺位"现象，进而引入了当前纳米技术发展微观层

---

① Arie Rip, "Research Choices and Directions—in Changing Contexts", In Marian Deblonde et al., ed., *Nano Researchers Facing Choices：The Dialogue Series* #1, Universitair Centum Sint – Ignatius Antwerpen, 2007, pp. 33 – 48.

② Tsjalling Swierstra, Jaap Jelsma, "Responsibility without Moralism in Technoscientific Design Practice", *Science, Technology and Human Values*, Vol. 31, No. 3, 2006, pp. 309 – 332.

面的伦理参与进路，即欧美人文社会科学家深入纳米实验室，从研究项目的选择方向、研究项目的实施过程，融入广泛的社会伦理考量，提升实验室科研人员社会责任意识的空间的尝试。

尽管还面临着各种操作上的困难，这些试验性的探究也清晰地表明：在大科学体制下，实验室的具体科学研究过程中，的确存在着将社会关切融入科学研究实践的机遇。实验室的科研人员即便不是每一个人都有机会、有必要去接触社会公众，但是，整个科研共同体必须承担起与自己工作有关的社会和伦理责任，培养和提升相关的反思意识。

在这种情形下，实验室中的科研工作者们，仍然葆有科学研究的自由，但是，这不再是一种只着眼于拓展科学知识本身的自主科学的自由，而是容纳了更广泛的有关社会伦理考量的更全面的研究自由。

第六章 反思伦理参与及其可行性

本书的第四章和第五章分别从宏观的多层面视角和微观视角，勾勒了当前欧美在纳米技术发展过程中对各种伦理和社会议题的关注情形，展现了第三章所提出的"伦理参与"的可能样态。本章将对此从理论和实践上对其可行性展开双重反思。

第一节 从纳米技术看新兴技术的伦理研究范式

一 新兴技术伦理研究的"伦理"内涵重审

（一）跨学科的广义"伦理"

从伦理学自身的发展角度来看，如果将伦理学定义成对道德实践的反思模式，那么，伦理学的角色就是反思并分析道德领域的各种维度。随着人类社会劳动分工的细化，人类的道德行为在不同领域得以体现，伦理学由此被分化到相应的各个领域中。医学伦理学或生命伦理学、商业伦理学、环境伦理学、信息伦理学等亚领域逐一形成。与此同时，风险分析、技术评估，以及对价值变迁的经验分析、道德心理学中各种议题的观点、社会哲学等都影响了这种伦理学的研究，使之日益跨学科化。

用 STS 研究中的"社会技术系统"（social – technical system）概念观之，技术并非只是一件物质客体或人工物，而是由人工物、社会实践、社会配置、社会关系以及知识体系所构成的"社会技术系统"。一件人工物正是通过社会意义以及社会实践才成为"一件东西"。由此，对技术的伦理考量就超出了对技术后果的考量，而拓展成了对构成技术的社会和文化语境的考量。

一旦涉及复杂的社会和文化语境，新兴技术所可能引发的伦理问题往往就与社会问题、法律问题等紧密交织在一起。我们也就很难从应用伦理学的单一视角去理解，而只能宽泛地理解成 ELSI 问题。换句话说，在纳米技术以及其他新兴技术的发展过程中，"伦理"这个词只能宽泛地理解成：在科技发展中，只要涉及利益相关者的利益/权利和/或美好生活的理念（安全、健康、福祉），都是"伦理"问题。由此，纳米技术等新兴技术发展中的"伦理学"不再仅仅局限于哲学伦理学科，而成了一个依赖于多个学科背景的研究领域。

在欧美国家的实践中，"纳米伦理学"事实上成了"有关纳米技术的人文社会科学"的代名词，涵盖了大量非常不同的议题、挑战、反思领域和学科。[①] 这种现象不仅体现在纳米技术上，也典型地体现在欧美生物技术的发展过程之中。

（二）机制化的伦理

纳米技术发展的伦理参与所呈现的，正是广义的"伦理"考量以各种机制和程序进入科学技术发展过程之中的情形。实际上，这反映了当前科技伦理研究的一种机制化趋势。

这种机制化趋势首先体现为一种对话程序。在一个价值观念日趋多样与复杂的社会里，我们再也无法指望人人都能分享一种单一的宇宙观、世界观和人生态度，我们能够期待的只是一个人人都可接受的以解决道德冲突为任务的中立的程序。[②] 这在科技突飞猛进、不断为我们带来道德难题的当代社会尤为明显。对于那些充满歧义的道德难题而言，秉持不同价值观和信念的各个利益相关者，往往缺少现成的伦理理论或规范作为参照标准。此刻，伦理学的首要任务就是搭建一个平台，确立一套程序，让持不同价值观念的人都参与进来，进行对话和商谈。接下来的任务是借助各种机制或组织形式，通过讨论、论辩达成一定程度上的伦理共识，以便为公

---

① 德国学者阿明·格林瓦尔德认为，包括纳米技术在内的新兴技术"负责任的创新"发展过程中，STS 研究、技术伦理学视角的研究和技术评估研究构成了"伦理学"的三大主角，并分别承担了治理维度、伦理维度和认知维度的探索。参见 Armin Grunwald, "Responsible Innovation: Bringing together Technology Assessment, Applied Ethics, and STS research", *Enterprise and Work Innovation Studies*, No. 7, 2011, pp. 9 – 31。

② 甘绍平：《迈进公民社会的应用伦理学（卷首语）》，载甘绍平、叶敬德主编《中国应用伦理学（2002）》，中央编译出版社 2004 年版，第 1—19 页。

共政策的制定或立法提供伦理基础。

其次这种机制化体现为伦理的法则化。在一个纷繁复杂的社会系统中，单纯的道德呼吁显然根本就产生不了应有的强制作用，无法形成一种切实的约束力。现代生活具有以往所无法企及的公共性，满足于"私德之美"、"道德自治"已无法完全适应现代公共生活的要求，我们需要从外部强制将各种伦理原则融入法律、制度和惯例中，从外部规范人们的行为。

在伦理研究的机制化方面，欧美发达国家都做了大量卓有成效的工作。

首先，伦理以各种方式被嵌入欧美纳米技术政策制定过程中，成为当前纳米技术政策的一个不可或缺的组成部分。科学技术的伦理意蕴在世界范围内都得到了争论。很多国际机构（比如 UNESCO、WHO等）以及欧盟都开始制定伦理指南、计划和措施以实现这一目标。一些有关的欧盟政策将伦理研究嵌入包括"科学与社会行动计划"、"生命科学与技术行动计划"和"纳米技术行动计划"等政策领域。

其次，为改善科研活动的伦理质量，欧美国家层面制定了各种有指导意义的伦理行为章程。这一点在纳米技术发展过程中，典型的体现就是欧盟于 2008 年颁布的《负责任地开展纳米科学与纳米技术研究的行为章程》。这份章程规定根据"意义"（meaning）、"可持续性"（sustainability）、"风险预防"（Precaution）、"广泛性"（inclusiveness）、"杰出"（Excellence）、"创新"（innovation）和"问责责任"（accountability）七条原则，为纳米科技的各利益相关者，提供了一份有利于负责任的、公开的纳米科学和技术研究的自愿性行动指南。

最后，伦理委员会的广泛建立。伦理委员会是一个由科学家、法学家、伦理学家、政治家、社会组织代表组成的委员会，主要从伦理道德角度来分析某一个社会难题的利害关系，以求得合宜的解决方案的实践平台。国际上，伦理委员会已经日益成为监控和预警重大决策之道德质量的常设机构。[①] 在过去的 20 年里，绝大多数欧洲国家设立了国家伦理委员

---

① 甘绍平：《应高度重视科技伦理对基础科学研究的指导作用》，载中国科学院《2005 高技术发展报告》，科学出版社 2005 年版，第 139—142 页。

会，将伦理反思建制化。在欧盟的语境中，伦理委员会的角色是促进一般的公众争论，应对伦理多元主义，并且为政治行动者们（political actor）——那些必须在当地政策中贯彻伦理条款的人——提供咨询。①

二　伦理在新兴技术发展中角色的深化

伦理学似乎经常严重滞后于技术的发展，也达不到人们的期望。技术化创新的快速步伐使得伦理审议总是姗姗来迟；毕竟，所有相关的决策都已经制定好了，要去影响技术的发展过程已经太迟了。以此观之，伦理学至多不过是对已经引发的问题进行修修补补。

事实上，这种认为只能等到相应的产品上市并且引发了问题之后才去做伦理反思的观点是不正确的。在一个道德多元化的社会里，科学与技术的规范方面不可避免地会导致社会争论，也总是导致关于技术的冲突。技术冲突通常不仅关于技术意义，也是关于未来的愿景、人性的概念的冲突。伦理考量可以分析技术冲突的规范性结构，并寻找理性的、可论证的及可推论的方法去解决这些冲突。② 而且，现代科学技术已经不再是纯粹的科学探索，而从本质上成了一种改造世界的行为，是人类社会有意识地按照一定规划而进行和完成的行为。我们可以在技术发展的一开始就将其置于一定的伦理道德原则之下，进而明确行为主体所应承担的责任。

就纳米伦理学的发展的实际进程来看，伦理学传统的"事后诸葛亮"角色在一开始就受到了挑战。鉴于转基因技术发展受阻的教训，与公众及早展开沟通、及时应对各种可能的伦理和社会议题，已经在纳米技术发展的一开始就受到了包括政府、科学共同体和产业界等欧美纳米技术推动者的重视。伴随着对公众参与的重视，"负责任的纳米技术发展/创新"被提上了欧美国家纳米技术发展的战略议程。我们拥有了前所未有的机遇：在纳米技术发展的早期，对纳米技术的目的、技术过程与后果做伦理评估和反思，并将反思的结果整合进技术的设计中，针对实际问题，提出治理与解决相关社会伦理问题的基本原则和战略规范。伦理研究扮演了较之以

①　EGE (The European Group on Ethics in Science and New Technologies to the European Commission), *General Report on the Activities of the European Group on Ethics in Science and New Technologies to the European Commission* 2005 – 2010, Luxembourg: Publications Office of the European Union, 2010.

②　王国豫：《纳米技术的伦理挑战》，《中国社会科学报》2010 年 9 月 21 日第 1 版。

往更为积极和主动的角色。

然而，纳米技术在近十年有了长足的发展，但像其他新兴技术（如合成生物学等）一样，还充满了不确定性，包括：技术本身的定义、技术应用目的不确定及其社会伦理后果不确定。这些不确定性既是对纳米技术发展的挑战，更为纳米伦理研究提出了挑战——如果既不能用逻辑推理，也不能用经验论证的方法去预测和评价纳米技术的后果，那么，我们伦理评价和论证的认知基础是什么？我们如何可能用今天的、宏观层面的知识、规范标准和评价尺度去衡量潜在的、微观的和未来的技术与技术活动？这里，我们面临的不仅是知识的困境，而且遇到了道德上的两难：一方面不能等到纳米技术发展到出现问题且不可逆转的时候进行评价，进而制定相应的规范对纳米技术进行伦理规约；另一方面缺少相应的知识和经验支撑，对一个还不确定的领域进行伦理评价甚至道德规范，同样也面临着"道德风险"。①

很多并非出自专业伦理学者的关于纳米技术的早期伦理考量，并没有很好地应对上述不确定性给伦理研究带来的挑战。他们让伦理学扮演的不是"请求中止纳米技术发展"（例如 ETC 组织），就是"推进纳米技术发展"（例如美国 NNI）的角色。

这种将伦理考量看作新兴技术道德评判者的思考模式存在一个悖论：一方面，技术似乎已经是给定了的，我们只能选择接受还是不接受，伦理考量的作用仍然被限制在"事后诸葛亮"的角色上，其作用只能是边缘化的；另一方面，在新兴技术发展的初期，技术本身尚未完全展开，若现在就武断地做出"是"或者"否"的回答，似乎又高估了伦理考量的作用，此时的判断显然是过于武断和轻率的。实际上，新兴技术中的伦理议题是复杂的，不可能用一个简单的"是"或者"否"来回答。新兴技术对社会具有巨大的潜在益处，如果仅仅因为可能存在巨大的危险就停止它的发展，那是不明智的。反之，若无限制地发展技术，不考虑对社会的潜在负面效应或危害，也是不明智的。所以，将伦理考量在纳米技术发展中的角色限制在对技术说"是"或"否"上，是不合适的。

伦理学也不是用来评判什么是最好的未来预测的标准。因为我们缺乏

---

① 王国豫：《纳米技术的伦理挑战》，《中国社会科学报》2010 年 9 月 21 日第 1 版。

足够的经验事实来预测技术的未来。更重要的是，在多元化的现时代，所谓的"最好"是相对哪些人而言的？是"谁的最好"？

实际上，我们现在还很难通过知识和经验确证纳米技术尤其是其与信息技术、生物技术和认知技术等所谓"汇聚技术"结合后可能产生的技术和社会后果。在这种情况下，技术活动伦理规范和原则的确立就显得尤为重要。然而，在当今社会价值多元化的时代，不同利益集团和社会阶层具有不同的价值取向，对纳米技术的风险认知和接受也大相径庭。因此，如何构建一个既普遍有效，又能够满足和包容不同价值体系的纳米技术发展的伦理原则，成为纳米伦理所面临的另一个重大挑战。

三　以共同参与实现伦理的前瞻性

将近半个世纪以前，波兰尼（Michael Polanyi）向世人描绘了一幅"科学共和国"的景象。在这个共和国里，科学家们创立了统一的、自治的共同体。科学自身的有效性保证了科学家道德上的完整性。然而，在今天，需要突破这种传统的并且根深蒂固的观念。

一方面，用STS的视角来看，科学技术知识生产伴随着社会秩序和社会生活方式的生产，社会秩序和社会生活方式也影响着科学技术知识的生产。所以，知识生产绝不仅仅是科学家和工程师的事情，而是一项事关科技政策制定者、相关产业、普通公众的集体事业。所以，纳米技术的伦理问题既不是单纯的哲学伦理学问题，也不是单纯的科学技术问题，而是一项跨越学科界限甚至跨越精英智识界限的复杂社会、经济问题。

另一方面，从科技伦理学对科学共同体社会责任的承担来看，尽管科研工作者担当着重要的责任（因为他们对科学技术的专业领域最为了解），但是，他们在当前的科技发展体制下似乎又无力承担过多的责任。更重要的是，在自然科学研究中，科学家面临着一些有待回答却不是严格意义上的科学本身的问题，比如，生命的意义，人的尊严问题等——这些问题是科学本身所无法回答的。

对此，必须突破学科界限，人文社会科学家和自然科学家携手研究，同时吸收社会公众参与到纳米技术社会伦理问题的防范和治理中来，才能较好地应对纳米技术的伦理挑战。

更进一步，除了让一个国家内部所有纳米技术发展的利益相关者都参与到技术发展的协商和对话中,彻底的"共同参与"呼吁我们实现全球性的伦理协定。因为,在技术和经济全球化的今天,同能源、环境以及生物技术的伦理问题一样,纳米技术的伦理问题不是仅凭一个国家的力量就能解决的。谨慎而负责任地发展纳米技术是全球各个发展纳米技术的国家的共同责任。我们需要制定全球性的指导纳米技术发展的伦理原则,促进各个国家和公众对于纳米技术伦理问题的讨论,才能真正推动纳米技术风险得到有效应对。如果没有一个全球性的负责任的纳米技术伦理发展规划,将导致纳米技术发展的恶意竞争,最终阻碍纳米技术的健康发展。

第二节　欧美纳米技术"伦理参与"实践的有效性初评

一　欧美政府纳米技术发展战略的双重目标及其内在张力

20 世纪 60 年代以来,随着科技发展所带来的各种环境、健康乃至社会的负面效应凸显,使得公众已经不再完全相信,科学能够负责任地进行自我管理。于是,科技政策的制定者和管理者面临着一个相互矛盾的新任务:既要推进科学技术的发展,又要设定界限以保护社会。

美国《21 世纪法案》中即存在一个互相矛盾的双重目标。一方面,该法案强调维系国际竞争力的重要性,认为"美国应该保持在纳米技术的发展和应用中的全球领袖地位"、"加速纳米技术研发在私人领域中的使用"。另一方面,该法案又规定社会的考量必须在纳米技术发展的过程中得到考虑并被整合进来。这两个目标一个是求得纳米技术的快速发展以获取经济效益,一个则是追求负责任的发展以避免经济损失。①

在欧洲,对伦理学的重视也是出于维系欧洲经济竞争力、塑造欧洲政治身份认同这样宏大的欧洲目标。伦理学被引入欧洲的政治议程,尤其是科技政策的政治议程,在很大程度上,是因为传统的刚性的法律制定过程过于迟缓,无法及时应对公众参与的各种需求,亟须一种较之法律更为灵活、更为及时的规范性。欧盟的官方想法似乎是通过伦理专家决断式的规

---

① Erik Fisher and Roop L. Mahajan, "Contradictory Intent? US federal legislation on intergrating Societal Concerns into nanotechnology research and development", *Science and Public Policy*, Vol. 33, No. 1, 2006, pp. 5 – 16.

范，弥补法律反馈与社会需求之间的滞缓，省却民主审议的低效率，在应对、安抚了欧洲公众对作为欧盟世界竞争基础的技科学创新的疑虑后，欧洲既具备了民心上的稳定，又获得了经济上的发展。

可以说，尽管欧美政府层在发展纳米技术时，已经充分考虑了可能的伦理和社会影响，但是，作为新技术的推动者，他们对于伦理考量的重视依然存在着局限，甚至存在着陷阱——伦理考量仍然很难摆脱成为新兴科技发展的润滑剂的角色，其批判性的保持仍然是一个比较困难的问题。

二 伦理参与对纳米科学共同体的影响有限

开展纳米技术伦理参与活动，从"共生产"的角度看，体现的就是技术的社会形塑过程；从"共同责任"的理念看，体现的是科学共同体之外的行动者分担科技发展的社会责任，尤其是人文社会学者和公众与科学共同体一起应对技术发展的可能后果。

根据人文社会科学家开展伦理参与的初衷，德国学者格雷瓦尔德等将伦理考量形塑纳米技术未来发展的抱负分成强、弱两种版本。所谓"强版本"，即直接影响纳米科学技术的研发；所谓"弱版本"，即影响公众、科学家与利益相关者对纳米技术的认知。根据其所在的德国 ITAS 研究所的经历，这两名学者检验了伦理参与的构想，认为强版本的直接干预技术议程的构想不成功，弱版本的干预对技术发展的感知与理解，得到了检验。[1] 这一点在实验室微观层面的伦理参与中亦有体现。科学界根深蒂固的"价值中性论"有其复杂的社会、经济和历史原因，并不会在短时间内因为当前兴起的各种伦理参与实践而被动摇。

至于上游公众参与的形式，也不太可能解决所有的问题。因为，这里存在一个普遍的困难，即如何确保公众参与的结果是有用的。如果对话的结果对决策的影响有限，这会带来公众的愤世嫉俗和疲劳。[2]

究其根源，当前将发展科学同管制科学分离成两个部分的科技体制设

---

① Armin Grunwald and Peter Hocke, "The Risk Debate on Nanoparticles: Contributions to a Normalisation of the Science/Society Relationship?" In Mario Kaiser et al. , ed. , *Governing Future Technologies*, Springer Science + Business Media B. V. , 2010, pp. 157 – 177.

② Nick Pidgeon and Tee Rogers – Hayden, "Public Engagement on GM and Nanotechnology", *Science and Public Affairs*, June 2005, pp. 14 – 15.

置恐怕难辞其咎。在现有的两分式科技体制内，种种"伦理参与"的尝试相较于科学共同体而言，都是一种外界力量的侵入。面临着巨大科研竞争压力的科学工作者们，并不享有宽阔的伦理反思空间。如果我们要让科学家、工程师真正自觉承担起相应的社会责任，还需要从科技体制上做出根本性的改变。如果有一天，我们的科研体制不仅鼓励科学家、工程师们勇攀科研高峰，也鼓励他们去关注其科研工作所带来的社会后果，那么，科技发展才真正能够从内而外地变得"伦理"起来。

三　仍然值得期待的共同携手

前文叙述了宏观层面"负责任的纳米技术"发展战略，也呈现了微观层面人文社会学者提升纳米科学共同体对更广泛的伦理社会议题认识的努力。这些实践表明，纳米伦理研究已经超出了纯粹的理论反思框架，而同公众上游参与、技术评估等实践糅合在一起，构成了科学技术治理的一个重要组成部分。由是，伦理考量在纳米技术发展过程中扮演了某种正式的角色。

虽然，伦理考量当前在欧美纳米技术发展中所扮演的正式角色并不能保证一定产生巨大实际影响——比如，有些纳米科学家和工程师可能觉得让纳米伦理学家去做伦理研究就已经尽了自己的责任了，不会重视纳米伦理学家或公众的建议——但是，即便是被忽视了，如果伦理方面的考量被整合进了纳米技术的研发之中，或者成了纳米技术研发的一部分，那么，来自人文社会科学界和公众的声音更可能被科技政策制定者、科学共同体和产业界听到，进而影响纳米技术的发展方向的可能性也会大很多。

虽然，欧美当前在纳米技术发展中所采取的各种"伦理参与"的举措，基本上是较为初步的尝试，还没有形成相对成熟的做法，不同行动者对于"负责任的纳米技术发展"的理解和支持该理念的出发点也各不相同，以至于前文所勾勒的"伦理参与"现象尚不能构成一幅十分融贯、完整的景观。但是，不可否认的是，各种贯彻"负责任的纳米技术发展"的尝试表明，人类面对科技大踏步迈进时已经变得越发谨慎，科技发展也不再是仅凭技术力量本身单向度地推进，而是在科技与社会加深互动的情形下共同塑造着人类的未来。这是人类在科技文明进程中所迈出的值得称赞的一步。

　　虽然，鉴于新兴科技发展固有的不确定性和现代社会的价值多元性，以呼唤所有技术发展相关者责任意识为旨趣的"伦理参与"努力，不会完全消除新兴技术发展给社会带来的不确定性，也并不会完全化解技术的负面效应。但是，在对新技术的影响知之甚少的时候，这种激发全社会责任意识的形式，恐怕是在获取技术发展的收益和规避技术风险之间保持平衡的最佳方式之一。通过各利益方公开、彻底和真诚的对话，充分地交流观点和意见，伦理参与为我们提供了一种暂时应对这种矛盾困境的解决办法，让我们面临新兴技术发展所带来的各种意外后果时不至于手足无措。

第三节　他山之石，可以攻玉

　　当前，纳米技术已经在全球多个国家成为重点发展的技术，其风险也相应地被全球化了。从这个意义上说，提倡在纳米技术发展中实现"伦理参与"，就不仅仅需要纳米技术产业上游、中游、下游的多个利益相关者广泛参与，也需要建构全球性的纳米技术发展伦理指导原则，形成全球性的纳米检测和监管框架协议，建立全球性的纳米技术标准化规范，以防止纳米技术发展中各国之间发生恶意竞争。在纳米技术发展上高歌猛进的中国，有责任加入到全球性的"伦理参与"行动中来。

　　然而，有西方学者认为，对于发展中国家来说，从一开始就成为"下一次工业革命"的一部分，为之提供了在经济上追赶欧美发达国家的独有良机。为此，在发展中国家，纳米技术的伦理议题很可能会受到忽视，因为不受阻碍的科技研发所带来的超凡经济收益会更重要。[1]

　　中国当前的纳米技术发展现状果真如此吗？前文所述的欧美纳米技术发展过程中所呈现出来的"伦理参与"景观，是否在中国也有类似的现象发生呢？我们该如何借鉴欧美的"负责任的纳米技术发展"经验呢？

---

　　[1]　Joachim Schummer, "Cultural Diversity in Nanotechnology Ethics", In Fritz Allhoff and Patrick Lin, *Nanotechnology and Society: Current and Emerging Ethical Issues*, Dordrecht: Springer, 2008, pp. 265 – 280.

一　中国纳米技术治理的现状

（一）中国政府重视纳米安全研究，但缺乏全面的纳米技术风险治理战略

在中国政府的大力支持下，自 2001 年发布《国家纳米科技发展纲要》以来，中国纳米科学技术的研究已逐步迈入世界前列。与此同时，中国政府也为纳米科技的产业化做出了一系列值得瞩目的准备工作。

由于担忧纳米安全性问题成为发达国家限制市场准入的策略，在中国纳米技术发展及其产业化的推动者们看来，纳米安全性的研究是"事关重大国家利益"的事情。为此，纳米技术安全性研究较早地受到了政府的资助。国家自然科学基金早在 2003 年就设立重大项目，研究碳纳米材料的毒物学效应；2005 年，又设立一个重大项目研究纳米材料的生态和环境效应。2006 年，国家 973 计划设立了"人造纳米材料的生物安全性研究及解决方案探索"项目。同时，中国科学院将"纳米材料应用的安全议题"设立为知识创新工程重大创新方向项目。2008 年，在国家 863 计划中，"纳米材料安全"成为重要研究方向。[①]

除了对纳米安全性研究给予关注，为了规范中国纳米产品市场，顺利开展纳米技术产业化，确保未来中国纳米产业的国际竞争力，中国纳米技术相关标准的制定开展得也很早，走在了世界前列。2001 年，国家科技部将"纳米材料标准及数据库"列入基础性重大研究项目。2004 年 5 月 20 日，"中国实验室国家认可委员会技术委员会纳米技术专门委员会"成立。2005 年 4 月，"全国纳米技术标准化技术委员会"成立，同时批准发布了 7 项纳米材料的国家标准，包括一项术语标准、两项检测方法标准和 4 项产品标准。这是世界上首次以国家标准形式颁布的纳米材料标准。[②]

尽管中国政府从宏观政策和协调机制、纳米安全性研究、国家纳米技术标准等方面取得了很多突出成果，然而，总体而言，中国政府的纳米技术发展规划仍然主要集中在纳米技术自身的发展上，对于有关的潜在风险

---

① 樊春良、李玲：《中国纳米技术的治理探析》，《中国软科学》2009 年第 8 期，第 51—60 页。

② 同上。

及其治理问题，还没有给予充分的重视。

目前，中国在确认纳米技术可能涉及的环境与健康不确定风险方面尚无统一的评估程序和评估方法，更缺乏一个关于纳米技术相关的安全性研究的整体战略。[①] 更重要的是，相比于国外对纳米安全性的深入研究，那些更加富于争议的伦理、社会和法律议题基本上还没有引起中国政府的重视，国家宏观科技政策和学科战略之中尚未出现有关这些"软性"议题的内容。纳米技术的潜在风险似乎仅仅被理解成了技术上的风险，相应的社会风险基本上被忽视了。总之，中国政府层面尚缺乏全面的纳米技术风险治理战略。

（二）中国纳米科技共同体积极关注安全性问题，但伦理意识有待提升

中国科学界对纳米技术的安全性问题关注较早，建立了专门的研究机构，多次召开相关的学术研讨会，取得了比较突出的成果。

早在 2001 年 11 月，中国科学院高能物理研究所一批从事纳米技术研究的首席科学家（如白春礼、解思深、赵宇亮）等就建议开展纳米生物效应、毒性与安全性研究。该建议引起了中科院和高能所两级领导的高度重视和支持。2002 年，中国科学院建立了纳米生物实验室，2003 年更名为"纳米生物效应与纳米安全性开放实验室"，主要致力于纳米毒性研究。2006 年 6 月，"国家纳米科学中心—中国科学院高能物理研究所"成立了"纳米生物效应与安全性联合实验室"。自成立以来，该实验室在纳米材料的生物与环境影响研究方面取得了重要的进展。2009 年，筹备了三年的中科院苏州纳米技术与纳米仿生研究所通过验收。该所设有纳米安全研究部，主要研究纳米技术和纳米材料对人的健康和环境的影响，以及如何利用纳米技术解决公共安全中的实际问题。目前已开展纳米材料生物安全性和纳米材料环境安全性两个方向的研究。

从 2004 年开始，中国先后召开了若干次学术会议，关注纳米技术的安全性。其中，香山会议曾两次举办以探讨纳米风险为主题的会议，国家

---

① 一个例证是，2005 年，在国际风险治理委员会（IRGC）对 10 个国家和台北地区的调查中，对于其纳米技术风险管理、监控等方面的六个问题，中国专家的答卷没有给出答案（樊春良等，2009a）。

纳米科学中心、中国毒理学会与中国科学院高能物理研究所合作举办了三次关于纳米毒理学与纳米安全的会议。这些会议促进了纳米毒理学以及纳米生物效应、纳米安全性及评价等研究领域的学术交流，使更多的人开始注意纳米这项新技术的风险和安全性问题。

除此之外，中国不少从事纳米技术研究的科学家也比较早地注意到纳米技术潜在的负面影响，认识到加强纳米技术伦理与哲学研究的重要性。① 其中，最有代表性的是白春礼教授的多次公开声明。他明确提出，纳米科技的发展不能走 20 世纪"先发展，后治理"老路。在新世纪，我们需要在发展纳米技术的同时，同步开展其安全性的研究，使纳米技术有可能成为第一个在其可能产生负面效应之前就已经过认真研究、引起广泛重视，并最终能安全造福人类的新技术②，"对纳米技术安全性的研究，不仅是科学家的社会责任，同时对这一领域的深入研究，会更有效地促进纳米科技的健康发展"③。此外，白春礼还强调科学家要向公众和社会全面地进行纳米技术的科学普及。

然而，并非所有的中国科技人员都重视纳米技术的安全性问题或伦理问题。2008 年 12 月 26 日，笔者同有关学者一起走访了中国某著名高校的纳米研究中心，与那里的科研人员进行座谈，并参观了他们的实验室。调研发现，从事碳纳米管相关研究的实验室科研人员并没有做特殊防护，只是采取了一般的诸如戴手套、口罩等防护措施，而且即便这些初步的防护也只是出于保持清洁的目的，并非针对纳米技术的可能毒性而实施的。对于实验室的废料，目前，在某些研究机构中也只是放在垃圾袋里，按照普通垃圾的方式处理。④ 座谈中，科研人员对纳米技术的安全问题的看法表明，他们很清楚自身所肩负的对于社会、对于环境的责任，认为在看到纳米技术给人类带来的有利一面的同时，要努力保持对其可能危害的警

---

① 如国家纳米科学中心研究员赵宇亮著文《纳米技术的发展需要哲学和伦理》（《中国社会科学报》2010 年 9 月 21 日第 2 版）、中科院院士薛其坤著文《纳米科技：小尺度带来的不确定性与伦理问题》（《中国社会科学报》2010 年 9 月 21 日第 2 版）。

② 佚名：《香山科学会议探讨纳米安全性》（http://www.cas.cn/10000/10001/10005/2004/86101.Htm）。

③ 佚名：《白春礼常务副院长为"国家纳米科学中心—高能物理研究所纳米生物效应与安全性联合实验室"揭牌》（http://www.ihep.ac.cn/news/news2006/060623c.htm）。

④ 据悉，中国的纳米实验室目前尚无针对纳米材料安全问题的防护规定。

醒。同时，他们对纳米技术乃至整个现代科学技术的发展前景是乐观的。他们相信，人类可能会为自身的发展付出一定的代价，但是，人类有自省能力，在出现问题之后，应对能力也会立即产生。

总之，中国的纳米科技共同体对纳米安全性研究的关注表明，他们已经意识到纳米技术的潜在风险，并认识到身为科研工作者的社会责任。但是，这些伦理意识似乎更突出地体现在一些首席科学家身上，而普通的科研工作者对于这方面的意识还很淡薄，有关纳米实验室工作人员健康安全的防护意识和相应措施也亟待加强。

（三）纳米产业界尚待成长，暂无力顾及社会和伦理议题

2000 年，中国有 50 家上市公司宣称进军纳米领域，"纳米技术"一词便迅速为广大公众所熟知。从此，纳米标志着一种时髦和时尚。大到纳米洗衣机、纳米冰箱、纳米过滤水系统，小到纳米磁疗裤、纳米羽绒服、纳米能量杯、纳米广告伞、纳米地铁手拉环，忽如一夜春风来，中华大地遍"纳米"。任何产品似乎一沾上"纳米"两字，就被划到了高科技的行列，特别吸引人的眼球。然而，据专家指出，相当一部分"纳米材料"并不符合标准，有些更是牵强附会，为了跟潮，随随便便就给自己的产品扣上了"纳米"的帽子，令人啼笑皆非。

以市场上冒出的形形色色"纳米能量杯"为例，笔者登陆北京宇天能纳米科技有限公司的网页看到，该公司首页赫然印着如下广告词：

中国纳米量子力日用品开创者、领航者！三大顶尖产品：

1. 史无前例的迅速湮灭毒素的纳米量子力烟盒！（惊世：2.5 元的烟变 50 元的口感。）

2. 登峰造极的量子力杯！活性打破世界纪录！（惊人：身体多种困苦消失！血液年轻十年。）

3. 振奋人心的节油奇迹！（惊喜！一台车年省油万元。）①

该网站宣传的宇天能纳米杯几乎到了无所不能的境地，号称"中国第一杯"的宇天能纳米杯主要是含有几十种元素（宇天能专有技术）。该

① 参见 http://www.bjytn.com/。

功能技术来自钟楚田博士、研究员的 TN863 纳米母粒，这种母粒研制的纳米杯已被国家权威部门鉴定为国际先进、国内领先，养生保健防病。该网站列出了宇天能纳米功能水妙用 23 例，诸如用纳米杯早晚空服饮用 1—2 杯温水，对糖尿病、咽喉炎等有效果；用纳米水洗脚除异味且有益降血压、抗疲劳；用纳米水洗脸，不仅防感冒，而且皮肤光滑、柔嫩、抗皱；等等。此外，该网站还列出了各种国家权威部门的检测报告，其中不乏中国科学院化学研究所、清华大学分析中心这样的权威研究机构，但是网站只是发布了报告的封面，无法进一步了解报告的详细内容。①

不难看到，上述网站的宣传利用普通群众对"高科技"的崇拜和盲从心理，片面宣传纳米高科技的好处，却只字不提潜在的健康和安全风险。这种在中国打着"纳米"旗号的片面的企业宣传词中并不鲜见。

据不完全统计，到 2003 年，中国有 400 多家企业专门从事纳米材料及应用产品的开发，有上千家企业对应用纳米技术产生了极大的兴趣。省、市地方政府也纷纷出台政策和措施，扶持纳米技术材料产业。② 但总的来说，中国纳米材料产业规模小，小于 100 人以下的产业占 80% 左右；以纳米技术为主导的产品数量不多；纳米产业之间以及纳米产业与科研单位之间缺乏紧密的合作，产业链和产品链均未形成。目前国内市场上已有的纳米产品，也基本上都是非常初级的、在部分原料中加入纳米材料的"纳米技术"③。上述这种状况使得中国当前的纳米企业大多无暇顾及生产过程中的健康与保护措施，更没有公布任何自愿性的伦理章程。

（四）媒界宣传渐趋理性，但仍侧重正面报道

总体而言，在中国纳米科技产业化过程中，相关的媒体宣传经历了四个阶段：20 世纪八九十年代，有关纳米科学技术的思想还局限于科学家的范围中，没有进入媒体的视域范围；20 世纪 90 年代中后期到 21 世纪初，尤其是到了 2001 年末，媒体大肆炒作，使得"纳米"概念家喻户

---

① 刘慧：《质疑"宇天能"纳米杯保健神话》，《北京科技报》2005 年 8 月 24 日（http：//scitech. people. com. cn/GB/41163/3638921. html）。

② 张立德：《我国发展纳米产业的思考：挑战和对策》，《纳米科技》2004 年第 1 期，第 5—7 页。

③ 张立德：《纳米材料产业面临的转折和挑战》，《新材料产业》2007 年第 6 期，第 7—11 页。

晓，各种纳米产品涌现出来；2002 年初到 2003 年 9 月，由于上一阶段媒体近乎疯狂的炒作，使纳米科技走下圣坛，甚至近于庸俗，一时间真假纳米频现，鱼龙混杂；2003 年下半年之后，纳米科技界的声音逐渐强大起来。标志性事件是 2003 年 8 月 23 日，科技部徐冠华部长主持召开了全国纳米科技工作会议，此后，由各部委主持的全国纳米科技工作全面展开。舆论对纳米科技产业化的宣传逐渐趋向客观和冷静，一些反思性的报道陆续出现。

不过，在"科学技术是第一生产力"的口号下，中国社会对新兴科学技术发展整体采取的是热情欢迎态度，所以，虽然出现了一些反思的声音，国内媒体对纳米技术的赞扬性报道仍然占了主导。

以"科学网"（sciencenet. cn）为例，国内学者樊春良等于 2008 年 10 月 4 日和 2009 年 6 月 24 日两次在该网站主页上检索与"纳米"有关的文章，分别获得了 12000 项 和 30900 项查询结果。其中，绝大多数为技术性的报道或介绍，负面报道非常少。关于纳米可能引起负面技术影响或对纳米技术的影响进行思考的报道或信息，仅占总数的 4%—5%。即使是对纳米技术可能引起的问题的报道，也多是国外的信息，而鲜见国内专家的声音。[①]

樊春良等人又通过 CNKI 的"中国重要报纸全文数据库"，调查了 2000 年至 2009 年 6 月《科学时报》和《科技日报》关于纳米技术的报道。经统计分析后发现，两份报纸涉及负面信息（包含科技风险、伦理问题、社会问题、公众参与等）的报道占"纳米"相关报道总数的 11% 左右。这表明国内媒体对于纳米技术的负面信息有一定的关注度。不过，这一时间段内关于纳米技术可能存在负面影响的报道中，只有极少数提到了纳米的技术风险，以及它可能引起的社会伦理问题，如纳米医学技术使人长寿可能会出现的新疾病和社会问题。争论性报道数量更是非常有限。而且，即便报道涉及了风险等负面信息，一般也都传达出通过研究、科技就能够解决或控制风险的思想[②]。

---

① 樊春良、李玲：《国内主流媒体对新兴科技报道的研究——以转基因和纳米技术为例》，第五届中国科技政策与管理学术年会论文（http：//cpfd. cnki. com. cn/Article/CPFDTOTAL - ZGXF200910001013. htm）。

② 同上。

（五）公众理解和公众参与纳米技术的发展尚有很大提升空间

在支持与赞扬纳米技术的舆论环境之下，普通公众大多表现出对纳米技术的支持与赞扬。对于大多数中国人来说，"纳米"就是先进科学技术的同义词，相信"纳米"可以带来新的东西，或大大提高现有物品的功能。纳米技术可能对身体、环境有危害这样的话题很少进入普通中国公众的考虑范围。

2003 年之后，由于媒体的狂轰滥炸，面对各种形式的真假难辨的"纳米"产品，公众无所适从，甚至产生了反感的抵触情绪。不过，与此同时，公众对纳米的内涵也有了更进一步的认识，由原来只知道纳米的概念，发展到对纳米的内涵有了简单的了解，不再接受媒体的盲目诱导。2011 年 1 月，中国开展的一项小规模的网络调查显示，在 195 位参与调查者中，对纳米技术有一般知晓的占 57.9%，从媒体中知晓纳米技术的占 61.2%，对纳米技术一般意义上的正确了解的占 95.7%。①

近年来，公众参与在中国已经引起各方面的极大重视，并且在一些领域②已经开始实践。这些都体现了中国未来科技规划乃至科技决策的一个趋势，即将会逐渐引入公众参与。不过，相对于其他领域，中国科技决策领域的公众参与还有待于进一步开展。就中国纳米决策领域的公众参与而言，目前开展得还十分有限，迄今似乎只有国家纳米科学中心开展过几次公众开放日活动。

2006 年 5 月 21 日，国家纳米科学中心自成立以来第一次面向公众开展科普教育活动。活动分为三个部分：科普讲座、展板展示、参观实验室，主题是："纳米科技改变未来"。这次活动向前来参观的北理工附属中学的中学生和北航、首都师大的大学生及一些慕名而来的社会公众展示了纳米科技的发展历程和最新进展。2008 年 5 月 17 日、2010 年 5 月 16

---

① 借助"问卷星"网站的网络调查平台，从 2011 年 1 月 3 日下午 2：00 到 1 月 4 日中午 12：00，笔者的同窗廖苗协助开展了一次有 195 位网友参与的小型问卷调查。网址为 http：//www.sojump.com/jq/597043.aspx。

② 例如，2003 年 12 月，国家中长期科学和技术规划领导小组办公室专门开设了"国家中长期科学和技术发展规划"网站，利用互联网及时向社会公布规划工作的进展，开辟网上专题论坛。仅仅一个多月时间，点击人数已经超过 3 万人，并有许多反馈意见。2005 年 4 月关于圆明园湖底防渗工程的听证会，参与的公众范围广泛，人数众多，并引起了社会各方的广泛关注。

日，国家纳米科学中心又相继举行了两次类似的公众开放日活动。这两次开放日以"纳米技术与未来"为主题，通过纳米科技科普报告、相关纳米研究实验室参观、现场互动、招生宣传等活动形式对到访群众进行科普宣传。①

总的说来，这三次活动都是初级的向公众普及纳米技术发展知识的活动，与真正意义上的"公众参与科技决策"还有很大距离。

二　中国纳米技术发展开展伦理参与的挑战与希望

有一种观点认为，"技术危机"或"技术风险"只是某些发达工业国家在较高的现代化水平上形成的一种"现代焦虑症"。而在发展中国家，生存和发展问题是第一位的，技术风险问题似乎还无须被置于议事日程之中。过于强调科学技术和现代化发展的负面影响，有可能对发展中国家带来不利后果。②

实际上，这并不能成为我们拒绝西方式反思和批判的理由，因为，技术乐观主义在欧洲也存在过，对技术的理性批判反思只能在技术发展到某阶段才有可能。目前中国和西方在对待技术的态度和经验上的差异在很大程度上只是一个时间差③。近年来，"非典"危机等一系列事件表明，现代技术风险距离中国其实并不遥远。更重要的是，在全球化的今天，所有人类的命运都连在一起。只有加入全球性的纳米技术伦理治理大潮，才能真正获得中国纳米技术的全面可持续发展。在这样的背景下，我们应当积极借鉴欧美纳米技术发展过程中所采取的各项"伦理参与"经验，更全面地反思科学技术给社会带来的影响。

不过，伦理参与的实施受到经济形态、政治体制、文化传统以及国民素质等多种因素的影响，是一个内生变量相互作用的复杂过程。这就要求我们将欧美的经验同中国的国情结合起来，走上一条适合中国本土的以纳米技术为代表的新兴技术伦理参与之路。结合上文对中国纳米技术治理现状的粗略勾勒，下面简要分析一下中国开展纳米技术伦理参与的挑战与

---

① 参见国家纳米中心网页 http：//www. hbsafety. cn/article/571/572/200905/57985. shtml 以及 http：//www. cas. cn/zt/kjzt/dljgzkxr/bjb/hdyg/201005/t20100515_ 2846043. shtml。

② 转引自赵延东《解读风险社会》，《自然辩证法研究》2007 年第 6 期，第 80—91 页。

③ 李文潮：《技术伦理面临的困境》，《自然辩证法研究》，2005 年第 11 期，第 47 页。

希望。

（一）中国纳米技术发展开展伦理参与的挑战

首先，工具主义科学观在中国科技体系中根深蒂固。

随着中国科技与发达国家交流的日渐增多，中国科学界的观念也正在悄然发生变化。政府部门的研究经费也已经开始资助一些科学家研究纳米材料的生物效应和毒理性。然而，值得注意的是，中国的人文与社会科学家们依然难以得到资助来研究纳米技术的相关问题，基本限于学者自发进行的零散研究。① 至于广大的中国公众在纳米技术等新兴技术领域，更谈不上多少知情权和话语权。这种现状令人担忧。

究其原因，这和中国科技管理层、科技界的工具化科学观不无关系。由于我国在科技发展上的起点还远远低于发达国家，所以，当前我国科技发展政策的战略导向是加速科技成果向现实生产力的转化，实现经济增长方式从粗放型向集约型的战略转变。科学技术被视作"第一生产力"。在这个意义上，科技被当作发展经济的工具，科学精神本身遭到忽视，科技发展的潜在风险和伦理问题也不受重视。

中科院植物研究所研究员蒋高明曾经指出，中国一线科研人员不愿意从事科普工作，与我国目前的科研评价指标有很大关系。当前，我国的科研评价指标只有两个：一是研究经费；二是发表的 SCI 文章。申请经费、发表 SCI 文章都需要投入大量的精力。而一线研究人员所做的社会贡献，如科普报告和科普文章，乃至给政府决策部门或国家领导人的建议，都是不算绩效的。在这种唯 SCI 数量和经费数量马首是瞻的评价体系中，一线研究人员就不屑去做科普报告、写科普文章了。②

再以中国的科技评估工作为例，改革开放以来，我国的科技决策日益朝着建立公开、公正的科学决策系统方向发展。"九五"期间，科技部每

① 2009 年 1 月，在中英学术研讨会"纳米监管与创新：人文社会科学的角色"召开之际，英国研究理事会（ESRC）的中国负责人高德文接受了《科学时报》记者采访。他坦言，在中国寻求科技上的合作，途径相对清晰，三大部委——中科院、国家自然科学基金委、科技部，都对科学有稳定的投入与规划；而在中国寻求人文科学的合作，对他们来说是一大挑战，因为他们不清楚该与哪个部门或机构联络（洪蔚，2009）。

② 胡其峰：《社区：从"被科普"到"要科普"》，《光明日报》2010 年 5 月 17 日（http://www.gmw.cn/content/2010 - 05/17/content_ 1122314. htm）。

年安排 100 万元支持科技评估工作。1997 年，科技部批准成立了"国家科技评估中心"，并在全国 12 个省市和部门开展了科技成果评价试点工作。科技评估从此被正式引入政府科技决策系统。但是，长期以来，我国政府部门和理论界一直将技术评估看作一项"技术活"，从评价的设计阶段到实施阶段，都侧重引入各种高数量化的技术性方法，采用工具性价值和经济理性价值作为评价的价值基础；开展科技评估最主要的目标是为政府、企业和其他投资者提供咨询服务，促进科技决策的科学化，提高科技资源配置效率。这样，我国的科技评估工作表面上给人以公正的感觉，却抹杀了评价的社会性存在，即评价的社会互动性①。同发达国家相比，中国的科技评估体系还停留在对技术物性功能上的评价层次上，尚缺乏从公共决策的角度出发，基于社会的总体福利需求，全面考虑技术的社会、经济、政治、环境等方面的影响。易言之，这种"科技"评价遵循的是可行性研究的视角和思路，很容易忽视有关技术的社会和伦理影响，无法在更高层次上关心技术的善用、关心技术与社会的融合，从而也无法真正介入面向公共决策的评价活动中②。

在这种情况下，中国科技向公众开放的"科普"活动，在本质上遵循的也是"缺失模型"③，侧重于让公众了解科学知识，而很少关注对科学探索本性和精神的领会。

上述情形在中国当前的纳米技术治理中十分明显。然而，随着经济和科技的发展，技术的负面作用也逐渐显现了出来。伴随公众科技文化素养的提高，我国公众开始从更高层次上关注技术的社会和伦理效应，关心技术在促进人的全面幸福中的作用。公众不再满足于接受表面的、形式上的专家意见，而希望倾听不同利益群体的感受。政府也不再是高高在上的官

---

① 谈毅，全允桓：《我国开展面向公共决策技术评价的社会制度环境分析》，《中国软科学》，2004 年第 6 期，第 8—9 页。

② 参见谈毅，全允桓：《中国科技评价体系的特点、模系及发展》，《科学学与科学技术管理》，2004 第 5 期，第 18 页。

③ 缺失模型源自英国科学技术与医学帝国学院的教授约翰·杜兰特（John Durant）。这一模型的主要观点是，公众缺少科学知识，因而需要提高他们对于科学知识的理解。这一模型隐含了科学知识是绝对正确的知识的潜在假设，而且还设定了科学知识自上而下灌输式的传播模式。参见李正伟、刘兵《约翰·杜兰特对公众理解科学的理论研究：缺失模型》，《科学对社会的影响》2003 年第 3 期，第 12—15 页。

僚机构，而是为公民服务的管理部门。就此而言，我国当前科技体制所遵循的"工具化"科学观并不能适应科技发展的新趋势。

其次，公众科学素养较低、参与政治决策的热情不高。

一方面，中国公众的科学素养还不高。从 1992 年开始到 2010 年，中国科学技术协会借鉴国际通用的测试公众科学素养的指标体系和方法，对全国范围（不包括香港、澳门和台湾地区）进行了八次中国公众科学素养调查。2010 年，我国具备基本科学素养公民的比例达到了 3.27%，比 2005 年的 1.60% 提高了 1.67 个百分点，比 2007 年的 2.25% 提高了 1.02 个百分点。[①] 这表明，我国公众科学素养的发展不仅结束了长期停滞不前的局面，而且出现了逐步增长的趋势。但是，与发达国家相比，我国公众的科学素养水平仍处于落后地位。目前，我国公民科学素养水平相当于日本（1991 年 3%）、加拿大（1989 年 4%）和欧盟（1992 年 5%）等主要发达国家和地区 20 世纪 80 年代末、90 年代初的水平。[②] 这意味着，当前我国公众参与技术的社会评价所需的科学基础还相当薄弱。

另一方面，我国公众参与政治决策的热情不高。我国是一个具有数千年封建历史的国家，虽然新中国成立以来实行了一系列的政治改革，但是，历史积淀下来的传统政治文化影响不可能立即被彻底消除，官本位、清官情结、臣民意识等专制的政治文化思想依然盛行。人们普遍遵循"在其位谋其政"的处事原则，而漠视作为民主社会主人参与国家和社会事务管理的政治权利。一些政府官员则具有严重的官僚主义思想，不尊重公民应有的政治权利，认为公民理所当然应绝对接受和服从公共政策，使公民参与流于形式。[③]

最后，开展公共决策参与缺乏制度化保障。

我国社会当前正处在一个由传统社会向现代化社会转变、由计划经济向市场经济转变、由封闭文化向开放文化转变的社会进步过程之中。公众主体意识正在觉醒，政府决策正在从个人决策向集体决策乃至广泛民主参

---

① 王学健：《第八次中国公民科学素养调查结果公布》，《科学时报》2010 年 11 月 26 日第 A1 版。

② 同上。

③ 例如，中国很多地方举行的价格听证会被讽刺为一听就涨的"涨价会"。

与决策的方向转变、从不透明决策向透明决策转变、从封闭型决策向开放型决策转变。与欧美发达国家相比，中国目前的决策咨询制度，最多算是"半制度化"或者"类制度化"。虽然从国务院到各个部委都有自己的专家组，但它们与政府关系太过紧密。[①]

（二）中国纳米技术发展开展伦理参与的希望

尽管中国开展纳米技术的伦理参与面临着诸多挑战，但是，随着中国改革开放进程的不断深化，中国科技发展国际交流的不断增强，我们也具备一些开展纳米技术伦理参与的有利条件。

第一，中国公民社会初步形成。

经过改革开放30多年的发展，我国的"国家—社会"关系发生了重大转变。改革开放前，我国实行的是与计划经济体制相适应的全能主义体制，政党组织社会，社会、经济、政治、文化四大领域合一，国家全面控制社会，社会的基本单元是单位。改革开放之后，随着社会主义市场经济体制的建立，原有的单位体制开始松动，出现了游离于单位体制之外的个人。[②] 社会逐步成为一个相对独立的、与国家（机构）相并列的提供资源和机会的源泉。个人对国家的依附性明显降低。并且，由于社会力量的发育与成长，民间社会组织化程度也得到了增强。各种介乎国家与家庭之间的社会团体如雨后春笋般涌现出来，特别是行业协会、基金会发展非常迅速。据民政部的统计，到2006年底，全国正式登记在册的各类民间组织约36万个[③]。2008年6月底，这个数字增长到了38.64万个[④][⑤]。尽管受制于中国传统"强国家、弱社会"的权力格局与文化传

---

① 参见谈毅、仝允桓《面向公共决策技术评价范式演变及其在我国的发展》，《科学技术与辩证法》2004年第4期，第86—91页。

② 王锡锌：《公众参与和中国新公共运动的兴起》，中国法制出版社2008年版，第79页。

③ 高丙中、袁瑞军：《导论：迈进公民社会》，载高丙中、袁瑞军《中国公民社会发展蓝皮书》，北京大学出版社2008年版，第10页。

④ 俞可平：《对中国公民社会若干问题的管见》，载高丙中、袁瑞军《中国公民社会发展蓝皮书》，北京大学出版社2008年版，第18页。

⑤ 由于很多草根民间组织没有履行审批和登记手续，所以，中国实际存在的民间组织数量远远高于这个数字。清华大学民间组织研究所的估计是200万个至270万个之间，俞可平等学者的估计是300万个以上，还有的学着甚至估计高达800万个。参见俞可平《对中国公民社会若干问题的窥见》，载高丙中、袁瑞军《中国公民社会发展蓝皮书》，北京大学出版社2008年版，第15—27页。

统，中国现实中还没有完全符合西方学者界定的 NGO 组织①，与公民社会②的理想境界相距较远。但是，更多的学者认为，中国社会已经初步完成了从总体社会、单位社会向个人社会、公民社会（civil society）的转型。我们已经迈进了公民社会。公民以及各类合法的社会组织获得了合法地位，成为国家与社会治理的重要力量，公共领域、公共空间得以产生。③ 与此相适应，公众参与在中国逐渐兴起，尤其是在环境保护、城市规划、公共卫生等领域比较活跃。④

　　第二，中国特色民主政治提供了充满希望的民主参与机制。

　　自 2002 年中共十六大以来，中国政府领导人多次谈到民主。在 2003

---

　　① 学界对 NGO（Non-governmental Organization）的定义存在不同理解。比较流行的定义是由约翰·霍普金斯大学的莱斯特·萨拉蒙对 NGO 所做的结构—运作式定义，认为 NGO 由以下五个特征组成：（1）组织性（organized）；（2）私立性（private）；（3）非利润分配性（non-profitable-distributing）；（4）自治性（self-governing）；（5）志愿性（voluntary）。其中，非政府性和非营利性被公认为 NGO 的基本特征（转引自王锡锌《公众参与和中国新公共运动的兴起》，中国法制出版社 2008 年版，第 129 页）。NGO 组织的发展是公民社会在组织上的主要体现。对此，不少国外学者认为，中国民间组织不具有自治权，至今仍没有形成与国家相对的公民权力（王诗宗：《治理理论及其中国适用性》，浙江大学出版社 2009 年版）。根据国内著名学者俞可平的分析，中国的公民组织与西方不同的是，中国公民社会是政府主导型的，具有明显的官民双重性，组织上也不成熟，不具备西方意义上的自主性、志愿性和非政府性（参见闫健《民主是个好东西：俞可平访谈录》，社会科学文献出版社 2006 年版，第 202 页）。

　　② 在中国学术界，"公民社会"常常又被称为"市民社会"和"民间社会"。"市民社会"的译名源自马克思主义经典著作的中译本，在传统语境中带有一定贬义，被等同于资产阶级社会；"民间社会"最初是台湾地区学者的翻译，为大陆历史学家所青睐，在研究中国近代的民间组织时被广为使用，但是，这个术语在很多学者尤其是政府官员眼中，具有边缘化色彩；"公民社会"是改革开放后的新译名，是一个褒义称谓，强调公民的政治参与和公民对国家权力的制约。现在，绝大多数学者已经更多地使用"公民社会"这一称谓。各国学者对"公民社会"提出了诸多定义。大体上分成两类：一类是政治学意义上的，强调"公民性"，即公民社会主要由那些保护公民权利和公民政治参与的民间组织组成。另一类是社会学意义上的，强调公民社会是介于国家和企业之间的中间领域，或者"第三部门"。本书借鉴俞可平的理解，将"公民社会"理解成国家或政府系统、市场或企业系统之外所有民间组织或民间关系的总和。

　　③ 笔者认为，只要在国家体制之外出现了另一种无法替代的力量，那么，无论这一股力量是否依附于政府，中国国家—社会构架都已经进入新的时期。我们无须固执于西方的标准，从中国是否具备严格的西方意义上的 NGO 组织来判断中国的公民社会是否形成。

　　④ 中国公众对于科学技术的发展，尽管从总体上看，大部分还抱有积极乐观的态度，但是，近年来，圆明园湖底防渗漏工程、怒江水电站建设以及转基因水稻大面积种植在国内所引起的争议表明，人们对技术的知情权和参与选择权的要求越来越高。

年全国政协十届一次会议上，温家宝总理提出，党和政府要建立科学民主决策机制，重大决策要经过科学论证，广泛发扬民主。要建立健全由领导、专家和群众相结合的决策机制，完善重大决策的规则和程序，推进决策科学化民主化。尤其是涉及国民经济和社会发展的重大问题，要组织跨学科、跨部门、跨行业的专家进行研究论证，认真倾听各方面的意见，特别要听取不同意见。① 2003 年 3 月新修订的《国务院工作规则》突出了实行科学民主决策、坚持依法行政和加强民主监督问题，其中明确规定，国务院在做出重大决策前，要直接听取民主党派、群众团体、专家学者等方面的意见和建议。②

2005 年 10 月 19 日，国务院新闻办公室发表了《中国的民主政治建设》白皮书，首次以白皮书形式系统总结中国特色社会主义民主政治的经验。

2007 年发布的中共十七大报告中，时任中共中央总书记、国家主席的胡锦涛同志明确表示："人民民主是社会主义的生命。发展社会主义民主政治是我们党始终不渝的奋斗目标。"③ 报告还专门提出：

> 要健全民主制度，丰富民主形式，拓宽民主渠道，依法实行民主选举、民主决策、民主管理、民主监督，保障人民的知情权、参与权、表达权、监督权。

> 推进决策科学化、民主化，完善决策信息和智力支持系统，增强

---

① 贺劲松：《温家宝与经济界政协委员座谈强调建立科学民主决策机制》 （http：//www. china. com. cn/chinese/zhuanti/286793. htm）。

② 《国务院工作规则》（简称《规则》）先后在 2004 年 10 月 26 日和 2008 年 3 月 21 日被进行了修订，相应的表述也先后修订成："国务院在作出重大决策前，根据需要通过召开座谈会等形式，直接听取民主党派、群众团体、专家学者等方面的意见和建议。"（2004）和"国务院在做出重大决策前，根据需要通过多种形式，直接听取民主党派、社会团体、专家学者、基层群众等方面的意见和建议。"（2008）较之 2003 年版，不难看到，2004 年版《规则》增加了具体的民主决策形式；而 2008 年版《规则》的措辞变化则不仅表明民主决策形式更加多样化，更明确将"群众团体"区分成"社会团体"和"基层群众"两个部分，一定意义上，这表明中国公民社会获得了成长。

③ 胡锦涛：《高举中国特色社会主义伟大旗帜，为夺取全面建设小康社会新胜利而奋斗：在中国共产党第十七次全国代表大会上的报告》，人民出版社 2007 年版，第 28 页。

决策透明度和公众参与度，制定与群众利益密切相关的法律法规和公共政策原则上要公开听取意见。加强公民意识教育，树立社会主义民主法制、自由平等、公平正义理念。

要健全党委领导、政府负责、社会协同、公众参与的社会管理格局，健全基层社会管理体制。①

2008 年 5 月 1 日《中华人民共和国政府信息公开条例》的实施，也为公众参与科学技术决策创造了更好的法律环境。

上述一系列的报告和规章的发布表明，中国的领导层已经高度认可了"有序的参与民主"、"公众参与"等概念。"公众参与"已经被纳入中共党内的话语体系。中国特色的民主政治已经为中国公众参与科技决策提供了有力的条件和基础，使之得以不断扩展生存条件与空间。

在这种大局势下，中国的科技政策制定也呈现出令人欣喜的新动态。《国家中长期科学和技术发展规划（2006—2020）》的制定过程就是一个突出的例证。2003 年，温家宝总理对本次规划曾做出指示，要"努力形成'发扬民主、鼓励争鸣、集思广益、科学决策'的良好环境"。根据这一指示精神，国务院成立了规划工作领导小组，确立并实施了公众参与、沟通协调和战略咨询三大工作机制。在此次规划的整个制定过程中，鼓励公众参与成了一大亮点。2003 年 12 月，中国科学技术信息研究所开通了"国家中长期科学与技术发展规划公众参与论坛"（网址：http://plan. chinainfo. gov. cn/bbs）。论坛分为"交通科技问题"、"公共安全科技"等 19 个主题，公众可以自由地访问和发表对规划制定的评价和看法。尽管首次推出这样的公众论坛，实际效果还不尽如人意，但是，它体现了我国未来科技规划的一个趋势，那就是，从精英主导模式向公共选择模式演变。可以说，这次论坛是我国重大科技决策走向民主化和科学化的极好体现。

---

① 胡锦涛：《高举中国特色社会主义伟大旗帜，为夺取全面建设小康社会新胜利而奋斗：在中国共产党第十七次全国代表大会上的报告》，人民出版社 2007 年版，第 29 页，第 30 页，第 40—41 页。

第三，中国科技发展的伦理环境建设取得初步进展。

改革开放以来，特别是近十多年来，中国科学界和整个社会的科学伦理意识不断提高，伦理环境的建设取得很大进步。一系列国家层面的科学研究（尤其是医学研究）伦理规则相继出台①，各级伦理审查委员会建设逐步发展。中国还在一些全球性的伦理协议制定中扮演了重要角色。② 尤为值得关注的是，2008 年新修订的《科技进步法》第 29 条规定，"国家禁止危害国家安全、损害社会公共利益、危害人体健康、违反伦理道德的科学技术研究开发活动"③。这是中国第一次从国家法律层面划定了科技活动的禁区。

与此同时，科技界的科研道德规范建设进一步深化。2007 年 2 月，中国科学院和中国科学院学部主席团发布了《关于科学理念的宣言》，同时颁布了《中国科学院关于加强科研行为规范建设的意见》。前者系统阐述了科学实践所应遵循的基本道德准则；后者则做了明确的操作层面的制度安排。二者连同已制定发布的《关于加强创新文化建设的指导意见》、《关于改革中国科学院研究所评价体系的决定》、《关于加强创新队伍建设的指导意见》、《中国科学院科技工作者行为准则》、《中国科学院关于科技人员兼职的若干意见》、《中国科学院院士科学道德自律准则》等文件，形成了比较完整的制度规范体系。除了中国科学院，中国科技部也于2006 年 11 月 7 日发布了《国家科技计划实施中科研不端行为处理办法（试行）》，中国科学技术协会则于 2007 年 1 月 16 日发布了《科技工作者科学道德规范（试行）》。总之，我国的科研道德规范建设开始走向制定更加具有操作性政策的新阶段。

尽管这些伦理规章或道德规范在具体执行机制上还有待改进，但是，

————————

① 包括：2001 年 2 月 20 日，中国卫生部发布《人类辅助生殖技术管理办法》。2003 年 6 月国家药品监督管理局修订了最新的《药品临床试验管理规范》。2003 年 12 月 24 日国家科技部、卫生部联合发布《人胚胎干细胞研究伦理指导原则》。2006 年国务院颁布的《国家中长期科学发展规划（2006—2020）》中，规定"发育与生殖研究"包括"辅助生殖与干细胞技术的安全和伦理等"。2007 年 1 月，中国卫生部颁布了《涉及人体的生物医学研究伦理审查办法（试行）》。

② 例如，1998 年联合国教科文组织《关于人类基因组和人权的联合宣言》和 2000 年关于人类受试的医学研究伦理原则《赫尔辛基宣言》的制定过程，中国政府都曾积极参与。

③ 参见 http：//www. gov. cn/flfg/2007 – 12/29/content_ 847331. htm。

无疑具备了向前迈进的基础——至少有"章"可循了。

对于纳米技术而言，虽然目前中国还没有出台国家层面的针对纳米技术的伦理规章，但是，中国的人文社会学者与纳米科学家之间已经开展了卓有成效的初步交流。2009 年 11 月 29—30 日，中国自然辩证法研究会科学技术与工程伦理专业委员会和国家纳米研究中心在大连联合举办了"纳米科学技术与伦理"的跨学科学术研讨会，国家纳米科学中心首席科学家、清华大学物理系副系主任薛其坤院士，中国科学院大连化学物理研究所包信和院士，中科院高能物理研究所赵宇亮研究员等 9 位从事纳米科学研究的科学家，与国内生命伦理界和工程伦理学界著名的学者邱仁宗研究员和李伯聪教授等从事科学哲学、科学社会学和科技政策研究方面的 10 余名学者，共同探讨了纳米科技的广泛应用前景和伦理规则在规避纳米技术风险中的作用。本次研讨会是科学家与人文社会科学家之间就纳米技术的发展与伦理问题展开的第一次跨学科对话。会后，相关的讨论成果被分别公布在 2010 年 9 月 21 日出版的《中国社会科学报》和 2011 年第 2 期的《科学通报》上。

这几次学术会议及其后续成果表明，纳米技术的社会和伦理议题的重要意义已经在中国自然科学界和社会科学形成广泛的共识。

三　初步的建议

虽然针对纳米科技带来的安全问题，我国科技界已开展了大量研究并提出要负责任地发展纳米科技。但是纳米风险和安全性研究与社会各种利益相关者的利益、权利以及对美好生活的理念（安全、健康、福祉）的需求密切相关，包含大量复杂的伦理、法律和社会问题，不是单靠科技人员就可以完成的，负责任地发展纳米科技也不只是科技界的职业道德，而是包括科技界、人文社会科学界、政府管理部门、企业界和公众在内的全体社会成员共同的责任。我们要努力改变"科学技术专家只管研发，政府或企业只管投资，公众只管享用、消费，人文社会科学家只管事后的反思和评论"的模式。①

----

① 曹南燕：《中国纳米科技的发展需要人文社会科学的加盟》，《中国社会科学报》2010 年 9 月 21 日第 2 版。

　　要实现中国纳米技术以及其他新兴技术的伦理参与，需要在思想上提高认识，更需要在制度上得到保证。具体而言，要改进中国纳米技术发展的伦理环境，有以下几点建议。

　　第一，发挥政府的引导作用，制定全面的负责任的纳米技术发展战略，将人文社会科学研究纳入纳米技术发展之中。

　　在中国，国务院是科技政策的最终决定者和监督者；科技部则是主要的执行机构。与很多欧洲国家一样，大约 1/3 的研发投入源自公共领域，所以，中国政府在决定科技整体发展的未来方向上仍然举足轻重。① 因此，在促进纳米技术负责任的发展方面，中国政府首先应该发挥促进和引导作用，明确各种伦理参与机制是国家纳米技术总体规划的一部分。

　　在纳米技术有关环境健康问题上，政府应明确规定，研究、开发和利用纳米技术、生产纳米材料的单位，都要向主管部门申请许可；纳米产品在正式上市之前必须进行检验测试，为此要加快制定纳米技术研究和生产的安全标准；对于从事纳米技术研发的实验室工作人员和生产纳米材料的车间职工进行健康检测，并在倾倒纳米垃圾的地方进行自然环境检测，如发现健康受损或环境污染，应立即治疗和处理。②

　　在纳米技术有关的社会与伦理问题上，政府应制定政策，专门分配出一定的资源用于相应研究，让有关的人文社会问题研究计划进入国家总体部署，让人文社会科学研究的成果真正进入主流话语系统，影响政策、法律和规章制度的制定。③ 在审批具体纳米技术研究项目时，政府有关部门不妨将相应的社会和伦理问题研究设为通过审核的必需环节。总之，要让人文社会科学的研究摆脱自发、零散、旁敲侧击的局面，将纳米技术的伦理与社会问题纳入决策之中，并同纳米技术整个学科的发展和安全性研究有效地结合起来。

　　第二，改善科研评估体制，促进纳米技术研究人员和公众之间的广泛交流和对话。

　　根据纳米技术发展伦理参与的要求，纳米技术研究人员应该向公众宣传

---

① Miltos Ladikas, *Embedding Society in Science & technology Policy*: *European and Chinese Perspectives*, Belgium: European Commission, 2009, p. 128.

② 邱仁宗：《直面纳米技术"双刃剑"》，《中国社会科学报》2010 年 9 月 21 日第 3 版。

③ 曹南燕：《中国纳米科技的发展需要人文社会科学的加盟》，《中国社会科学报》2010 年 9 月21 日第 2 版。

科学知识，使公众和消费者充分了解纳米技术的益处和可能的危害，避免引起不必要的误解甚至恐慌；另外，纳米科技界也要了解和认识公众对纳米技术发展的看法和意见，建立公众参与纳米技术研究与发展的渠道。

然而，目前，中国还没有形成比较好的科学家与公众之间的交流的机制，科学家与公众之间的交流较少，科学家大多关注自身研究，对公众的意见、需求等缺乏足够的重视，公众对于科学技术的了解也很少。要使公众参与科学技术决策真正起到作用，需要公众和科学家之间真正地开展合作。为此，应该充分发挥各种专业性科学团体的优势和潜力，制定中国纳米科学家的研究伦理规范和准则，大力倡导科学共同体的社会责任。更重要地，还要从科技发展的激励机制上，确保科学工作人员拥有更为广阔的伦理反思空间，鼓励科学家开展与公众的交流与对话，建立科学家与公众交流的有效机制。

第三，提高公众的科学素养，促进公众参与纳米技术政策制定。在我国当前情况下，公众的科学素养还不高，主动关注技术的最新成就及社会人文价值并积极参与技术的社会评价活动较少，对技术的认识受传媒影响较大，自己独立分析和认识能力相对较差，因此，照搬西方公众参与科技决策的模式在中国很难行得通。现阶段，我国技术评价模式主要地还应该以专家为主导，以提升公众对科学的理解为重点，通过多种途径，使公众获取相关科学前沿领域的知识，吸纳公众参与评价过程。与此同时，国家要确立公众参与决策的机制，并提供必要的保障，调动公众参与的热情，促进公众以适当的方式和途径参与重大科学决策。公众提出的问题、建议应通过适当的途径为科学决策者采用，公众能对重大科学决策的实施过程和结果进行追踪监督和评价。①

第四，设立国家科技伦理委员会，加强中国科技伦理的体制建设。

科技的高速发展，会让我们越来越频繁地面临这样的难题：科技提出了伦理上的新问题，但是，不论是现行的法律条款，还是科研伦理基本规范，都不能为我们提供答案。对此，需要充分发挥科学家和伦理学家的共同智慧，让他们充分对话和交流，并与公众沟通，形成科技与伦理的良性

----

① 樊春良、张新庆、陈琦：《关于我国生命科学技术伦理治理机制的探讨》，《中国软科学》2008 年第 8 期，第 58—65 页。

互动和合理平衡。国际经验告诉我们，此刻，建立由科学家、法学家、伦理学家、政治家、社会民众代表所组成的专门伦理委员会，通过民主对话和协商来应对和解决科技发展带来的伦理悖论，将有助于在一定程度上达成道德共识，化解难题。目前，各种国际或国家层面伦理委员会通过预先评估科学研究和技术进步带来的可能后果和社会风险，对重大战略决策的道德质量进行监控与预警，已经日益成为决策形成的重要舞台。[①] 我国也应参照国际经验，设立专门的国家级科技伦理委员会，保障我国重大科技战略决策和科研规划的道德质量。

第五，加强国际交流与合作，参与推动全球纳米技术伦理治理。

鉴于纳米技术的伦理与社会风险具有全球性，加强国际合作与交流对于负责任的纳米技术发展而言非常重要。中国除了增进纳米技术研发、纳米技术标准制定等方面的国际交流与合作之外，也应该进一步推动中国在纳米技术伦理治理方面的国际合作和对话，从而最终实现纳米技术的可持续发展。

本章小结

总体说来，纳米技术的伦理（参与）研究，与"纳米"的技术属性并没有特别的关联，而生发于纳米技术得以发展的特殊社会语境。这种在技术发展的一开始就纳入相关的伦理与社会问题探讨的语境，可以说，正是从纳米技术才开始具有的。在纳米技术登上议事日程之前，是溃败的"转基因技术"，在其之后，是更加方兴未艾的"合成生物学"等其他新兴技术。从事纳米技术的伦理（参与）研究，一个重要的意义在于，汲取技术发展史上的前车之鉴，并为后来者提供可资参考的经验；另一个更突出的意义在于，纳米技术为人文社会科学家参与技术的社会形塑提供了前所未有的绝佳良机。

这个机遇的促成很大程度上归功于技术发起者的重视和鼓励。尽管这些重视和鼓励的背后动机可能只不过是让伦理与社会研究者充当技术发展

---

① 甘绍平：《应高度重视科技伦理对基础科学研究的指导作用》，载中国科学院《2005 高技术发展报告》，科学出版社 2005 年版，第 139—142 页。

的润滑剂，避免公众过度担忧乃至产生抵触情绪。但是，客观上，这一机遇使得人文与社会科学家具备了发挥更大作为的空间。

这种更大的作为，不仅体现在宏观政策的制定上，更突出体现在纳米科学技术知识的生产过程之中。尽管这些尝试都还比较初步，也遭遇到现有科技体制的障碍，但是，它们无疑为我们展现了充满希望的未来图景。

纳米技术发展已经成为一项全球性的事业，其潜在的风险也随之扩散到全球。中国必须也只有融入这项全球性的负责任地发展纳米技术的大潮中，才能保证中国纳米技术的可持续发展。在此意义上，欧美发展纳米技术时呈现的"伦理参与"经验对于中国来说颇有借鉴之处。结合当前中国纳米技术发展的实际情况，最迫切的一步，也许是在体制层面向欧美学习，将技术的伦理和社会议题研究整合到技术发展的总体框架之中，才有可能更加细致深入地借鉴欧美的经验，结合中国本土的实际情况推进科技伦理的深化。

第七章 结　语

随着纳米技术的快速发展和产业化步伐的加快，"负责任地发展纳米技术"已经成为越来越多的国家和地区所认可的理念。在荷兰访学①的一年中，笔者看到，欧美的人文社会学者以及相关的政府部门对于如何避免纳米技术重蹈转基因技术失利的覆辙，提出了各种各样的应对策略。对此，笔者深受触动。

首先，笔者从欧美对纳米技术伦理问题所引发的学术争议中认识到，纳米伦理研究的合法性并不在于纳米技术本身提出了什么独有的新议题，而在于当前纳米技术发展所处的特殊社会语境。通过分析早期纳米技术的伦理研究，本书认为，面对尚在襁褓之中的纳米技术，如果仅仅局限于传统哲学伦理学层面，试图建立一个同"生命伦理学"比肩的新应用伦理学分支领域是行不通的。因为哲学伦理学的分析存在着滞后性，在被反思对象尚不清晰之际就去开展哲学反思，不可避免地存在盲目性。根据国外纳米技术伦理研究的既有成果，本书认为，当前我们之所以强调对纳米技术潜在伦理和社会议题的关注，并非是因为纳米技术本身提出了什么独特新颖的伦理问题，而是因为纳米技术当前所处的社会语境，呈现出一个前所未有的良好机遇，使得伦理学可以在技术发展过程中发挥更大的作用，亦即在技术发展的早期就参与进来，让技术朝着更有利于人类社会和自然的方向发展。

进一步，本书突破早期纳米技术伦理学研究的单一学科框架，将纳米技术的伦理研究界定为一项跨学科研究领域，并进一步拓展为对技术理性

---

① 2009 年至 2010 年，受国家留学基金委"建设高水平大学"项目资助，笔者曾前往荷兰代尔夫特理工大学仿学。

的人文批判。纳米技术所可能引发的伦理问题往往就与社会问题、法律问题等紧密交织在一起。我们很难从单一的应用伦理学视角去理解和应对这些问题，而只能宽泛地理解成 ELSI 问题。换句话说，在纳米技术以及其他新兴技术的发展过程中，"伦理"这个词只能宽泛地理解成：在科技发展中，只要涉及利益相关者的利益/权利和/或美好生活的理念（安全、健康、福祉），都是"伦理"问题。"纳米伦理学"实际上是"有关纳米技术的人文社会科学"的代名词。事实上，这种跨学科的广义"伦理"研究也是所有其他具有高投入、高风险特性的新兴技术伦理研究的共同范式。

其次，笔者认为，现代科学技术已经不再是纯粹的科学探索，而从本质上成了一种改造世界的行为，是人类社会有意识地按照一定规划而进行和完成的行为。我们可以在技术发展的一开始就将其置于一定的伦理道德原则之下，进而明确行为主体所应承担的责任。基于此，本书对伦理研究在纳米技术发展过程中扮演的角色做了重新定位。本书认为，伦理研究在纳米技术发展过程中既不是"事后诸葛亮"，也不是事前预言家，去做道德评判者，对纳米技术说"是"或"否"。代替之，伦理研究是在技术发展的一开始就参与进来的适时动态规制。它超越了静态的理论分析，成为融理论探索和实践努力为一体的动态参与行动。这种转换可以称作"伦理在行动"。

那么，伦理应该如何行动？

本书吸收"共同责任"的概念和"治理"的思想，归纳出了共同前瞻技术风险的伦理机制——"伦理参与"概念。众所周知，进入大科学时代以来，科技已经成为一项社会性的事业。而日益强大的科技力量正不断地突破人类社会既有的规范和原则，使得整个人类社会都被置于风险之中。在这种情形下，由科学家和工程师构成的科学研究共同体开始反思自己从事的科研工作的社会后果，进而反思自己的社会责任。然而，传统的伦理学是基于个体的伦理学，已经无法满足当前大科学体制下对"共同责任"的吁求。当代伦理学中新兴的"责任伦理学"拓展了"责任"的概念，凸显了前瞻性的、整体性的责任观。可惜的是，"责任伦理学"的倡导者们并没有提供严密的论证，在整体性的责任观方面更是模棱两可。还需要进一步探索如何在科技实践中将这种前瞻性的、整体的（共同的）责任具象化。为此，本书借鉴当前在政治学领域中兴起的"治理"理念，并吸收 STS 对公众参与、科技与社会关系的研究成果，尝试归纳出了"伦理参与"这一概念，试图对如何让所有利益相关者参与到科技发展中以及推进科学共同体的社会责任，做出制度性构想和建议。

本书认为，"伦理参与"的"伦理"不仅仅是一个名词，指代各种旨在维系人类福祉、关护自然的跨学科研究，更应当被理解成一个形容词，即"伦理的"。作为一种警醒的力量，"伦理的"在一定程度上成了被以往线性科技发展模式所忽视的社会（公众）意见的统称，彰显的是社会以及个人面临科技发展时拥有的多重选择权利，而不再完全听命于资本和市场的力量，为其裹挟。所以，科技发展过程的伦理考量，并不仅仅局限于不同道德信念的冲突，也出现在规范性的力量（文化的、伦理的、政治的、哲学的等）同资本支持下的现代科技力量之间的冲突中。在这种情形下，本书将"伦理"理解成一种维度，是社会的、政治的、文化的和哲学的议题以及试图识别、分析和应对这些议题的努力的统称。

再次，根据当前欧美国家在发展纳米技术时的状况，本书尝试从宏观、微观等多个层面勾勒了纳米技术伦理参与的表现。

从宏观层面来讲，由于纳米技术是新型的使能技术，它面临着技术的、商业的和社会的多重不确定性。在转基因生物技术发展受阻的教训面前，欧美各国政府在发展纳米技术的时候，从一开始就对有关的环境和社会影响给予了关注。"负责任的纳米技术发展/创新"成了各国政府、产业界的口号。

然而，纳米技术仍然处于发展初期，相关的毒理学研究也刚刚起步，其社会和伦理效应还没有获得充分展现。当前我们对纳米技术效应的了解还很有限，面临着巨大的知识缺口。在这种情况下，秉承"预警原则"，欧美在发展纳米技术时，为了确保纳米技术本身的可持续发展，纷纷采取了软性监管措施，并制定了自愿性的章程，以期应对纳米材料的环境、健康和安全问题，用公开、透明的信息发布来弥补当前可能存在的监管漏洞。纳米材料的生产使用不再只由产业界和政府说了算，政府、产业界开始主动承担起面向公众的责任，充分尊重了公众在这些问题上的知情权。

相较于具体化的环境、健康和安全风险，各种看不见、摸不着的伦理、社会和法律议题的不确定性就更强了。对此，欧美各国采取了与以往不同的研究路线，将曾经独立于科学技术探索开展的 ELSI 研究，整合进科学技术探索本身。通过与公众参与活动的结合，纳米技术的 ELSI 研究强调了人文社会科学学者、科学家、工程师、毒理学家、政策制定者和公众之间的共同合作。

总之，不论是 EHS 问题，还是 ELSI 问题，欧美当前为了"负责任的纳米技术发展"所采取的各种举措，都突破了技术推动者单方面决定技术发展路径的既有模式，而主动地将曾经被忽视的被技术影响者的利益诉求考虑进来。

从微观层面来看，纳米技术的伦理参与主要体现为当前一些欧美人文社会科学家深入纳米实验室，从研究项目的选择方向、研究项目的实施过程，发掘在实验室中融入广泛的社会伦理考量、提升实验室科研人员社会责任意识的空间的尝试。尽管还面临着各种操作上的困难，这些试验性的探究也清晰地表明：在大科学体制下，实验室的具体科学研究过程中，的确存在着将社会关切融入科学研究实践的机遇。实验室的科研人员即便不是每一个人都有机会、有必要去接触社会公众，但是，整个科研共同体必须承担起与自己工作有关的社会和伦理责任，培养和提升相关的反思意识。在这种情形下中，实验室中的科研工作者们，仍然保有科学研究的自由，但是，这不再是一种只着眼于拓展科学知识本身的自主科学的自由，而是容纳了更广泛的有关社会伦理考量的更全面的研究自由。

最后，从当前欧美国家所呈现的各种"伦理参与"举措在纳米技术的实际发展过程中发挥的作用来看，不同行动者对于"负责任的纳米技术发展"的理解和支持该理念的出发点也各不相同，这些举措基本上是较为初步的尝试，某些"伦理参与"的具体措施（比如，自愿报告体系、行为章程等）的初步实施效果尚不尽如人意，整合性的 ELSI 研究进路效果也还不明确，甚至这些措施也并非完全因为发展纳米技术而产生，但是，根据本书第三章第三节对"伦理"所做的宽泛界定，可以说，在欧美的纳米技术发展战略中，"伦理"通过共同参与和治理的形式扮演了相当积极的角色。更重要的是，各种贯彻"负责任的纳米技术发展"的尝试表明，人类面临科技大踏步迈进时变得越发谨慎，科技发展不再是仅凭技术力量本身单向度地推进，而是在科技与社会加深互动的情形下共同塑造着人类的未来。这是人类在科技文明进程中迈出的值得称赞的一步，尽管还相当稚嫩。

从根本上说，在技术的发展过程中，不确定性是无法根除的。旨在解决某一种问题的新技术产品一问世，又会带来新的问题。所以，作为呼唤所有技术发展相关者责任意识的"伦理参与"，并不可能完全消除新兴技术发展给社会带来的不确定性，也并不会完全化解技术的负面效应。但是，在对新技术的影响知之甚少的时候，这种激发全社会责任意识的形式，恐怕是在获取技术发展的收益和规避技术风险之间保持平衡的最佳方式之一。

如果说要让这一步伐迈得更为坚定，让"责任"理念在当今科技发展过程中真正贯彻到底，那么，应当看到，当前将发展科学同控制科学分离成两个部分的科技体制设置阻碍了我们。在这种两分的科技体制内，种种"伦理参与"的尝试相较于科学共同体而言，都是一种外界力量的侵入。面临着巨大科研竞争压力的科学工作者们，并不享有宽阔的伦理反思空间。如果要让科学家、工程师真正自觉承担起相应的社会责任，还需要从科技体制上做出根本性的改变。如果有一天，我们的科研体制不仅鼓励科学家、工程师们勇攀科研高峰，也鼓励他们去关注其科研工作所带来的社会后果，那么，科技发展才真正能够从内而外地变得"伦理"起来。

就此而言，在全球化的背景下，中国纳米技术的发展也需要借鉴欧美的经验，加入到全球技术发展的伦理参与大潮中，才能实现真正全面、可持续的发展。

坦诚地说，由于种种限制，本书目前所塑造的"伦理参与"框架是一个非常稚嫩的概念。虽然，在一定程度上，"伦理参与"的概念捕捉到了当前欧美各国在推行"负责任地"发展纳米技术过程中所采取的具体策略的共同点，即以往被忽视掉的伦理和社会议题正在被有意识地整合到纳米技术的发展过程之中，具有了以往技术发展所不曾拥有的"参与"良机。但是，那些具体的理论探索和实践尝试本身源自不同的学科和语境，相对庞杂。如何能够更自洽地、融贯地描摹出这幅"伦理参与"的图景还需要日后进一步打磨。

与此同时，本书对"伦理参与"的概念赋予了描述性和规范性的双重使命，即不仅展现欧美当前纳米技术发展中呈现出来的伦理参与实际状况，而且要为中国未来的纳米技术发展提供应然意义上的建议。如果说，描述性的使命在一定意义上已经初步完成，那么，规范性使命的实现还有很长的路要走。在实践中，近几年欧美纳米技术发展中刚刚兴起的"伦理参与"抱负最终能够在多大程度上获得成功？其有效性终究会怎样？进一步，如何结合中国的实际情况，对中国纳米技术负责任的发展提供切实可行的具体规划建议？这些都将有待于下一步的跟进研究。

主要参考文献

一　英文论文

1. Adam Keiper, "Nanoethics as a Discipline?" *The New Atlantis*, Spring 2007.

2. Adam Keiper, "The Nanotechnology Revolution", *The New Atlantis*, Summer 2003.

3. Alan Irwin, "STS Perspective on Scientific Governance", In Edward J. Hackett, Olga Amsterdamska, Michael Lynch, Judy Wajcman, ed. , *The Handbook of Science and Technology Studies* (3rd ed), Cambridge, Mass: MIT Press, 2008.

4. Alfred Nordman and Arie Rip, "Mind the Gap Revisited", *Nature Nanotechnology*, Vol. 4, No. 5, 2009.

5. Alfred Nordmann, "Beyond Regulation: Three questions and one proposal for public deliberation", In Simone Arnaldi, Andrea Lorenzet and Federica Russo, ed. , *Technoscience in Progress: Managing the Uncertainty of Nanotechnology*, Amsterdam: IOS Press, 2009.

6. Alfred Nordmann, "If and Then: A critique of Speculative NanoEthics", in *Nanoethics*, Vol. 1, No. 1, 2007.

7. Alfred Nordmann. "European Experiments", *Osiris*, Vol. 24, 2009.

8. Alfred Nordmann, "Philosophy of Nanotechnoscience", In Günter Schmid, ed. , *Nanotechnology. Volume 1: Principles and Fundamentals*. Weinheim: Wiley, 2008.

9. Alfred Nordmann, *Converging Technologies—Shaping the Future of European Societies: A Report from the High Level Expert Group on "Foresighting the*

New Technology Wave", Luxemborg: European Commission, 2004.

10. Ana Delgado, Kamilla Lein KjØlberg and Fern Wickson, "Public engagement coming of age: From theory to practice in STS encounters with nanotechnology", *Public Understanding of Science*, 2010.

11. Anisa Mnyusiwalla, Abdallah Daar and Peter Singer, " 'Mind the gap': science and ethics in nanotechnology", *Nanotechnology*, No. 14, 2003.

12. Arianna Ferrari, "Developments in the Debate on Nanoethics: Traditional Approaches and the Need for New Kinds of Analysis", *Nanoethics*, Vol. 4, No. 1, 2010.

13. Arianna Ferrari, "Controlling the Ethics of Nanorisks", In Simone Arnaldi et al., ed., *Technoscience in Progress: Managing the Uncertainty of Nanotechnology*, Amsterdam: IOS Press, 2009.

14. Arie Rip, "Constructive Technology Assessment and Socio – Technical Scenarios", In Erik Fisher, Cynthia Selin and James M. Wetmore, ed., *Yearbook of Nanotechnology in Society: Presenting Futures*, New York: Springer – Verlag New York Inc., 2008.

15. Arie Rip, "Futures of ELSA", *EMBO reports*, Vol. 10, No. 7, 2009.

16. Arie Rip, "Research Choices and Directions—in Changing Contexts", In Marian Deblonde et al., ed., *Nano Researchers Facing Choices: The Dialogue Series # 1*. Universitair Centum Sint – Ignatius Antwerpen, 2007.

17. Arie Rip, Clare Shelley – Egan, "Positions and Responsibilities in the 'real' World of Nanotechnology", In René Von Schomberg, Sarah Davis, *Understanding public debate on nanotechnologies: options for framing public policy—a report from the European Commission Services*, Brussels: European Commission, 2010.

18. Arie Rip, *De facto Governance in Nanotechnologies*, Draft paper delivered to the Tilburg Institute for Law, Technology and Society (TILT) Conference, 2008.

19. Armin Grunwald and Peter Hocke, "The Risk Debate on Nanoparticles: Contributions to a Normalisation of the Science/Society Relationship?" In Mario Kaiser et al., ed., *Governing Future Technologies*, Springer Science +

Business Media B. V. , 2010.

20. Armin Grunwald, "Against over – estimating the role of ethics in Technology development", *Science and Engineering Ethics* , No. 2, 2000.

21. Armin Grunwald, "Book Reviews: Nanotechnology & Society: a global debate on 'Nanoethics'", *Hyle – International Journal for Philosophy of Chemistry*, Vol. 14, No. 1, 2008.

22. Armin Grunwald, "From Speculative Nanoethics to Explorative Philosophy of Nanotechnoloy", *Nanoethics*, Vol. 4, No. 2, 2010.

23. Armin Grunwald, "Nanotechnology—A New Field of Ethical Inquiry?" *Science and Engineering Ethics*, Vol. 11, No. 2, 2005.

24. Armin Grunwald, "Responsible Innovation: Bringing together Technology Assessment, Applied Ethics, and STS research", *Enterprise and Work Innovation Studies*, No. 7, 2011.

25. Armin Grunwald, "Technology Assessment or Ethics of Technology? Reflections on Technology Development between Social Sciences and Philosophy", *Ethical Perspectives*, Vol. 6, No. 2, 1999.

26. Armin Grunwald, "Ten Years of Research on Nanotechnology and Society—Outcomes and Achievements", In Torben B. Zülsdorf et al. (Eds.), *Quantum Engagements: Social Reflections of Nanoscience and Emerging Technoogies*, Heidelberg: IOS Press, 2011.

27. Armin Grunwald, "The Applications of Ethics to Engineering and the Engineer's Moral Responsibility: Perspectives for a Research Agenda", *Science and Engineering Ethics*, Vol. 7, No. 3, 2001.

28. Bert Gordijn, "Nanoethics: From Utopian Dreams and Apocalyptic Nightmares towards a more Balanced View", *Science and Engineering Ethics*, Vol. 11, No. 4, 2005.

29. Bill Joy, "Why the Future Doesn't Need Us?" *Wired*, No. 8, 2000.

30. Bruce Lewenstein, "What Counts as a Social and Ethical Issues in Nanotechnology?" *HYLE – International for Philosophy and Chemistry*, No. 11, 2005.

31. Carl Mitcham, "Co – responsibility for Research Intergrity", *Science*

and Engineering Ethics, Vol. 9, No. 2, 2003.

32. Carl Mitcham, "Engineering Ethics in Historical Perpsectives and as an Imperative in Design", In Carl Mitcham, *Thinking Ethics in Technology (Hennebach Lectures and Papers*, 1995 – 1996), Colorado: Coloardo School of Mines Press, 1997.

33. Carl Mitcham, "Why the Public should Participate in Technical Decision Making?", In Carl Mitcham, *Thinking Ethics in Technology (Hennebach Lectures and Papers*, 1995 – 1996), Colorado: Coloardo School of Mines Press, 1997.

34. Carl Mitcham, Leonard J. Waks, "Technology in Applied Ethics: Moving from the Margins to the Center", *Bulletin of Science Technology & Society*, Vol. 16, No. 4, 1996.

35. Catherine Lyall, Joyce Tait, "Shifting Policy Debates and the Implications for Governance", In Catherine Lyall, Joyce Tait, *New Modes of Governance: Developing an Integrated Policy Approach to Science, Technology, Risk and the Environment*, Burlingtong: Ashagate Publishing Company.

36. Charles T Rubin, "Artificial Intelligence and Human Nature", *The New Atlantis*, No. 1, 2003.

37. Chris Mac Donald, "Nanotech is novel; the Ethical Issues are not", *The Scientist*, No. 18, 2004.

38. Christoph Rehmann – Sutter and Jackie Leach Scully, "Which Ethics for (of) the Nanotechnologies?" In Mario Kaiser, Monika Kurath, Sabine Maasen, *Governing Future Technologies: Nanotechnology and the Rise of an Assessment Regime*, Springer, Dordrecht New York, 2010.

39. Cynthia Selin, "Expectations and the Emergence of Nanotechnology", *Science, Technology & Human Values*, Vol. 32, No. 2, 2007.

40. Daan Schuurbiers and Erik Fisher, "Lab – scale Intervention", *EMBO reports*, Vol. 10, No. 5, 2009.

41. Daan Schuurbiers, Patricia Osseweijer and Julian Kinderlerer, "Implementing the Netherlands Code of Conduct for Scientific Practice—A Case Study", *Science and Engineering Ethics*, Vol. 15, No. 2.

42. Daan Schuurbiers, *Social Responsibility in Research Practice*: *Enageing Applied Scientists with the Social - Ethical Context of Their Work*, Doctoral Thesis, Delft: Delft University of Technology, 2010.

43. Daniel Barben, Erik Fisher, Cynthia Selin and David Guston, "Anticipatory Governance of Nanotechnology: Foresight, Engagment and Integration", In Edward J. Hackett, Olga Amsterdamska, Michael Lynch, Judy Wajcman, ed. , *The Handbook of Science and Technology Studies* (3rd ed), Cambridge, Mass: MIT Press, 2008.

44. Daniel Sarewitz and Edward Woodhouse, "Small is Powerful", In Alan Lightman and Daniel Sarewitz et al. , ed. , *Living with the genie*: *Essays on technology and the quest for human mastery*, Washington, DC: Island Press, 2003.

45. David Berube, J. D. Shipman, "Denialism: Drexler VS. Roco", *IEEE Technology and Society Magazine*, Winter, 2004.

46. David Guston and Daniel Sarewitz, "Real - time Technology Assessment", *Technology in Society*, No. 24, 2002.

47. David Guston, "Innovation Policy - Not just a Jumbo Shrimp" *Nature*, Vol. 454, 2008.

48. David Guston, "The Center for Nanotechnology in Society at Arizona State University and the Prospects for Anticipatory Governance", In Nigel Cameron and M. Ellen Mitchell, ed. , *Nanoscale*: *Issues and Perspectives for the Nano Century*. New Jersey: John Wiley & Sons Inc. , 2007.

49. David Guston, "The Roots, Branches and first fruits of the Anticipatory Governance of Nanotechnologies", *Graduate Symposium on NanoEthics*, September 2009.

50. Davis Baird, Alfred Nordman and Joahim Schummer, "Introduction", In Davis Baird, Alfred Nordmanand Joahim Schummer, ed. , *Discovering the Nanoscale*, Amsterdam. Oxford. Washington, DC: IOS Press.

51. Davis Baird, Tom Vogt, "Societal and Ethical Interactions with Nanotechnology [SEIN]: an introduction", *Nanotechnology*, *Law & Bussiness*, No. 1, 2006.

52. Deborah G. Johnson, "Ethics and Technology 'in the making': an essay on the challenge ofnanoethics", *Nanoethics*, Vol. 1, No. 1, 2007.

53. Dietram Scheufele, Elizabeth Corley and Sharon DunwooDy et al., "Scientists Worry about Some Risks More than the Public", *Nature Nanotechnology*, Vol. 2, 2007.

54. Elise McCarthy and Elise McCarthy, "Responsibility and Nanotechnology", *Social Studies of Science*, Vol. 40, No. 3, 2010.

55. Environmental Defense Fund—DuPont, *Nano Risk Framework*, 2007, http://www. edf. org/documents/6496_ Nano%20Risk%20Framework. pdf.

56. EPA (Environmental Protection Agency, USA), *Nanoscale Materials Stewardship Program Interim Report*, 2009, http://www. epa. gov/opptintr/nano/nmsp – interim – report – final. pdf.

57. Eric T. Juengst, "Self – critical Federal Science? The Ethics Experiment within the U. S. Human Genome Project", In Ellen Frankel Paul, Fred D. Miller, Jeffrey Paul, ed. , *Scientific Innovation*, *Philosophy and Public Policy*: *Volume 13*, *Part 2*, New York: Cambridge Univeristy Press, 1996.

58. Erik Drexler, "Nanotechnology: From Feynman to Funding", *Bulletin of Science*, *Technology & Society*, Vol. 24, No. 1, February 2004.

59. Erik Fisher and Clark Miller, "Contextualizing the Engineering Laboratory", In Steen Hyldgaard Christensen, Bernard Delahousse, Martin Meganck, *Engineering in Context*, Aarhus: Academica, 2009.

60. Erik Fisher and Roop L. Mahajan, "Contradictory Intent? US federal legislation on intergrating Societal Concerns into nanotechnology research and development", *Science and Public Policy*, Vol. 33, No. 1, 2006.

61. Erik Fisher, "The Convergence of Nanotechnology, Policy and Ethics", *Advances in Computers*, Vol. 71, 2007.

62. Erik Fisher, Michael Lighter, "Entering the Social Experiment: A Case for the Informed Consent of Graduate Engineering Students", *Social Epistemology*, Vol. 23, Numbers 3 – 4, 2009.

63. Erik Fisher, *Midstream Modulation of Technology*: *A Case Study in US Federal Legislation on Integrating Considerations into Nanotechnology*, Doctoral

Thesis, University of Colorado, USA, 2006.

64. Erik Fisher, Roop L. Mahajan , and Carl Mitcham, "Midstream Modulation of Technology: Governance From Within", *Bulletin of Science, Technlogy & Society*, Vol. 26, No. 6, 2006.

65. Erik Fisher, RoopL. Mahajan, "Midstream Modulation of Nanotechnology Research in an Academic Laboratory", *Proceedings of IMECE* 2006. *ASME International Mechanical Engineering Congress and Exposition November* 5 – 10, 2006, Chicago, Illinois, USA, 2006.

66. Erik Fisher, "Lessons learned from the Ethical, Legal and Social Implications program (ELSI): Planning societal implications research for the National Nanotechnology Program", *Technology in Society*, No. 27, 2005.

67. Fritz Allhoff and Patrick Lin, "What's So Special about Nanotechnology and Nanoethics? " *International Journal of Applied Philosophy*, No. 2, 2006.

68. Fritz Allhoff, "On the Autonomy and Justification of Nanoethics", In Fritz Allhoff and Patrick Lin, ed. , *Nanotechnology & Society: Current and Emerging Ethical Issues.* Springer Science + Business Media. B. V. , 2008.

69. Geert van Calster, "Governance Structures for Nanotechnology Regulation in the European Union", *The Environmental Law Reporter*, No. 12, 2006.

70. Geert van Calster, "Risk Regulation, EU Law and Emerging Technologies: Smother or Smooth? " *Nanoethics* , Vol. 2, No. 1, 2008.

71. Geoffrey Hunt, "Nanotechnoloies and Society in Europe", In Geoffrey Hunt, Michael D. Mehta, *Nanotechnology Risk, Ethics and Law*, London: Earthscan, 2006.

72. George Khushf, "The Ethics of Nanotechnology: Vision and Values for a new generation of science and engineering", In National Academy of Engineering (USA), *Emerging Technologies and Ethical Issues in Engineering: Papers from a Workshop Oct* 14 – 15, 2003, Washington, DC: National Academies Press, 2003.

73. Hans Glimell, "Grand Visions and Lilliput Politics: Staging the Exploration of the ' Endless Frontier ' ", In Davis Baird, Alfred Nordman, and Joachim Schummer, *Discovering the Nanoscale*, Amsterdam: IOS press, 2004.

74. GraemeHodge, Diana Bowman Dand Karinne Ludlow, "Introduction: Big Questions for Small Technologies", In Graeme Hodge, Diana Bowman Dand Karinne Ludlow, ed. , *New Global Frontiers in Regulation: the Age of Nanotechnology*, UK: Edward Elgar Publishing Ltd, 2007.

75. Joseph Herkert, "Future Directions in Engineering Ethics Research: Microethics, Macroethics and the Role of Professional Societies", *Science and Engineering Ethics*, No. 7, 2001.

76. Hilary Sutcliffe and Simon Hodgson, *Briefing Paper: An uncertain business: the technical, social and commercial challenges presented by nanotechnology*, 2006, http://www. responsiblenanocode. org/documents/Acona – Paper_ 07112006. pdf.

77. Hub Zwart & Annemiek Nelis, "What is ELSA Genomics?" *EMBO reports*, Vol. 10, No. 6, 2009.

78. Ibo van de Poel and Lambèr Royakkers, *Ethics, Technology and engineering: An Introduction*, Chichester: Wiley – Blackwell, 2011.

79. Ibo van de Poel,"The Introduction of Nanotechnology as a Societal Experiment", In Simone Arnaldi et al. , *Technoscience in Progress: Managing the Uncertainty of Nanotechnology*. Amsterdam: IOS Press, 2009.

80. Ibo van de Poel, "How should we do Nanoethics? A network approach for discerning ethical issues in nanotechnology", *Nanoethics*, Vol. 2, No. 1, 2008.

81. IraBennett and Daniel Sarewitz, "Too Little, Too Late? Research Policies on the Societal Implications of Nanotechnology in the United States", *Science as Culture*, No. 4, 2006.

82. James Moor, John Weckert, "Nanoethics: Assessing the Nanoscale from an Ethical Point of View", In Davis Baird, Alfred Nordmanand Joachim Schummer, ed. , *Discovering the Nanoscale*, Amsterdam: IOS press, 2004.

83. James Wilsdon and Rebecca Willis, *See – Through Science: Why Public Engagement Needs to Move Upstream*, London: Demos, 2004.

84. Jane Calvert and Paul Martin, "The Role of Social Scientists in Synthetic Biology", *EMBO reports*, Vol. 10, No. 3.

85. Jeffrey Burkhardt, "The Ethics of Agri – food Biotechnology: How Can

an Agricultural Technology be so Important?" In Kenneth H. David & Paul B. Thompson, ed. , *What Can Nanotechnology Learn from Biotechnology? —Social and Ethical Lessons for Nanoscience from the Debate over Agrifood Biotechnology and GMOs*, ElsevierAcademic Press, 2008.

86. Joachim Schummer, "Cultural Diversity in Nanotechnology Ethics", In Fritz Allhoff and Patrick Lin, *Nanotechnology and Society: Current and Emerging Ethical Issues*, Dordrecht: Springer, 2008.

87. Joan McGregor & Jameson M. Wetmore, "Researching and Teaching the Ethics and Social Implications of Emerging Technologies in the Laboratory", *Nanoethics*, No. 1, 2009.

88. Johan Schot and Arie Rip, "The Past and Future of Constructive Technology Assessment", *Technological Forecasting and Social Change*, Vol. 54, 1996.

89. John Ziman, "Why must Scientists Become More Ethically Sensitive than They Used to be?" *Science*, Vol. 5395, 1998.

90. Joyce Tait and Catherine Lyall, "A New Mode of Governance for Science, Technology, Risk and the Environment?", In Catherine Lyall and Joyce Tait, ed. , *New Modes of Governance: Developing an Integrated Policy Approach to Science, Technology, Risk and the Environment*, Burlingtong: Ashagate Publishing Company, 2005.

91. Kamilla Anette Lein Kjölberg, *The notion of "responsible development" in new approaches to governance of nanosciences and nanotechnologies*, Doctoral Thesis, University of Bergen, Norway, 2010.

92. Kamilla Kjölberg, Fern Wickson, "Social and Ethical Interactions with Nano: Mapping the Early Literature", *Nanoethics*, Vol. 1, No. 2, 2007.

93. Kathrin Braun, Svea Luise Herrmann, Sabine Könninger and Alfred Moore, "Ethical Reflection must always be Measured", *Science, Technology & Human Values*, Vol. 35, No. 6, 2010.

94. Kaufmann A. , Joseph C. , and El – Bez C. et al. , "Why Enrol Citizens in the Governance of Nanotechnology?" In Mario Kaiser, Monika Kurath, Sabine Maasen, *Governing Future Technologies: Nanotechnology and the Rise of an Assessment Regime*, Springer, Dordrecht New York, 2010.

95. Keulartz J. , Schermer M. , Korthals M. , and Swierstra T. , "Ethics in a Technological Culture: A Progammatic Proposal for a Pragmatist Approach", *Science, Technology & Human Values*, NO. 1.

96. Kirsty Mills, "Nanotechnologies and Society in the USA", In Geoffrey Hunt , Michael D. Mehta, *Nanotechnology Risk, Ethics and Law*, London: Earthscan, 2006.

97. KjØlberg L. K. , Roger Strand, "Conversations about Responsible Nanoresearch", *Nanoethics*, NO. 5, 2011.

98. Laurens K. Hessels and Harro van Lente, "Re – thinking New Knowledge Production: A literature Review and a Research Agenda", *Research Policy*, Vol. 37, No. 4, 2008.

99. Liu Li, Zhang Jingjing, "Characterising Nanotechnology Research in China", *Science, Technology & Society*, No. 12, 2007.

100. Louis Laurent and Jean – Claude Petit, "Nanosciences and Their Convergence with Other Technologies: New Golen Age or Apocalypse?" In Joachim Schummer and Davis Baird, ed. , *Nanotechnology Challenges: Implications for Philosophy, Ethics and Society*, Singapore: World Scientific Publishing, 2006.

101. Maria C. Powell, Martin P. A. Griffin, Stephanie Tai, "Bottom – up Risk Regulation? How Nanotechnology Risk Knowledge Gaps Challenge Federal and State Environmental Agencies?" *Enviromental Management*, Vol. 42, No. 3, 2008.

102. Mario Kaiser, "Drawing the Boundaries of Nanoscience—Rationalizing the Concerns?" *Journal of Law, Medicine & Ethics*, Vol. 34, No. 4, 2006.

103. Marion Godman, "But is it Unique to Nanotechnology? Reframing Nanoethics", *Science Engineering Ethics*, No. 14, 2008.

104. Matthew Kearnes, Phil Macnaghten, and James Wilsdon, *Governing at the Nanoscale: People, Policy and Emerging Technologies*, London: Demos, 2006.

105. Matthew Kearnes, Robin Grove – White, Phil Macnaghten, James Wilsdon, and Brian Wynne, "From Bio to Nano: learning the lessons, Interrogating the comparison", *Science as Culture*, No. 14, 2006.

106. Matthias Gross and Holger Hoffmann – Riem, "Ecological restoration

as a real – world experiment", *Public Understanding of Science*, No. 14, 2005.

107. Mette Ebbesen, "The Role of the Humanities and Social Sciences in Nanotechnology Research and Development", *Nanoethics*, No. 2, 2008.

108. Mette Ebbesen, Svend Andersenand Flemming Besenbache, "Ethics in Nanotechnology: Starting From Scratch?" *Bulletin of Science*, *Technology & Society*, Vol. 26, No. 6, 2006.

109. Michael E. Gorman, F. Groves and Jeff Shrager, "Societal Dimensions of Nanotechnology as A Trading zone: Results from a Pilot Project", In Davis Baird, Alfred Nordman, and Joachim Schummer, *Discovering the Nanoscale*, Amsterdam: IOS Press, 2004.

110. Michael E. Gorman, James F. Groves and R. K. Catalano, "Societal Dimensions of Nanotechnology", *IEEE Technology and Society Magazine*, Winter 2004.

111. Michael E. Gorman, Patricia H. Werhane and Nathan Swam, "Moral Imagination, Trading Zones, and the Role of Ethicist in Nanotechnology", *Nanoethics*, Vol. 3, No. 3, 2009.

112. Michael S. Yesley, "What's ELSI got to do with it? Bioethics and the Human Genome Project", *New Genetics and Society*, Vol. 27, No. 1, 2008.

113. Michele Mekel and Nigel M. de S. Cameron, "The NELSI Landscape", In Nigel M. de S. Cameron and M. Ellen Mitchell, *Nanoscale: Issues and Perspectives for the Nano Century*, New Jersey: John Wiley & Sons, Inc. , 2007.

114. Mihail C. Roco, "Broader Societal Issues of Nanotechnology", *Journal of Nanoparticle Research*, No. 5, 2003.

115. Mike W. Martin, Roland Schinzinger, *Ethics in Engineering* (3rd ed.), New York: McGraw – Hill, 1996.

116. Miltos Ladikas, *Embedding Society in Science & technology Policy: European and Chinese Perspectives*, Belgium: European Commission, 2009.

117. Nick Pidgeon and Tee Rogers – Hayden, "Public Engagement on GM and Nanotechnology", *Science and Public Affairs*, June 2005.

118. Nigel M de S. Cameron, "Ethics, Policy, and the Nanotechnology Initiative: The Transatlantic Debate on 'Converging Technologies' ", In Nigel M

de S. Cameron and M. Ellen Mitchell, *Nanoscale*: *Issues and Perspectives for the Nano Century*, New Jersey: John Wiley & Sons Inc. , 2007.

119. Nigel M. de S. Cameronand M. Ellen Mitchell, "Toward Nanoethics?" In Nigel M. de S. Cameron and M. Ellen Mitchell, *Nanoscale*: *Issues and Perspectives for the Nano Century*, New Jersey: John Wiley & Sons Inc. , 2007.

120. Patrick Lin, "In Defense of Nanoethics: A Reply to Adam Keiper", *The New Atlantis*, Summer 2007.

121. PaulLitton, "Nanoethics? What's new?" *Hastings Center Report*, No. 1, 2007.

122. Phil Macnaghten, Matthew B. Kearnes and Brian Wynne, "Nanotechnology, Governance, and Public Deliberation: What Role for the Social Sciences?" *Science Communication*, Vol. 27, No. 2, 2005.

123. Philip Ball, "Nanotechnology in the Firing Line", 2003, http: // nanotechweb. org/ cws/ article/ indepth/ 18804.

124. Philip Kitcher, "Research in an Imperfect World", In Philip Kitcher, *Science*, *Truth and Democracy*, New York: Oxford University Press, 2001.

125. Philip Shapira, Jan Youtie and Alan L. Porter, "The Emergence of Social Science Research on Nanotechnology", *Scientometrics*, No. 2, 2009.

126. Pilar Aguar and José Juan Murcia Nicolás, *EU Nanotechnology R & D in the Field of Health and Environmental Impact of Nanoparticles*, Brussels: European Commission, Research DG, 2008.

127. Rebecca Roache, "Ethics, Speculation and Values", *Nanoethics*, Vol. 2, No. 3, 2008.

128. Ortwin Renn, Mihail C. Roco, "Nanotechnology and the Need for Risk Governance", *Journal of Nanoparticle Research*, No. 8, 2006.

129. Richard Esmalley, "Of chemistry, Love, and Nanobots", *Scientific American*, Vol. 285, No. 3.

130. Richard Jones R, "Are you a responsible nanoscientist?" *Nature Nanotechnology*. No. 4, 2009.

131. Risto Karinen and David Guston, "Toward Anticipatory Governance:

The Experience with Nanotechnology", In Mario Kaiser et al. , ed. , *Governing Future Technologies: Nanotechnology and the Rise of an Assessment Regime*, Dordrecht, Springer Science + Business Media B. V. .

132. Robert Doubleday, "Risk, Public Engagement and Reflexivity: Alternative Framings of the Public Dimensions of Nanotechnology", *Health, Risk & Society*, No. 2, 2007.

133. Robert Doubleday, "The Laboratory Revisited: Academic Science and the Responsible Development of Nanotechnology", *Nanoethics*, No. 1, 2007.

134. Robert Doubleday, "Organizing accountability: co - production of technoscientific and social worlds in a nanoscience laboratory", *Area*, No. 2, 2007.

135. Robert Freitas, *Some Limits to Global Ecophagy by Biovorous Nanoreplicators, with Public Policy Recommendations*, 2000, http://www.rfreitas.com/Nano/Ecophagy.htm.

136. Robert McGinn, "Ethics and Nanotechnology: Views of Nanotechnology Researchers", *Nanoethics*, Vol. 2, No. 2, 2008.

137. Robert McGinn, "What's Different, Ethically, About Nanotechnology?: Foundational Questions and Answers", *Nanoethics*, Vol. 4, No. 2, 2010.

138. Robin Williams, "Compressed Foresight and Narrative Bias: Pitfalls in Assessing High Technology Futures", In Erik Fisher, Cynthia Selin and James M. Wetmore, *Yearbook of Nanotechnology in Society: Presenting Futures*, New York: Springer - Verlag New York Inc. , 2008.

139. Rosalyn W. Berne, "Towards the Conscientious Development of Ethical Nanotechnology", *Science and Engineering Ethics*, Vol. 10, No. 4, 2004.

140. Sally Randles, "From Nano - ethics Wash to Real - Time Regulation", *Journal of Industrial Ecology*, Vol. 12, No. 3, 2008.

141. Silvio Funtowicz and Jerome Ravetz, "Global risk, Uncertainty, and Ignorance", In Jeanne X. Kasperson, Roger E, ed. , *Global Environmental Risk*, London: United Nations University Press and Earthscan Publications Ltd. , 2001.

142. Silvio Funtowicz and Jerome Ravetz, *Uncertainty and Quality in Science for Policy*, Dordrecht: Kluwer Academic Publishers, 1990.

143. Song Y, Li X, Du X, "Exposure to Nanoparticles is Related to Pleural Effusion, Pulmonary Fibrosis and Granuloma", *European Journal of Respiration*, Vol. 34.

144. Tee Rogers – Hayden and Nick Pidgeon, "Moving Engagement 'upstream'? Nanotechnologies and the Royal Society and Royal Academy of Engineering's inquiry", *Public Understanding of Science*, No. 16, 2007.

145. Travis N. Rieder, "Book Review: Fritz Allhoff and Patrick Lin (eds): Nanotechnology and Society: Current and Emerging Ethical Issues", *Nanoethics*, Vol. 2, No. 3, 2008.

146. Tsjalling Swierstra, Arie Rip, "Nanoethics as NEST – ethics: Patterns of Moral Argumentation about New and Emerging Science and Technology", *Nanoethics*, No. 1, 2007.

147. Tsjalling Swierstra, Dirk Stemerding and Marainne Boenik, "Exploring Techno – Moral Change: The Case of the Obesity Pill", In Paul Sollie, Marcus Düwelletet al., eds., *Evaluating New Technologies: Methodological Problems for the EthicalAssessment of Technology Developments*, Springer, 2009.

148. Tsjalling Swierstra, Jaap Jelsma, "Responsibility without Moralism in Technoscientific Design Practice", *Science, Technology and Human Values*, Vol. 31, No. 3, 2006.

149. Ulrich Fiedeler, "Technology Assessment of Nanotechnology: Problems and Methods in Assessing Emerging Technologies", In Erik Fisher, Cynthia Selin, Jameson M. Wetmore, ed., *Yearbook of Nanotechnology in Society: Presenting Futures*, New York: Springer – Verlag New York Inc., 2008.

150. Vivian Weil, "Ethical Issues in Nanotechnology", In Mihail C. Roco, Bainbridge W. S., ed., *Societal Implications of Nanoscience and Nanotechnology*, Dordrecht: Springer, 2001.

151. W. Patrick McCray, "Will Small be Beautiful? Making Policies for our Nanotech Future", *History and Technology*, No. 2, 2005.

152. Wade L. Robison, "Nano – Ethics", In Davis Baird, Alfred Nordman and Joachim Schummer, *Discovering the Nanoscale*, Amsterdam: IOS press.

153. William SimsBainbridge, "Ethical Considerations in the Advance of Nanotechnology", In Lynn E. Foster, *Nanotechnology science, innovation and opportunities*, Upper Saddle River, NJ: Prentice Hall, 2006.

154. Wolfgang Kroh and Johannes Weyer, "Society as a Laboratory: the social risks of experimental research", *Science and Public Policy*, No. 3, 1994.

155. Zhao Feng, Zhao Yuliang, and Wang chen, "Activities Related to Health, Environmental and Societal Aspects of Nanotechnology in China", *Journal of Clearner Production*, No. 16.

二 英文专著

1. AlanIrwin, *Citizen Science: a Study of People, Expertise and Sustainable Development*, London: Routledge, 1995.

2. Arie Rip, Thomas J. Misa and Johan Schot, ed., *Managing Technology in Society: The approach of Constructive Technology Assessment*, London: Pinter, 1995.

3. Bruno Latour, *Science in Action: How to Follow Scientists and Engineers through Society*? Cambridge, Massachusetts: Harvard University Press, 1987.

4. Car lMitcham, ed., *Encolpedia of Science, Technology and Ethics*, Farmington Hills, MI: Macmillan Reference USA, 2005.

5. Carl Mitcham, *Thinking Ethics in Technology (Hennebach Lectures and Papers, 1995 – 1996)*, Colorado: Coloardo School of Mines Press, 1996.

6. Catherine Lyall, Joyce Tait, ed., *New Modes of Governance: Developing an Integrated Policy Approach to Science, Technology, Risk and the Environment*, Burlingtong: Ashagate Publishing Company, 2007.

7. David Collingridge, *The Social Control of Technology*, New York: St. Martin's Press, 1980.

8. Davis Baird, Alfred Nordman, and Joachim Schummer, ed., *Discovering the Nanoscale*. Amsterdam. Oxford. Washington, DC: IOS Press, 2004.

9. Edward J. Hackett, Olga Amsterdamska, Michael Lynch, Judy Wajcman, ed., *The Handbook of Science and Technology Studies* (3rd ed), Cambridge, Mass: MIT Press, 2008.

10. Ellen Frankel Paul, Fred D. Miller, Jeffrey Paul, ed. , *Scientific Innovation, Philosophy and Public Policy*: *Volume* 13, *Part* 2, New York: Cambridge Univeristy Press, 1996.

11. Ellen Frankel Paul, Fred D. Miller, Jeffrey Paul, ed. , *Scientific Innovation, Philosophy and Public Policy*, New York: Cambridge Univeristy Press, 1996.

12. Erik Drexler, *Engines of creation*: *The coming era of nanotechnology*, Oxford: Oxford University Press, 1990.

13. Erik Fisher, Cynthia Selinand James M. Wetmore, ed. , *Yearbook of Nanotechnology in Society*: *Presenting Futures*, New York: Springer – Verlag New York Inc. , 2008

14. Geoffrey Hunt and Michael Mehta, ed. , *Nanotechnology Risk*, *Ethics and Law*, London: Earthscan, 2006.

15. George S. Day, Paul J. H. Schoemaker and Robert E. Gunther, ed. , *Wharton on Managing Emerging Technologies*, New Jersey: John Wiley & Sons. Inc. , 2000.

16. Graeme Hodge, Diana Bowman and Karinne Ludlow, ed. , *New Global Frontiers in Regulation*: *the Age of Nanotechnology*, UK: Edward Elgar Publishing Ltd, 2007.

17. HansJonas, *The Imperative of Responsibility*: *in search of an ethics for the technological age.* Chicago: University of Chicago Press, 1984.

18. Kenneth David and Paul B. Thompson, ed. , *What Can Nanotechnology Learn from Biotechnology? —Social and Ethical Lessons for Nanoscience from the Debate over Agrifood Biotechnology and GMOs.* Elsevier Inc. , 2008.

19. Lynn E. Foster, ed. , *Nanotechnology science*, *innovation and opportunities*, Upper Saddle River, NJ: Prentice Hall, 2006

20. Lynn E. Foster, *Nanotechnology science*, *innovation and opportunities.* Upper Saddle River, NJ: Prentice Hall, 2006.

21. Mario Kaiser, Monika Kurath, Sabine Maasen, ed. , *Governing Future Technologies*: *Nanotechnology and the Rise of an Assessment Regime*, Springer, Dordrecht　New York , 2010.

22. Mihail C. Roco and William Sims Bainbridge, ed. , *Converging Technologies for Improving Human Performance*, Dordrecht: Kluwer Academic publishers, 2003.

23. Mihail C. Roco and William Sims Bainbridge, ed. , *Societal Implications of Nanoscience and Nanotechnology*, Dordrecht: Springer, 2001.

24. Nigel de S. Cameron and M. Ellen Mitchell, ed. , *Nanoscale: Issues and Perspectives for the Nano Century*, New Jersey: John Wiley & Sons Inc. , 2007.

25. Peter Kroes, Anthonie Meijers, ed. , *The Empirical Turn in the Philosophy of Technology*, Amsterdam: JAI Press Inc. , 2000.

26. Richard Owen, John Bessant and Maggy Heintz, ed. , *Responsible Innovation: Managing the Responsible Emergence of Science and Innovation in Society* (1st Edition), Chichester, West Sussex: John Wiley & Sons, Ltd. , 2013.

27. Shelia Jasanoff, *States of Knowledge: The Co - prodcution of Science and Social Order*, London: Routledge, 2004.

28. Simone Arnaldi, Andrea Lorenzet and Federica Russo, ed. , *Technoscience in Progress: Managing the Uncertainty of Nanotechnology*, Amsterdam: IOS Press, 2009.

29. Simone Arnaldi, Arianna Ferrari, Paolo Magaudda and Francesca Marin, ed. , *Responsibility in Nanotechnology Development*, Dordrecht: Springer, 2014.

30. Torben B. Zülsdorf, Christopher Coenen, Arianna Ferrari, Ulrich Fiedeler, Colin Milburn and Matthias Wienroth, ed. , *Quatum Engagements: Social Reflections of Nanoscience and Emerging Technologies*, Heidelberg: IOS Press, 2011.

三 英文报告类文献

1. Alfred Nordmann, *Converging Technologies—Shaping the Future of European Societies: A Report from the High Level Expert Group on ' Foresighting the New Technology Wave'*, Luxemburg: European Commission, 2004.

2. Andrew D. Maynard, *Nanotechnology: a Research Strategy for Addressing Risks*, 2006, http: //www. nanotechproject. org/file_ download/files/PEN3_ Risk. pdf.

3. Andrew Stirling, *From Science and Society to Science in Society*: *towards a framework for "co - operative research"* —*Report of a European Commission Workshop* 2006, http: //ec. europa. eu/research/science - society/pdf/gover-science_ final_ report_ en. pdf.

4. Angela Hullmann, *European Activities in the Field of Ethical, Legal and Social Aspects (ELSA) and Governance of Nanotechnology*, Brussels: Eurpean Commission, 2008.

5. Arianna Arianna Ferrarind Alfred Nordman, *Reconfiguring Responsibility*: *Lessons for Nanoethics (Part 2 of the Report on Deepening Debate on Nano-technology)*, Durham: Durham University, 2009.

6. BASF, *Code of Conduct—Nanotechnology*, 2008, http: //www. basf. com/group/corporate/en/sustainability/dialogue/in - dialogue - with - politics/nano-technology/code - of - conduct.

7. BIONET Expert Group Report, *Recommendations on Best Practice in the Ethical Governance of Sino - European Biological and Biomedical Research Col-laborations*, 2010, http: //www. bionet - china. org/pdfs/BIONET% 20Final% 20Report1. pdf.

8. BIONET Final Report, Ethical Governance of Biological and Biomedical Re-search: Chinese - European Co - operation, 2010, http: //www2. lse. ac. uk/BI-OS/research/BIONET/publications. htm.

9. Carl Mitcham, JackStilgoe, *Global Governance of Science*: *Report of the Expert Group on Global Governance of Science to the Science, Economy and Socie-ty Directorate*, Directorate - General for Research, Brussels: European Commis-sion, 2009.

10. CCST (California Council on Science and Technology, USA), *Nanoscience and Nanotechnology*: *Opportunities and Challenges in California*, 2004, http: //www. ccst. us/publications/2004/2004Nano. php.

11. CEC (Commission of the European Communites), *Communication from the Commission to the European Parliament, the Council and the European Economic and Social Committee*: *Regulatory Aspects of Nanomaterials*, Brussels: European Commission, 2008.

12. CEC (Commission of the European Communities), *Commission Decision on the renewal of the mandate of the European Group on Ethics in Science and New Technologies*, Brussels: European Commission, 2005.

13. CEC (Commission of the European Communities), *Commission Recommendation on a code of conduct for responsible nanosciences and nanotechnologies research*, Brussels: European Commission, 2008.

14. CEC (Commission of the European Communities), *Communication from the Commission: Towards a European Strategy for nanotechnology*, Brussels: European Commission, 2004.

15. CEC (Commission of the European Communities), *Communication from the Commission on the precautionary principle*, Brussels: European Commission, 2000.

16. CEC (Commission of the European Communities), *European Governance: A White Paper*, Brussels: European Commission, Brussels, 2001.

17. CEC (Commission of the European Communities), *Second Implementation Report* 2007 – 2009, Brussels: European Commission, 2009.

18. CEC (Commission of the European Communities), *Nanosciences and Nanotechnologies: An action plan for Europe* 2005 – 2009, Brussels: European Commission, 2005.

19. CEC (Commission of the European Communities), *Nanosciences and Nanotechnologies: An action plan for Europe* 2005 – 2009. *First Implementation Report* 2005 – 2007, Brussels: European Commission, 2007.

20. CEC (Commission of the European Communities), "Towards a Code of Conduct for Responsible Nanosciences and Nanotechnologies Research", Consultation Paper, 2008, http://ec.europa.eu/research/consultations/pdf/nano – consultation_ en. pdf.

21. Committee on Science, Engineering and Public Policy, National Academy of Sciences, National Academy of Engineering, and Institute of Medicine (USA), *On Being a Scientist: Responsible Conduct in Research* (2nd ed.), Washington, DC: National Academy Press, 1995.

22. Council for Science and Technology (UK), *Nanosciences and Nano-*

technologies: *A Review of Government's Progress on its Policy Commitments*, London: Council for Science and Technology, 2007.

23. Defra (Department for Environment, Food and Rural Affairs, UK), *UK Voluntary Reporting Scheme for engineered nanoscale materials*, 2008, http://www. defra. gov. uk/environment/quality/nanotech/documents/vrs – nanoscale. pdf.

24. Department of Health, Human Services & Department of Energy (USA), *Understanding Our Genetic Inheritance*, 1990, http://www. genome. gov/10001477.

25. EC (European Commission), *Challenging Futures of Science in Society: Emerging trends and cutting – edge issues*, Brussels: European Commission, Directorate – General for Research, 2009.

26. EC (European Commission), *Integrating Science in Society Issues in Scientific Research: Main Findings of the Study on the Integration of Science and Society Issues in the Sixth Framework Programme*, 2007, http://ec. europa. eu/research/science – society/document_ library/pdf_ 06/integrating – sis – issues – in – research – main – findings_ en. pdf.

27. EC (European Commission), *Science and Society Action Plan*, 2002, http://ec. europa. eu/research/science – society/pdf/ss_ ap_ en. pdf.

28. EC (European Commission), *Science and Society Action Portfolio—Today's science for Tomorrow's Society*, Brussels: European Commission, 2005.

29. EC (European Commission), *Towards a European Strategy for nanotechnology*, 2004, http://ec. europa. eu/nanotechnology/pdf/nano _ com _ en_ new. pdf.

30. EGE (The European Group on Ethics in Science and New Technologies to the European Commission), *Opinion on the ethical aspects of nanomedicine*, 2007, http://ec. europa. eu/european_ group_ ethics/activities/docs/opinion_ 21_ nano_ en. pdf.

31. EGE (The European Group on Ethics in Science and New Technologies to the European Commission), *General Report on the Activities of the European Group on Ethics in Science and New Technologies to the European Commission 2005 – 2010*, Luxembourg: Publications Office of the European Union, 2010.

32. Elvio Mantovani, Andrea Porcari and Andrea Azzolini, *A Synthesis Re-*

port on Codes of Conduct, *Voluntary Measures and Practices towards a Responsible Development of N & N*, 2010, http：//www. nanocode. eu/files/reports/nanocode/nanocode – project – synthesis – report. pdf.

33. Environment Directorate General of EC (European Commission), *REACH in Brief*, 2010, http：//ec. europa. eu/environment/chemicals/reach/pdf/2007_ 02_ reach_ in_ brief. pdf.

34. ETC Group, *Green Goo*：*Nanobiotechnology Comes Alive*! 2003, http：//referer. us/http：//www. etcgroup. org/upload/publication/174/01/comm _ greengoo77. pdf.

35. ETC Group, *The Big Down*：*from Genomes to Atoms*, 2003, http：//www. etcgroup. org/documents/TheBigDown. pdf.

36. ETC Group, *The Little Big Down*：*A Small Introduction to Nan o – scale*, 2003, http：//www. etcgroup. org/upload/publication/pdf_ file/104.

37. Green Peace (UK), *Future Technologies*, *Today's Choices*：*Nanotechnology*, *Artificial Intelligence and Robotics—A technical*, *political and institutional map of emerging technologies*, 2003, http：//www. greenpeace. org. uk/MultimediaFiles/Live/FullReport/5886. pdf.

38. HM Government, *Response to the Royal Society and Royal Academy of Engineering Report*, 2005, http：//royalsociety. org/Government – response – to – nanoscience – and – nanotechnologies – report/.

39. House of Lords (UK), *Science and Society*：*Third Report*, 2000, http：//www. publications. parliament. uk/pa/ld199900/ldselect/ldsctech/38/3803. htm#a2.

40. HSE (Health and Safety Executive, UK), *Nanoparticles*：*An Occupational Hygiene Review*, *Research Report* 274, Edinburgh, Scotland：Institute of Occupational Medicine, 2004.

41. HSE (Health and Safety Executive, UK), *Review of the Adequacy of Current Regulatory Regimes to Secure Effective Regulation of Nanoparticles Created by Nanotechnology*. Buxton：Health and Safety Executive, 2006.

42. IG DHS, *Code of Conduct for Nanotechnologies* , 2008, http：//www. innovationsgesellschaft. ch/media/archive2/publikationen/Factsheet _ Co

C_ engl. pdf.

43. Karin Gavelin, Richard Wilson and Robert Doubleday, *Democratic Technologies? The Final report of the Nanotechnology Engagement Group*, 2007. http://www. involve. org. uk/assets/Publications/Democratic – Technologies. pdf.

44. Markus Widmer, ChristophMeili, Elvio Mantovani, Andrea Porcari, *The Framing Nano Governance Platform: A New Integrated Approach to the Responsible Development of Nanotechnologies Final Report*, 2010, http://www. nanocode. eu/files/reports/related – eu – projects/framingnano_ complete_ final_ report. pdf.

45. Miltos Ladikas, *Embedding Society in Science & technology Policy: European and Chinese Perspectives*, Belgium: European Commission, 2009.

46. National Academy of Engineering (USA), *Emerging Technologies and Ethical Issues in Engineering: Papers from a Workshop Oct*14 – 15, 2003, Washington, DC: National Academies Press, 2003.

47. National Research Council (USA), *A Matter of Size: Triennial Review of the National Nanotechnology Initiative*, Washington, DC: The National Academies Press, 2006.

48. NSTC (National Science and Technology Council, USA), *National Nanotechnology Initiative: The initiatives and its implementation plan*, 2000, http://www. nsf. gov/crssprgm/nano/reports/nni2. pdf.

49. NSTC (National Science and Technology Council, USA), *The National Nanotechnology Initiative Strategic Plan*, Washington, DC: National Nanotechnology Coordination Office, 2004.

50. NSTC (National Science and Technology Council, USA), *National Nanotechnology Initiative—Leading to the Next Industrial Revolution*, Nanoscale and Microscale Thermophysical Engineering, No. 4, 2000.

51. OrtwinRenn, Mihail C. Roco, *White Paper on Nanotechnology Risk Governance*, 2006, http://www. irgc. org/IMG/pdf/IRGC_ white_ paper_ 2_ PDF_ final_ version – 2. pdf.

52. René VonSchomberg and Sarah Davis, ed. , *Understanding public debate on nanotechnologies: options for framing public policy—a report from the*

European Commission Services. Brussels: European Commission, 2010.

53. René VonSchomberg, *From the Ethics of Technology towards an Ethics of Knowledge Policy & Knowledge Assessment: A Working Document from the European Commission Services*, Brussels: European Commission, 2007.

54. René VonSchomberg, *Organising Collective Responsibility: On Precaution, Code of Conduct and Understanding Public Debate*, 2009, http:// www. nanotechproject. org/process/assets/files/8305/keynotesnet. pdf.

55. Royal Netherlands Academy of Arts and Sciences, *How Big can Small Actual be? Study Group on the Consequence of Nanotechnology*, 2004, http: // www. knaw. nl/nieuws/pers_ pdf/43732b. pdf.

56. Royal Society (UK), *Science in Society Report* 2004, 2004, http: // royalsociety. org/uploadedFiles/Royal_ Society_ Content/Influencing_ Policy/ Themes_ and_ Projects/Themes/Governance/Science_ in_ Society_ rev. pdf.

57. Royal Society (UK), *The Public Understanding of Science: Report of a Royal Society ad hoc Group endorsed by the Council of the Royal Society*, 1985, http: //royalsociety. org/WorkArea/DownloadAsset. aspx? id = 5971.

58. Royal Society and RAE (Royal Academy of Engineering) (UK), *Nanoscience and Nanotechnologies: Opportunities and Uncertainties.* London: Royal Society and Royal Academy of Engineering, 2004.

59. Sarah Davies, Phil Macnaghten, and Matthew Kearnes, *Reconfiguring Responsibility: Lessons for public policy (Part 1 of the report on Deepening Debate on Nanotechnology)*, Durham: Durham University, 2009.

60. Swiss Re, "Nanotechnology: Small Matter, Many Unknowns", 2004, http: //www. asse. org/nanotechnology/pdfs/govupdate_02 - 3 - 05 _nanosafety. pdf.

61. Ulrike Felt and Brian Wynne et al. , *Taking European Knowledge Society Seriously: Report of the Expert Group on Science and Governance to the Science, Economy and Society Directorate*, Brussels: European Commission, 2007.

62. UNESCO (United Nations Educational, Scientific and Cultural Organization), *The Ethics and Politics of Nanotechnology*, Paris, 2006.

63. United Nations Environment Programme, *Rio Declaration on Environ-*

ment and Development，1992，http：//www. c - fam. org/docLib/20080625_ Rio_ Declaration_ on_ Environment. pdf.

64. US Congress，*21st Century Nanotechnology Research and Development Act. Public Law no 108 – 153* ，H. R. 766，108th Congress，2003.

65. WHO（World Health Organization），*Eleventh Futures forum on the ethical governance of pandemic influenza preparedness*，2008，http：// www. euro. who. int/en/what – we – publish/abstracts/eleventh – futures – forum – on – the – ethical – governance – of – pandemic – influenza – prepared- ness.

66. Working Group on Responsible Nanocode，*Responsible Nanocode*，2008， http：//www. responsiblenanocode. org/documents/The Responsible Nano Code Update Annoucement. pdf.

四　中文论文

1. ［德］格鲁恩瓦尔德：《现代技术伦理学的理论可能与实践意义》， 白锡译，《国外社会科学》1997 年第 6 期。

2. ［德］胡比希：《技术伦理需要机制化》，王国豫译，《世界哲学》 2005 年第 4 期，第 78—82 页。

3. ［德］胡比希：《作为权宜道德的技术伦理》，王国豫译，《世界哲 学》2005 年第 4 期，第 70—77 页。

4. ［德］乌尔里希·贝克：《从工业社会到风险社会——关于人类生 存、社会结构和生态启蒙等问题的思考》，王武龙译，载薛晓源、周战超 《全球化与风险社会》，社会科学文献出版社 2005 年版。

5. ［法］阿里·卡赞西吉尔：《治理和科学：治理社会与生产知识的 市场式模式》，载俞可平《治理与善治》，社会科学文献出版社 2000 年版。

6. ［法］西尔万·拉维勒：《协同治理的精神——对现代技术、伦理 和民主的质疑及解决的途径》，《科技中国》2005 年第 6 期，第 66— 69页。

7. ［加］邦格：《科学技术的价值判断与道德判断》，吴晓江译，《哲 学译丛》1993 年第 3 期，第 35—41 页。

8. ［美］大卫·古斯顿:《在政治与科学之间:确保科学研究的诚信与产出率》,龚旭译,科学出版社 2010 年版。

9. ［意］S. O. 福特沃兹、［英］R. 拉维茨:《后常规科学的兴起（上）》,吴永忠译,《国外社会科学》1995 年第 10 期。

10. ［意］S. O. 福特沃兹、［英］R. 拉维茨:《后常规科学的兴起（下）》,吴永忠译,《国外社会科学》1995 年第 12 期。

11. 白春礼:《纳米科技及其发展前景》,《科学通报》2001 年第 1 期。

12. 白晶:《中英纳米技术的伦理和管理问题学术研讨会在京举行》,《生命伦理学通讯》2009 年第 1 期。

13. 曹南燕:《科学技术是蕴含价值的社会事业》,载陈筠泉、殷登祥《科技革命与当代社会》,人民出版社 2001 年版。

14. 曹南燕:《科学家和工程师的伦理责任》,《哲学研究》2000 年第 1 期。

15. 曹南燕:《纳米安全性研究的方法论思考》,《科学通报》2011 年第 2 期。

16. 陈璇:《风险分析技术框架的后常规科学和社会学批判:朝向一个综合的风险研究框架》,《未来与发展》2008 年第 2 期。

17. 樊春良、李玲:《中国纳米技术的治理探析》,《中国软科学》2009 年第 8 期。

18. 樊春良、佟明:《关于建立我国公众参与科学技术决策制度的探讨》,《科学学研究》2008 年第 5 期。

19. 樊春良、张新庆、陈琦:《关于我国生命科学技术伦理治理机制的探讨》,《中国软科学》2008 年第 8 期。

20. 樊春良、张新庆:《论科学技术发展的伦理环境》,《科学学研究》2010 年第 11 期,第 1611—1618 页。

21. 樊春良:《关于加强中国纳米技术社会和伦理问题研究的思考》,载中科院《2010 高技术发展报告》,科学出版社 2010 年版。

22. 樊春良:《科学与治理的兴起及其意义》,《科学学研究》2005 年第 1 期。

23. 费多益:《风险技术的社会控制》,《清华大学学报》2005 年第

3 期。

24. 费多益：《灰色忧伤——纳米技术的社会风险》，《哲学动态》2004 年第 1 期。

25. 费多益：《科技风险的社会接纳》，《自然辩证法研究》2004 年第 10 期。

26. 甘绍平：《科技伦理——一个有争议的课题》，《哲学动态》2000 年第 10 期。

27. 甘绍平：《迈进公民社会的应用伦理学（卷首语）》，载甘绍平、叶敬德主编《中国应用伦理学（2002）》，中央编译出版社 2004 年版。

28. 甘绍平：《应高度重视科技伦理对基础科学研究的指导作用》，载中国科学院《2005 高技术发展报告》，科学出版社 2005 年版。

29. 甘绍平：《应用伦理学前沿问题研究》，江西人民出版社 2002 年版。

30. 甘绍平：《忧那斯等人的新伦理究竟新在哪里?》，《哲学研究》2000 年第 12 期。

31. 胡锦涛：《高举中国特色社会主义伟大旗帜，为夺取全面建设小康社会新胜利而奋斗：在中国共产党第十七次全国代表大会上的报告》，人民出版社 2007 年版。

32. 姜桂兴：《世界纳米发展态势分析》，《世界科技研究与发展》，2008 年第 2 期。

33. 李伯聪：《风险三议》，《自然辩证法通讯》2000 年第 5 期。

34. 李三虎：《纳米技术的伦理意义考量》，《科学文化评论》2006 年第 2 期。

35. 李三虎：《纳米伦理：规范分析和范式转换》，《伦理学研究》2006 年第 6 期。

36. 李文潮：《高科技中的科学伦理问题》，《哲学研究》2005 年第 10 期。

37. 李文潮：《技术伦理面临的困境》，《自然辩证法研究》2005 年第 11 期。

38. 李文潮：《技术伦理与形而上学——试论约纳斯〈责任原理〉》，《自然辩证法研究》2003 年第 2 期。

39. 李镇江、万里冰、郭锋等：《纳米科技发展之哲学反思》，《青岛科技大学学报（社会科学版）》2007 年第 3 期。

40. 李正伟、刘兵：《约翰·杜兰特对公众理解科学的理论研究：缺失模型》，《科学对社会的影响》2003 年第 3 期。

41. 刘华林：《广阔的纳米世界——社会科学和人文科学应积极参与纳米技术的研发》，《世界科学》2008 年第 12 期。

42. 刘松涛、李建会：《断裂、不确定性与风险——试析科技风险及其伦理规避》，《自然辩证法研究》2008 年第 2 期。

43. 欧龙新、胡志强：《中国纳米科技创新系统的形成、演化及建议》，《中国科学院院刊》2010 年第 4 期。

44. 潘斌：《风险社会与责任伦理》，《伦理学研究》2006 年第 3 期。

45. 裘晓辉、白春礼：《中国纳米科技研究的进展》，《前沿科学》2007 年第 1 期。

46. 上海图书馆、上海科学技术情报研究所信息咨询与研究中心战略研究部：《四大技术会聚世界将会怎样——NBIC 会聚技术将实现 21 世纪科学技术新的复兴》，《世界科学》2004 年第 5 期。

47. 沈小白、罗宾·威廉姆斯：《合成生物学的科学意义和伦理及其社会规制问题》，载中国科学院《2009 高技术发展报告》，科学出版社2009 年版。

48. 孙超：《纳米技术带来的哲学思考》，《安徽农业大学学报（社科版）》2002 年版第 2 期。

49. 孙立平、王汉生、王思斌等：《改革以来中国社会结构的变迁》，《中国社会科学》1994 年第 2 期。

50. 谈毅、仝允桓：《公众参与技术评价的模式及其对中国的借鉴》，《科学学研究》2004 年第 5 期。

51. 谈毅、仝允桓：《面向公共决策技术评价范式演变及其在我国的发展》，《科学技术与辩证法》2004 年第 4 期。

52. 谈毅、仝允桓：《中国科技评价体系的特点、模式及发展》，《科学学与科学技术管理》2004 年第 5 期。

53. 王国豫：《德国技术哲学的伦理转向》，《哲学研究》2005 年第 5 期，第 94—100 页。

54. 王国豫：《技术伦理学的理论建构研究》，博士学位论文，大连理工大学，2007 年。

55. 王国豫：《纳米伦理：研究现状、问题与挑战》，《科学通报》2011 年第 2 期。

56. 王前、安延明：《应用伦理的新视野——2007"科技伦理与职业伦理"国际学术研讨会综述》，《哲学动态》2007 年第 10 期。

57. 王前、朱勤、李艺芸：《纳米技术风险管理的哲学思考》，《科学通报》2011 年第 2 期。

58. 王秀丽、王德胜：《纳米技术的哲学价值》，《自然辩证法研究》2006 年第 4 期。

59. 王勇：《纳米科技带来的伦理问题研究》，《科技管理研究》2008 年第 12 期。

60. 吴翠丽：《科技伦理：风险社会治理的应对之策》，载单继刚、甘绍平《应用伦理学：经济、科技与文化》，人民出版社 2008 年版。

61. 萧延高、银路、鲁若愚：《新兴技术管理的新思维和新方法》，《电子科技大学学报（社科版）》2005 年第 4 期。

62. 肖锋：《纳米时代：技术福音还是社会灾祸?》，《社会学家茶座》2003 年第 3 期。

63. 邢怀滨、陈凡：《技术评估：从预警到建构的模式演变》，《自然辩证法通讯》2002 年第 1 期。

64. 俞可平：《对中国公民社会若干问题的窥见》，载高丙中、袁瑞军：《中国公民社会发展蓝皮书》，北京大学出版社 2008 年版。

65. 俞可平：《治理和善治引论》，《马克思主义与现实》1999 年第 51 期。

66. 张邦维：《略论纳米技术双刃性及对策》，《科学技术与辩证法》2008 年第 2 期。

67. 张立德：《纳米材料产业面临的转折和挑战》，《新材料产业》2007 年第 6 期。

68. 张立德：《我国发展纳米产业的思考：挑战和对策》，《纳米科技》2004 年第 1 期。

69. 张巧玲、白春礼：《纳米区安全性事关重大国家利益》，《科学新闻》2007 年第 3 期。

70. 张文霞、赵延东:《现代技术的社会风险及其应对》,载中国科学院《2010 高技术发展报告》,科学出版社 2010 年版。

71. 赵克:《会聚技术及其社会审视》,《科学学研究》2007 年第 3 期。

72. 赵延东:《解读风险社会》,《自然辩证法研究》2007 年第 6 期。

73. 甄凌、常立农:《纳米技术的正负效应及社会控制初探》,《西安电子科技大学学报(社会科学版)》2003 年第 3 期。

74. 周倩:《分子组装器——Drexler 和 Smalley 的公开辩论》,《国际化工信息》2004 年第 2 期。

75. 朱葆伟:《工程活动的伦理责任》,《伦理学研究》2006 年第 6 期。

76. 朱葆伟:《关于技术伦理学的几个问题》,《东北大学学报》2008 年第 4 期。

77. 朱凤青、张帆:《纳米技术应用引发的伦理问题及其规约机制》,《学术交流》2008 年第 1 期。

78. 朱敏:《纳米技术的潜在风险及其伦理应对》,《牡丹江教育学院学报》2008 年第 3 期。

79. 曹效业、李真真:《我国科学道德建设的进展与挑战》,载中国科学院《2008 科学发展报告》,科学出版社 2008 年版,第 249—253 页。

80. 李文潮:《现代技术对社会与传统伦理的挑战》,载李文潮、刘泽渊等《德国技术哲学研究》,辽宁人民出版社 2005 年版。

81. 洪蔚:《纳米安全:别让人文科学缺席》,《科学时报》2009 年 2 月 3 日第 A01 版。

82. 〔德〕胡比希:《不能将发展纳米技术的决策权交给市场》,王国豫译,《中国社会科学报》2010 年 9 月 21 日第 4 版。

83. 曹南燕:《中国纳米科技的发展需要人文社会科学的加盟》,《中国社会科学报》2010 年 9 月 21 日第 2 版。

84. 陈春英:《注重"绿色纳米"发展理念》,《中国社会科学报》2010 年 9 月 21 日第 3 版。

85. 樊春良:《积极应对纳米技术社会和伦理问题》,《中国社会科学报》2010 年 9 月 21 日第 3 版。

86. 郭良宏、江桂斌：《纳米材料的环境应用与毒性效应》，《中国社会科学报》2010 年 9 月 21 日第 4 版。

87. 李三虎：《技术与社会共同在场：社会群体共同参与纳米技术决策》，《中国社会科学报》2010 年 9 月 21 日第 4 版。

88. 邱仁宗：《直面纳米技术"双刃剑"》，《中国社会科学报》2010 年 9 月 21 日第 3 版。

89. 王国豫：《纳米技术的伦理挑战》，《中国社会科学报》2010 年 9 月 21 日第 1 版。

90. 王前、朱勤：《实践有效性视角下的纳米伦理学》，《中国社会科学报》2010 年 9 月 21 日第 4 版。

91. 薛其坤：《纳米科技：小尺度带来的不确定性与伦理问题》，《中国社会科学报》2010 年 9 月 21 日第 2 版。

92. 赵宇亮：《纳米技术的发展需要哲学和伦理》，《中国社会科学报》2010 年 9 月 21 日第 2 版。

93. 王学健：《第八次中国公民科学素养调查结果公布》，《科学时报》2010 年 11 月 26 日第 A1 版。

94. 高丙中、袁瑞军：《导论：迈进公民社会》，载高丙中、袁瑞军《中国公民社会发展蓝皮书》，北京大学出版社 2008 年版。

95. 俞可平：《引论：治理和善治》，载俞可平《治理和善治》，社会科学文献出版社 2000 年版。

96. 蔡定剑：《公众参与及其在中国的兴起（代序）》，载蔡定剑《公众参与：风险社会的制度建设》，法律出版社 2009 年版。

97. 谈毅、仝允桓：《我国开展面向公共决策技术评价的社会制度环境分析》，《中国软科学》2004 年第 6 期。

五　中文专著

1. ［德］汉斯·约纳斯：《技术、医学与伦理学：责任原理的实践》，张荣译，上海译文出版社 2008 年版。

2. ［德］马克斯·韦伯：《学术与政治：韦伯的两篇演说》（第 2 版），冯克利译，生活·读书·新知三联书店 2005 年版。

3. ［德］乌尔里希·贝克、威尔姆斯：《自由与资本主义》，路国林译，浙江人民出版社 2001 年版。

4. ［德］乌尔里希·贝克：《风险社会》，何博闻译，译林出版社 2004 年版。

5. ［德］乌尔里希·贝克：《世界风险社会》，吴英姿、孙淑敏译，南京大学出版社 2004 年版。

6. ［美］卡尔·米切姆：《技术哲学概论》，殷登祥、曹南燕译，天津科学技术出版社 1999 年版。

7. ［美］米勒、赛拉托、孔达尔等：《纳米技术手册——商业、政策和知识产权法》，周正凯、邱琳译，科学出版社 2009 年版。

8. ［英］安东尼·吉登斯、克里斯多弗·皮尔森：《现代性：安东尼·吉登斯访谈录》，尹宏毅译，新华出版社 2001 年版。

9. ［英］安东尼·吉登斯：《超越左与右》，李惠斌、杨雪冬译，社会科学文献出版社 2000 年版。

10. ［英］安东尼·吉登斯：《失控的世界》，周红云译，江西人民出版社 2001 年版。

11. ［英］约翰·齐曼：《元科学导论》，刘珺珺、张平、孟建伟等译，湖南人民出版社 1988 年版。

12. 白春礼：《纳米科技：现在与未来》，四川教育出版社 2001 年版。

13. 曹荣湘：《后人类文化》，上海三联书店 2004 年版。

14. 刘吉平、郝向阳：《纳米科学与技术》，科学出版社 2002 年版。

15. 任红轩、鄢国平：《纳米科技发展的宏观战略》，化学工业出版社 2008 年版。

16. 王国豫、刘则渊：《科学技术伦理的跨文化对话》，科学出版社 2009 年版。

17. 王健：《现代技术伦理规约》，东北大学出版社 2007 年版。

18. 王诗宗：《治理理论及其中国适用性》，浙江大学出版社 2009 年版。

19. 王锡锌：《公众参与和中国新公共运动的兴起》，中国法制出版社 2008 年版。

20. 闫健：《民主是个好东西：俞可平访谈录》，社会科学文献出版社

2006 年版。

21. 杨雪冬:《风险社会与秩序重建》, 社会科学文献出版社 2006 年版。

22. 殷登祥:《科学、技术与社会概论》, 广东教育出版社 2007 年版。

23. 张英鸽:《纳米毒理学》, 中国协和医科大学出版社 2010 年版。

六　中英文网络文献

1. Alfred Nordman, "Ignorance at the Heart of Science? Incredible Narratives on Brain – Machine Interfaces", 2006, http: //www. uni – bielefeld. de/ ZIF/FG/2006Application/PDF/Nordmann_ essay. pdf.

2. Daniel J. Fiorino, *Voluntary Initiatives*, *Regulation*, *and Nanotechnology Oversight*: *Charting a Path*, 2010, http: //www. nanotechproject. org/mint/pepper/ tillkruess/downloads/tracker. php? url = http% 3A//www. nanotechproject. org/ process/assets/files/8347/pen – 19. pdf.

3. Ineke Malsch, "A Conversation on Governance of Nanotechnology: Individual and Collective Responsibility for Nanotechnology—Interview with Arie Rip", University of Twente, 2004, http: //www. observatorynano. eu/project/ document/994/.

4. James Wilsdon, Brian Wynne and Jack Stilgoe, *The Public Value of Science or How to Ensure that Science Really Matters*, 2005, http: //www. demos. co. uk/ publications/publicvalueofscience.

5. Langdon Winner, *Langdon Winner's Testimony to the Committee on Science of the U. S. House of Representatives on The Societal Implications of Nanotechnology*, 2003, http: //www. rpi. edu/ ~ winner/testimony. htm.

6. Liu Li, "Nanotechnology and Society in China: Current Position and prospects for development", 2nd Manchester International Workshop on nanotechnology, society and policy, 6th – 8th, October, 2009, http: //research. mbs. ac. uk/innovation/LinkClick. aspx? fileticket = iDeZ7oMdMr8% 3D&tabid = 128&mid = 505.

7. Martin Hassellöv, Thomas Backhaus and Sverker Molander, *REACH Misses Nano*! 2009, http: //sustainability. formas. se/en/Issues/Issue – 2 – Ju-

ly – 2009/Content/Focus – articles/REACH – misse s – nano/.

8. Matthew Kearnes and Arie Rip, *The Emerging Governance Landscape of Nanotechnology*, 2009, http：//www. geography. dur. ac. uk/projects/deepen/Outputs/tabid/1994/Default. aspx.

9. Ray Kurzweil, *Promise and the Peril*, 2000, http：//www. kurzweilai. net/articles/art0156. html? printable = 1.

10. Richard Feynman, "There's Plenty of Room at the Bottom", *Engineering and Science*, February 1960, http：//www. zyvex. com/nanotech/feynman. html.

11. Robert Freitas, *Some Limits to Global Ecophagy by Biovorous Nanoreplicators, with Public Policy Recommendations*, 2000, http：//www. rfreitas. com/Nano/Ecophagy. htm.

12. Robert McGinn, *Nanotechnology and Ethics：A Short Guide to Ethical Responsibilites of Nanotechnology Researchers at NNIN Laboratories*, 2008, http：//sei. nnin. org/doc/NANOTECHNOLOGY_ AN D_ ETHICS_ GUIDE. doc.

13. SEP (Standford Encyclopedia of Philosophy), *Philosophy of Technology*, 2009, http：//plato. stanford. edu/entries/technology/#EthSocAspT.

14. Soren Holm, *Does nanotechnology require a new nanoethics?* 2005, http：//www. ccels. cardiff. ac. uk/archives/issues/2005/holm2. pdf.

15. 樊春良、李玲：《国内主流媒体对新兴科技报道的研究——以转基因和纳米技术为例》，第五届中国科技政策与管理学术年会论文（http：//cpfd. cnki. com. cn/Article/CPFDTOTAL – ZGXF200910001013. htm）。

16. 韩丹： 《第二届全国生命伦理学学术会议综述》 （ http：//www. chinasdn. org. cn/n1249550/n1249731/11099550. html）。

17. 贺劲松：《温家宝与经济界政协委员座谈强调建立科学民主决策机制》（http：//www. china. com. cn/chinese/zhuanti/286793. htm）。

18. 胡其峰： 《社区：从"被科普"到"要科普"》，《光明日报》（http：//www. gmw. cn/content/2010 – 05/17/content_ 1122314. htm）。

19. 科技部（中国—欧盟科技合作促进办公室）：《欧盟科技框架计划介绍》，中欧数字物流高层论坛（http：//www. e – logistics. com. cn/elogmarm/hope/pdf/LiNing_ Speech. pdf）。

20. 刘慧：《质疑"宇天能"纳米杯保健神话》，《北京科技报》（ht-

tp：//scitech. people. com. cn/GB/41163/3638921. html）。

21. 任红轩：《呼吁应高度重视纳米技术的安全性评估问题》，（ht-tp：//www. people. com. cn/GB/keji/1059/2675011. html）。

22. 温武瑞、郭敬、温源远：《纳米技术环境风险不容忽视》（ht-tp：//www. counsellor. gov. cn/Item/6191. aspx）。

23. 佚名：《白春礼常务副院长为"国家纳米科学中心—高能物理研究所纳米生物效应与安全性联合实验室"揭牌》（http：//www. ihep. ac. cn /news/news2006 /060623c. htm）。

24. 佚名：《香山科学会议探讨纳米安全性》（http：//www. cas . cn/10000/10001/10005/2004/86101. htm）。

25. 易蓉蓉、张巧玲： 《跑步前行的中国纳米研究》 （http：//www. chinanano. cn/expert/ExpertNewsShow. aspx？ id =7）。

后　记

　　马克思在《关于费尔巴哈的提纲》中有一句话被奉为经典："哲学家们只是用不同的方式解释世界，而问题在于改变世界。"这被视作马克思所开创的新哲学和以往旧哲学的分水岭。对于科技伦理问题的研究而言，一条类似的分水岭正在形成。过去，伦理学和伦理学家们总是在科技发展导致了某种后果之后，才站出来予以分析评判。但近年来，在以纳米技术为代表的新兴技术发展过程中，一种在技术发展的一开始就与之并行的伦理研究兴起了。这样的伦理研究及其研究者不再甘于做"用不同的方式解释世界"，而要成为"改变世界"的践行者！在他们看来，"伦理"不再是科技发展的旁观者，而要做与之相随的"参与者"！这正是本书所要构划的主旨所在。

　　作为人生中的第一本学术专著，这本可能还存在这样或那样瑕疵的小书，凝结了我若干年求知探索的心血。即将问世之际，不禁有番感慨。

　　我首先要感谢的是清华大学求学时光里，我的导师曹南燕教授对我的悉心栽培和教导。正是曹南燕教授引领我踏入了科技伦理这个充满生趣而又富有挑战的领域，让我逐步了解现代科学技术发展过程中的伦理问题和研究特点，进而生发了构建一种具有 STS（Science and Technology Studies）特质的伦理研究的想法，最终产生了我的博士论文。本书即是在我的博士论文基础上修改完善而成。这一路求索过程中，曹南燕教授以其敏锐的学术洞察力和宽广的学术视野带领我不断翻越思想藩篱，体味思考与探索新知的乐趣，让我终生难忘。

　　这本小书的诞生，也得益于清华大学科技与社会研究所诸位老师的谆谆教诲、各位同窗好友的热忱鼓励与帮助。正是课堂内外、师生之间开展的思想砥砺和学术诘问，拓展了我的学术视界，培育了我的研究态度和方法。

　　同样需要感谢的，还有对我在书中所表达的观点提出宝贵意见的各位评审老师，让我可以对本论题进行更加深入而全面的阐释。

　　本书的研究承蒙国家留学基金委员会"建设高水平大学联合培养博士生"项目的资助，才得以与走在国际学术前沿的荷兰屯特大学的 Arie Rip 教授、荷兰马斯特里赫特大学的 Tsjalling Sweistera 教授，荷兰代尔夫特理工大学的 Ibo van de Poel 博士，Daan Schuurbiers 博士以及 Serene Chi 博士等学者实现"零距离接触"，进而对这股"伦理参与"的潮流有了切身体悟。每每回忆起这段访学时光，都如同荷兰的风车和郁金香一样，让我留恋不已！

　　最后，本书得以付梓出版，离不开我的父母、我的爱人一直以来对我的支持和包容。谨以此书献给我最亲爱的家人！